当代西方社会心理学
名 著 译 丛

方 文 主编

REDISCOVERING THE SOCIAL GROUP

A Self-Categorization Theory

自我归类论

[澳] 约翰·特纳（John C. Turner）/等著

杨宜音 王兵 林含章 /译

WILEY Publishers Since 1807

中国人民大学出版社

·北京·

“文化自觉”的阶梯

——“当代西方社会心理学名著译丛”总序

方　文

只有一门社会心理学。它关注人之认知、情感和行为潜能的展现，如何受他人在场（presence of others）的影响；其使命就是激励每个活生生的个体去超越约拿情结（Jonah Complex）的羁绊，以缔造其动态、特异而完整的丰腴生命。但他人在场，已脱离奥尔波特（G. W. Allport）原初的实际在场（actual presence）、想象在场（imagined presence）和隐含在场（implied presence）的微观含义，可从共时—历时和宏观—微观两个维度进行重构，以含括长青的研究实践和不断拓展的学科符号边界（方文，2008a：137）。社会心理学绝不是哪个学科的附属亚学科，以从容开放的胸怀，持续融会心理学、社会学、人类学、进化生物学和认知神经科学的智慧，逐渐建构和重构自主独立的学科认同和概念框架，岸然成为人文社会科学的一门基础学问。

在不断建构和重构的学科历史话语体系中，社会心理学有不同版本的诞生神话（myth of origin），如1897年特里普里特（Triplett）有关社会促进/社会助长（social facilitation）的实验研究，1908年两本偶然以社会心理学为题的教科书，或1924年大奥尔波特（F. H. Allport）的权威教材。这些诞生神话，蕴涵可被解构的意识形态偏好和书写策略。援引学科制度视角（方文，2001），这门新生的社会/行为科学的学科合法性和学科认同，在20世纪30年代中期于北美得以完成。而北美社会心理学，在第二次世界大战及战后年代声望日盛，成就其独断的符号霸权。当代社会心理学的学科图景和演进画卷，展开在此脉络中。

1967年：透视当代社会心理学的时间线索

黑格尔说过，一切哲学也就是哲学史。哲人道破学科史研究的秘密：滋养学术品位。但在社会科学/行为科学的谱系中，学科史研究一直地位尴尬，远不及人文学科。研究学科史的学者，或者被污名化：自身没有原创力，只能去总结梳理他人的英雄故事；或者是学问大家研究之余的闲暇如成长过程的记录。而在大学的课程设计中，学科史也成为二等课程，大多数被简化为具体课程中的枝节，在导论里一笔带过。

学科史研究，对品位的滋养，从几方面展开。第一，它在无情的时间之流中确立学科演化路标：学科的英雄谱系和经典谱系。面对纷繁杂乱的研究时尚或招摇撞骗的学界名流，它是最简洁而高效的解毒剂。第二，它作为学科集体记忆档案，是学科认同建构的基本资源。当学子领悟到自身正置身于那些非凡而勤奋的天才所献身的理智事业时，自豪和承诺油然而生。而学科脉络中后继的天才，就从中破茧而出。第三，它也是高效的学习捷径。尽管可向失败和愚昧学习，但太浪费了；而向天才及其经典学习，是最佳的学习策略。第四，它还可能为抽象的天才形象注入温暖的感性内容。而这感性，也正是后继者求知的信心和努力的动力。

已有四种通常线索、视角或策略，被用来观照当代社会心理学的演化。学科编年史，或者学科通史是最为常用的策略；学派的更替是第二种策略；不同年代研究主题的变换是第三种策略；而不同年代权威教科书的内容变迁，则是第四种策略。

还有一些新颖的策略在被尝试。支撑学科理智大厦的核心概念或范畴在不同时期杰出学者视域中的意义演化，即概念史或范畴史，是一种新颖独特但极富难度的视角；而学科制度视角，以学科发展的制度建设为核心，也被构造出来（方文，2001）。这些视角或策略为洞悉学科的理智进展提供了丰厚洞识。

而历史学者黄仁宇先生则以核心事件和核心人物的活动为主线，贡献了其大历史的观念。黄先生聚焦在“无关紧要的一年”（A Year of

No Significance)——1587年，或万历十五年（黄仁宇，2007)。黄先生条分缕析，洞悉当时最强大的帝国大明王朝若干年后崩溃的所有线索，在这一年都可以找寻踪迹。

剥离其悲哀意味，类似地，当代社会心理学的命运，也可标定一个"无关紧要的一年"：1967年。它关联两个基本事件和三个英雄人物。

两个基本事件。第一是1967年前后"社会心理学危机话语"的兴起，第二是1967年前后开始的欧洲社会心理学的理智复兴。危机话语的兴起及其应对，终结了方法学的实验霸权，方法多元和方法宽容逐渐成为共识。而欧洲社会心理学的理智复兴，则终结了北美主流"非社会的"社会心理学（asocial social psychology)，"社会关怀"成为标尺。这两个事件之间亦相互纠缠，共同型塑了其当代理论形貌和概念框架(Moscovici and Marková，2006)。

三个英雄人物。主流社会心理学的象征，"社会心理学的教皇"(the Pope of Social Psychology）费斯廷格（Leon Festinger，1919—1989)，在1967年开始对社会心理学萌生厌倦，正准备离开斯坦福大学和社会心理学。一年后，费斯廷格终于成行，从斯坦福大学来到纽约的新社会研究学院（New School for Social Research)，主持有关运动视觉的项目。费斯廷格对社会心理学的离弃，是北美独断的符号霸权终结的先兆。

而在同一年，主流社会心理学界还不熟悉的泰弗尔（Henri Tajfel，1919—1982)，这位和费斯廷格同年出生的天才，从牛津大学来到布里斯托大学（The University of Bristol，UK)。他从牛津大学的讲师变成布里斯托大学社会心理学的讲席教授（Chair Professor of Social Psychology)。

而在巴黎，和泰弗尔同样默默无闻的另一位天才莫斯科维奇(Serge Moscovici，1925—）正在孕育少数人影响（minority influence）和社会表征（social representation）的思想和研究。

从1967年开始，泰弗尔小组和莫斯科维奇小组，作为欧洲社会心理学理智复兴的动力源和创新中心，在"社会关怀"的旗帜下，开始一系列独创性的研究。

社会心理学的当代历史编纂家，会铭记这一历史时刻。当代社会心理学的世界图景从那时起开始慢慢重构，北美社会心理学独断的符号霸权开始慢慢解体，而我们置身于其中的学科成就，在新的水准上也开始孕育和完善（方文，2008a：3）。

统一的学科概念框架的建构：解释水平

教科书的结构，是学科概念框架的范例表征。在研究基础上获得广泛共识的学科结构、方法体系和经典研究案例，作为学科内核，构成教科书的主体内容。教科书，作为学科发展成熟程度的重要指标，是学科知识传承、学术社会化和学科认同建构的基本资源和主要媒介。特定学科的学子和潜在研究者，首先是通过教科书获得有关学科的直观感受和基础知识的。而不同年代权威教科书的内容变迁，实质上负载特定学科理智演化的基本线索。

在杂多的教科书当中，有几条标准可帮助辨析和鉴别其优劣。第一，教科书的编/作者是否是第一流的研究者。随着学科的成熟，中国学界以往盛行的“教材学者”，已经淡出；而使他们获得声望的所编教材，也逐渐丧失价值。第二，教科书的编/作者是否禀赋理论关怀。没有深厚的理论关怀，即使是第一流的研究者，他/她也只会专注于自己所感兴趣的狭隘领域，没有能力公正而完备地展现和评论学科发展的整体面貌。第三，教科书的作者是否有“文化自觉”的心态。如果负荷文化中心主义的傲慢，编/作者就无法均衡公正地选择研究资料，而呈现出对自身文化共同体的“单纯暴露效应”（mere exposure effect），缺失文化多样性的感悟。

直至今日，打开绝大多数中英文社会心理学教科书的目录，只见不同研究主题杂乱无章的并置，而无法明了其逻辑连贯的结构。学生和教师大都无法领悟不同主题之间的逻辑关联，也无法把所学所教内容图式化，使之成为自身特异的知识体系中可随时启动的知识组块和创造性资源。这种混乱，是对社会心理学学科身份的误识，也是对学科概念框架的漠视。

如何统合纷繁杂乱但生机活泼的研究实践、理论模式和多元的方法偏好，使之归于逻辑统一而连贯的学科概念框架？有深刻理论关怀的社会心理学大家，都曾致力于这些难题。荣誉最终归于比利时出生的瑞士学者杜瓦斯。

在杜瓦斯之前，美国社会心理学者，2007 年库利—米德奖（Cooley-Mead Prize）得主豪斯也曾试图描绘社会心理学的整体形貌（House，1977）。豪斯所勾画的社会心理学是三头怪物：社会学的社会心理学（sociological social psychology，SSP）、实验社会心理学（experimental social psychology，ESP）和语境社会心理学或社会结构和人格研究（contextual social psychology，CSP；social structure and personality）。曾经被误解为两头怪物的社会心理学，因为豪斯更加让人厌烦和畏惧。

但如果承认行动者的能动性，即使是在既定的社会历史语境中的能动性，在行动中对社会过程和社会实在进行情景界定和社会建构的社会心理过程的首要性，就凸显出来。换言之，社会心理过程在主观建构的意义上对应于社会过程。

杜瓦斯在《社会心理学的解释水平》这部名著中，以解释水平为核心，成功重构了社会心理学统一的学科概念框架。杜瓦斯细致而合理地概括了社会心理学解释的 4 种理想型或 4 种解释水平，而每种解释水平分别对应不同的社会心理过程，生发相对应的研究主题（Doise，1986：10－17）。

（1）水平 1——个体内水平（intra-personal or intra-individual level）。它是最为微观也最为心理学化的解释水平。个体内分析水平，主要关注个体在社会情境中组织其社会认知、社会情感和社会经验的机制，并不直接处理个体和社会环境之间的互动。

以个体内解释水平为核心的个体内过程，可含括基本研究主题：具身性（embodiment）、自我、社会知觉和归因、社会认知和文化认知、社会情感、社会态度等。

在这一解释水平上，社会心理学者已经构造一些典范的理论模型，如费斯廷格的认知失调论，态度形成和改变的双过程模型，如精致化可能性模型（elaboration likelihood model，ELM）与启发式加工—系统加工模型（heuristic-systematic model，HSM），和希金斯的知识启动和激活模型（Higgins，1997）。

（2）水平2——人际和情景水平（interpersonal and situational level）。它主要关注在给定的情景中所发生的人际过程，而并不考虑在这特定的情景之外个体所占据的不同的社会位置（social positions）。

以人际水平为核心的人际过程，可含括基本研究主题：亲社会行为、攻击行为、亲和与亲密关系、竞争与合作等。其典范理论模型是费斯廷格的社会比较论。

（3）水平3——社会位置水平（social positional level）或群体内水平。它关注社会行动者在社会位置中的跨情景差异（inter-situational differences），如社会互动中的参与者特定的群体资格或类别资格（different group or categorical membership）。

以群体水平为核心的群体过程，可含括基本研究主题：大众心理、群体形成、多数人的影响和少数人的影响、权威服从、群体绩效，领导—部属关系等。

其典范理论模型是莫斯科维奇有关少数人影响的皈依模型（conversion theory），多数人和少数人影响的双过程模型和社会表征论（Moscovici，2000）。

（4）水平4——意识形态水平（ideological level）或群际水平。它是最为宏观也最为社会学化的解释水平。它在实验或其他研究情景中，关注或考虑研究参与者所携带的信念、表征、评价和规范系统。

以群际水平为核心的群际过程，可含括基本研究主题：群际认知如刻板印象、群际情感如偏见、群际行为如歧视及其应对。

在过去的30年中，群际水平的研究有突破性的进展。主宰性的理论范式由泰弗尔的社会认同论所启动，并深化到文化认同的文化动态建构论（dynamic constructivism）（Chiu & Hong，2006；Hong et al.，

2000；Wyer，Chiu & Hong，2009）和偏差地图模型（bias map）（Cuddy et al.，2007；Fiske et al.，2002）中。

社会理论大家布迪厄曾经讥讽某些社会学者的社会巫术或社会炼金术，他们把自身的理论图式等同于社会实在本身。英雄所见！杜瓦斯尤其强调的是，社会实在在任何时空场景下都是整体呈现的，而不依从于解释水平。社会心理学的 4 种解释或分析水平只是逻辑工具，绝不是社会实在的 4 种不同水平；而每种分析水平，都有其存在的合理性，它们都只是对于整体的社会实在某种面向的研究；对于整体的社会实在的整体把握和解释，有赖于 4 种不同的分析水平在同一水平或不同水平上的联合（articulation）（Doise，1986：11－16）。

这 4 种不同面向和不同层次的社会心理过程，从最为微观也最为心理学化的个体内过程到最为宏观也最为社会学化的群际过程，是对整体的社会过程不同面向和不同层次的相应表征。

以基本社会心理过程为内核，就可以勾画社会心理学逻辑连贯的概念框架，它由 5 部分所组成：

1. 社会心理学的历史演化、世界图景和符号分层。

2. 社会心理学的方法体系。

3. 不断凸显的新路径。它为生机勃勃的学科符号边界的拓展预留空间。

4. 基本社会心理过程。

5. 社会心理学在行动中：应用实践的拓展。

社会心理学的基础研究，从二战开始，就从两个方面向应用领域拓展。第一，在学科内部，应用社会心理学作为现实问题定向的研究分支，正逐渐地把基础研究的成果用来直面和应对更为宏大的社会问题，如健康、法律、政治、环境和组织行为。

第二，社会心理学有关人性、心理和行为的研究，正对其他学科产生影响。认知社会心理学家卡尼曼（Kahneman，D.）因为有关行动者在不确定境况中的判断启发式及其偏差的研究，而与另一位学者分享 2002 年诺贝尔经济学奖。这是社会心理学家在近 40 年中第 3 次获此殊荣。在此之前，社会心理学家洛伦茨（Lorenz, K.）、廷伯根（Tinbergen, N.）和冯·弗里契（von Frisch, K.）有关动物社会行为的开创性研究于 1973 年分享诺贝尔医学或生理学奖。西蒙（H. Simon 自取中文名为司马贺，以向司马迁致敬）因有关有限理性（bounded rationality）和次优决策或满意决策（sub-optimum decision-making or satisficing）的研究而获得 1977 年诺贝尔经济学奖。

在诺贝尔奖项中，并没有社会心理学奖。值得强调的是，这些荣膺大奖的社会心理学家，也许只是十年一遇的杰出学者，还不是百年一遇的天才。天才社会心理学家如费斯廷格、泰弗尔、莫斯科维奇和特里弗斯（Trivers, R.）等，他们的理论，在不断地触摸人类物种智慧、情感和欲望的限度。在这个意义上，也许任何大奖包括诺贝尔奖都无法度量他们持久的贡献。但无论如何，不断获奖的事实，从一个侧面明证了社会心理学家群体的卓越成就，以及社会心理学的卓越研究对于其他人文社会科学研究的典范意义。

杜瓦斯的阐释，是对社会心理学统一概念框架的典范说明。纷繁杂乱的研究实践和理论模式，从此可以被纳入逻辑统一而连贯的体系之中。社会心理学直面社会现实的理论雄心由此得以释放，它不再是心理学、社会学或其他什么学科的亚学科，而是融会相关理智资源的自主学科。

当代社会心理学的主宰范式

已有社会心理学大家来系统梳理当代社会心理学的理智进展（如乐国安，2009；周晓虹，1993；Burke，2006；Kruglanski & Higgins，2007）。以杜瓦斯所勾画的社会心理学的概念框架为心智地图，也可尝试粗略概括支配当代社会心理学的主宰范式，这些主宰范式主要体现在方法创新和理论构造上，而不关涉具体的学科史研究、实证研究和应用研究。

1. 方法学领域：社会建构论和话语社会心理学的兴起

作为学科内外因素剧烈互动的结果，“社会心理学危机话语”在 20

世纪60年代末期开始登场，到20世纪80年代初尘埃落定（方文，1997）。在这段时间，社会心理学教科书、杂志和论坛中充塞着种种危机论的悲观论调，甚至有的更为激进——“解构社会心理学”(Parker & Shotter，1990)。“危机话语”实质上是社会心理学家群体自我批判意识的兴起。这种自我批判意识的核心主题，就是彻底审查社会心理学赖以发展的方法学基础即实验程序。

危机之后，社会心理学已经迈入方法多元和方法宽容的时代。实验的独断主宰地位已经消解，方法体系中的所有资源，正日益受到均衡的重视。不同理智传统和方法偏好的社会心理学者，通过理智接触，正消解相互的刻板印象、偏见甚至是歧视，逐渐趋于友善对话甚至是合作。同时，新的研究程序和文献评论技术被构造出来，并逐渐产生重要影响。

其主宰性的理论视角就是社会建构论（如 Gergen，2001），主宰性的研究路径就是话语社会心理学（Potter & Wetherell，2006；1987；Von Dijk，1993）和修辞学（rhetoric）(Billig，1996)，而新的研究技术则是元分析（meta-analysis）（Rosenthal & DiMatteo，2001）。

2. 不断凸显的新路径：进化路径、文化路径和社会认知神经科学

社会心理学一直不断地自我超越，以开放的心态融会其他学科的资源，持续拓展学科符号边界。换言之，社会心理学家群体不断地实践新的研究路径（approaches or orientations）。进化路径、文化路径和认知神经科学是其中的典范路径。

进化路径和文化路径的导入，关联持续困扰的基本理论论争：是否存在统一而普遍的规律和机制以支配人类物种的社会心理和社会行为？人类物种的社会心理和社会行为是否依其发生的社会文化语境的差异而呈现出特异性和多样性？这个基本理论论争，又可称之为普遍论—特异论（universalism vs. particularism）之论争。

依据回答这个论争的不同立场和态度的差异，作为整体的社会心理学家群体可被纳入三个不同的类别或范畴之中。第一个类别是以实验定向为代表的主流社会心理学家群体。他们基本的立场和态度是漠视这个

问题的存在，或视之为假问题。他们以发现普遍规律为己任，并把这一崇高职责视为社会心理学的学科合法性和学科认同的安身立命之所。因为他们持续不懈的努力，社会心理学的学子们在其学科社会化过程中，不断地遭遇跨时空的典范研究和英雄系谱。

第二个类别是以文化比较研究为定向的社会心理学家群体。不同文化语境中社会心理和社会行为的特异性和多样性，使他们刻骨铭心。他们坚定地主张特异论的一极，并坚定地质疑普遍论的诉求。因为他们同样持续不懈的努力，社会心理和社会行为的文化嵌入性（cultural embeddedness）的概念开始深入人心，并且不断激发文化比较研究和本土化研究的热潮。奇妙的是，文化社会心理学的特异性路径，从本世纪开始逐渐解体，而迈向文化动态建构论（Chiu & Hong，2006；Hong et al.，2000）。

文化动态建构论路径，关涉每个个体的文化命运，如文化认知和知识激活、文化认同和文化融合等重大主题。我们每个个体宿命地生在某种在地的文化脉络而不是某种文化实体中。经过生命历程的试错，在文化认知的基础上，我们开心眼，滋心灵，育德行。但文化认知的能力，是人类物种的禀赋，具有普世性。假借地方性的文化资源，我们成长为人，并不断地修补和提升认知力。我们首先成人，然后才是中国人或外国人，黄皮肤或黑白皮肤。

依靠不断修补和提升的认知力，我们逐渐穿越地方性的文化场景，加工异文化的体系，建构生动而动态的"多元文化的心智"（multicultural mind）（Hong et al.，2000）。异质的"文化病毒"，或多元的文化"神灵"，都"栖居"在我们的心智中，而表现出领域—特异性。几乎没有"诸神之争"，她们在我们的心灵中，都各就其位。

这些异质的"文化病毒"，或多元的文化"神灵"，她们不是暴君，也做不成暴君，绝对主宰不了我们的行为。因为先于她们，从出生时起，我们就被植入了自由意志的天赋。我们所终身刻苦的文化修行，只是手头待命的符号资源或"工具箱"（Swidler，1986）。并且在行动中，我们练习"文化开关"的转换技能和策略，并能累积性地创造新工具或新的“文化病毒”(Sperber，1996)。

第三个类别是在当代进化生物学的理智土壤中生长而壮大的群体，即进化社会心理学家群体。他们蔑视特异论者的“喧嚣”，而把统一理论建构的雄心拓展至包括人类物种的整个动物界，以求揭示支配整个动物界的（社会心理）和社会行为的秩序和机制。以进化历程中的利他难题和性选择难题为核心，以有机体遗传品质的适应性（fitness）为逻辑起点，从1964年哈密尔顿开始，不同的宏大理论（grand theories）如亲属选择论（kin selection/ inclusive fitness)、直接互惠论（direct reciprocal altruism）和间接互惠论（indirect reciprocal altruism）在利他难题上，亲本投资论（theory of parental investment)(Trivers，2001）在性选择难题上被构造出来。而进化定向的社会心理学者把进化生物学遗传品质的适应性转化为行为和心智的适应性，进化社会心理学作为新路径和新领域得以成就（如Buss，2007；1994)。

认知神经科学和社会认知的融合，催生了社会认知神经科学。以神经科学的新技术如功能性磁共振成像技术（fMRI）和正电子发射断层扫描技术（PET）为利器，社会认知的不同阶段、不同任务以及认知缺陷背后的大脑对应活动，正是最热点前沿（如Greene et al.，2001；Eisenberger et al.，2003；Ochsner，2007)。

3. 个体内过程：社会认知范式

在个体内水平上，从20世纪80年代以来，以“暖认知”（warm cognition）或“具身认知”（embodied cognition）为核心的“社会认知革命”(李其维，2008；赵蜜，2010；Barsalou，1999；2005)，有重要进展。其典范的启动程序（priming procedure）为洞悉人类心智的“黑箱”贡献了简洁武器，并且渗透在其他水平和其他主题的研究中，如文化认知、群体认知（Yzerbyt et al.，2004）和偏差地图（高明华，2010；佐斌等，2006；Fiske et al.，2002；Cuddy et al.，2007)。

和特沃斯基合作，卡尼曼因为有关行动者在不确定境况中的判断启发式及其偏差的研究（Kahneman et al.，2008；1982)，而与另一位学者分享2002年诺贝尔经济学奖。卡尼曼的研究使社会认知的路径贯注在经济判断和决策领域中，行为经济学开始凸显。

4. 群体过程：社会表征范式

人际过程的研究，充塞着杂多的中层理论模型和小理论，并受个体内过程和群体过程研究的挤压。最有理论综合潜能的可能是以实验博弈论为工具的有关竞争和合作的研究。

当代群体过程的革新者是莫斯科维奇。在北美有关群体规范形成、从众以及权威服从的研究传统中，莫斯科维奇洞悉了群体秩序和群体创新的辩证法。莫斯科维奇的团队从1969年开始，在多数人的影响之外，专注少数人影响的机制。他以少数人行为风格的一致性为基础的皈依模型（conversion theory）以及在此基础上所不断完善的多数人和少数人影响的双过程模型（如De Deru et al.，2001），重构了群体过程研究的形貌。莫斯科维奇有关少数人影响的研究经历，佐证了其理论的有效性(Moscovici，1996)。

而社会表征论（social representation）则是莫斯科维奇对当代社会心理学的另一重大贡献（Moscovici，2000)。他试图超越北美不同版本内隐论（implicit theories）的还原主义逻辑，解释和说明常识在社会沟通实践中的生产和再生产过程。社会表征论从20世纪90年代开始，激发了丰富的理论探索和实证研究（如管健，2009；杨宜音，张曙光，2008；Doise et al.，1993；Liu，2004；Marková，2003)，并熔铸在当代社会理论中（梅勒，2009)。

5. 群际过程：社会认同范式

泰弗尔的社会认同论（social identity theory，SIT）革新了当代群际过程的研究。泰弗尔首先奠定了群际过程崭新的知识基础和典范程序：建构主义的群体观、对人际—群际行为差异的精妙辨析，以及“最简群体范式”（minimal group paradigm）的实验程序。从1967年开始，经过十多年持续不懈的艰苦努力，泰弗尔和他的团队构造了以社会范畴化、社会比较、认同建构和认同解构/重构为核心的社会认同论。社会认同论，超越了前泰弗尔时代北美盛行的还原主义和个体主义的微观—利益解释路径，基于行动者的多元群体资格来研究群体过程和群际关系

(Brown, 2007; Tajfel, 1970; 1981; Tajfel & Turner, 1986)。

在泰弗尔于1982年辞世之后，社会认同论在其学生特纳的领导下，有不同版本的修正模型，如主观不确定性降低模型（subjective uncertainty reduction model）和最优特异性模型（optimal distinctiveness model）。其中最有影响的是特纳等人的“自我归类论”（self-categorization theory）（Turner et al., 1987）。在自我归类论中，特纳构造了一个精妙构念——元对比原则（meta-contrast principle），它是行为连续体中范畴激活的基本原则（Turner et al., 1987: 51-52）。所谓元对比原则，是指在群体中，如果群体成员之间在特定品质上的相似性小于差异性时，群体中沿着这个品质或维度就分化为两个群体，群际关系因此从群体过程中凸显。特纳的元对比原则，有两方面的重要贡献。其一，它完善了其恩师的人际—群际行为差别的观念，使之转换为人际—群际行为连续体；其二，它卓有成效地解决了内群行为和群际行为的转化问题。

但社会认同论仍存在基本理论困扰：内群偏好（ingroup favoritism）和外群敌意（outgroup hostility）难题。不同的修正版本都没有解决这个基本问题。倒是当代社会认知的大家费斯克团队从群体认知出发，在刻板印象内容模型（stereotype content model, SCM）（Fiske et al., 2002）中巧妙解决了这个难题，并在偏差地图（bias map）（Cuddy et al., 2007）中把刻板印象（群际认知）、偏见（群际情感）和歧视（群际行为）融为一体。

典范意味着符号霸权，但同时也是超越的目标和击打的靶心。在社会认同范式的笼罩下，以自尊假设和死亡显著性（mortality salience）为核心的恐惧管理论（terror management theory, TMT）（张阳阳，佐斌，2006; Greenberg et al., 1997）以及社会支配论（social dominance theory）（Sidanius & Pratto, 1999）被北美学者构造出来，尝试替代解释群际现象。它有两方面的意涵。其一，它意味着人格心理学对北美社会心理学的强大影响力；其二则意味着北美个体主义和还原主义的精神气质期望在当代宏观社会心理过程中的借尸还魂，而这尸体就是腐败达半世纪的权威人格论及其变式。

文化自觉的阶梯

中国社会“千年未有之变局”，或社会转型，已经并正在型塑整体中国人的历史命运。如何从结构层面深入到人心层面来系统描述、理解和解释中国人的所知、所感及所行？如何把社会转型的现实灌注到中国社会心理学的研究场景中，以缔造中国社会心理学的独特品格？如何培育中国社会心理学者对持久的人类困扰和紧迫的社会议题的深沉关注和敏感？所有这些难题，是中国社会心理学者不得不直面的挑战和理智复兴的机遇。

中国社会转型，给中国社会心理学者提供了独特的社会实验室。为了描述、理解和解释社会转型中的中国人心理和行为逻辑，应该呼唤直面社会转型的社会心理学的研究，或转型心理学的研究。转型心理学的路径，期望能够把握和捕捉社会巨变的脉络和质地，以超越文化特异性路径和稳态社会路径，以求实现中国社会心理学的理智复兴（方文，2008b；Fang，2009）。

中国社会心理学的理智复兴，需要在直面中国社会转型的境况下，挖掘本土资源和西方资源，进行脚踏实地的努力。追踪、学习、梳理及借鉴西方社会心理学的新进展，就成为无法绕开的基础性的理论工作，也是最有挑战性和艰巨性的理论工作之一。

从前辈学者开始，对西方社会心理学的翻译、介绍和评论，从来没有停止过。这些无价的努力，已经熔铸在中国社会心理学研究者和年轻学子的心智中，滋养学术品位，培育“文化自觉”的信心。但翻译工作还主要集中于西方尤其是北美的社会心理学教科书。

教科书作为学术社会化的基本资源，只能择要选择相对成熟的研究发现和理论模型。整体研究过程和理论建构过程中的鲜活逻辑，都被忽略或遗弃了。学生面对的不是原初的完整研究，而是由教科书的编写者所筛选过的第二手资料。期望学生甚至是研究者直接亲近当代社会心理学的典范研究，就是《当代西方社会心理学名著译丛》的初衷。

本译丛10本名著的选择，期望能近乎覆盖当代西方社会心理学的主宰范式。在书目权衡过程中，尽力咨询了国内外一些社会心理学大家，国内如乐国安先生、王登峰先生和周晓虹先生，国外如赵志裕先生和康萤仪先生。本译丛主要侧重当代西方社会心理学主宰范式的代表专著，而不是烦琐具体的经验研究报告、论文或文集。本名著译丛的作者，或者是特定研究范式的奠基者和开拓者，或者是特定研究范式的当代旗手。

期望本译丛的出版，能成为中国社会心理学"文化自觉"的阶梯。

鸣谢

从2000年开始，我的研究幸运地持续获得国家社会科学基金（2000；2003；2008）和教育部基金（2002；2006；2008）资助。最近获得资助的项目是2008年度教育部新世纪优秀人才支持计划《转型心理学的基本议题：理论和实证研究》（NCET－08－0025），2008年度国家社会科学基金项目《中国社会转型：转型心理学的路径》（08BSH063）和2006年度教育部人文社会科学重点研究基地重大研究项目《行动者群体资格研究：转型社会的实践和理论》（06JJD840001）。"当代西方社会心理学名著译丛"，是这些资助项目的主要成果之一。

而10年前有幸结识潘宇博士，开始了和中国人民大学出版社的良好合作。潘宇博士，沙莲香先生的高徒，以对社会心理学学科制度建设的激情、承诺和敏锐洞察力，给我持续的信赖和激励。本译丛从最初的构想、书目选择到版权事宜，她都持续地极力推动。而中国人民大学出版社的龚洪训先生和陈红艳女士在译丛出版过程中则持续地贡献了他们的智慧和耐心。

最后衷心感谢所有翻译者的创造性工作和编辑委员会所有师友的鼎力支持、批评和建议。

参考文献

[美] 巴斯著，熊哲宏译．进化心理学．上海：华东师范大学出版社，2007

[英] 布朗著，胡鑫，庆小飞译，方文审校．群体过程．北京：中国轻工业出版社，2007

方文．社会心理学百年进程．社会科学战线，1997（2）：240～249

方文．社会心理学的演化：一种学科制度视角．中国社会科学，2001（6）：126～136

方文．学科制度和社会认同．北京：中国人民大学出版社，2008

方文．转型心理学：以群体资格为中心．中国社会科学，2008b（4）：137～147

高明华．刻板印象内容模型（SCM）的修正与发展：源于大学生群体样本的调查结果．社会，2010（3）

管健．社会表征理论的起源与发展——对莫斯科维奇《社会表征：社会心理学探索》的解读．社会学研究，2009（4）

［美］黄仁宇．万历十五年．北京：中华书局，2007

［美］卡尼曼等编，方文等译．不确定状况下的判断：启发式和偏差．北京：中国人民大学出版社，2008

李其维．"认知革命"与"第二代认知科学"刍议．心理学报，2008（40）：1306～1327

［英］菲利普·梅勒著，赵亮员等译．社会理论新视角——理解社会．北京：北京大学出版社，2009

［英］波特，［英］韦斯雷尔著，肖文明等译，方文审校．话语和社会心理学——超越态度和行为．北京：中国人民大学出版社，2009

杨宜音，张曙光．理想社区的社会表征：北京市居民的社区观念研究．中国农业大学学报（社会科学版），2008（1）：109～123

乐国安主编．社会心理学理论新编．天津：天津人民出版社，2009

张阳阳，佐斌．自尊的恐惧管理理论研究述评．心理科学进展，2006（2）：273～280

赵蜜．以身行事．开放时代，2010（1）：150～158

周晓虹．现代社会心理学史．北京：中国人民大学出版社，1993

佐斌等．刻板印象内容模型：理论假设及研究．心理科学进展，2006（1）：138～145

Eisenberger，N. I. et al. Does Rejection Hurt? An fMRI Study of Social Exclusion. *Science*，2003，Vol. 302：290～292

Barsalou，L. W. Perceptual Symbol Systems. *Behavioral and Brain Science*，1999，Vol. 22：577～660

Barsalou，L. W. et al. Embodiment in Religious Knowledge. *Journal of Cognition and Culture*，2005，Vol. 5：14～57

Billig，M. *Arguing and Thinking*：*A Rhetorical Approach to Social Psychology*（2nd edition）. Cambridge：Cambridge Univeristy Press，1996

Burke, P. J. (ed.) *Contemporary Social Psychological Theories*. Stanford: Stanford University Press, 2006

Chiu, C-y. and Hong, Y-y. *Social Psychology of Culture*. New York: Psychology Press, 2006

Buss, D. *The Evolution of Desire: Strategies of Human Mating*. Basic Books, 1994

Cuddy, A. J. C. The Bias Map: Behaviors From Intergroup Affect and Stereotype. *Journal of Personality and Social Psychology*, 2007, Vol. 92, No. 4: 631～648

De Deru, C. K. W. et al. (eds.) *Group Consensus and Minority Influence*. Oxford: Blackwell, 2001

Doise, W. *Levels of Explanation in Social Psychology*. Cambridge: Cambridge Univeristy Press, 1986

Doise, W. et al. *The Quantitative Analysis of Social Representation*. Harvester Wheatsheaf, 1993

Fang, Wen. Transition Psychology: The Membership Approach. *Social Sciences in China*, 2009, No. 2: 35～48

Fiske, S. T. et al. A Model of Stereotype Content: Competence and Warmth Respectively Follow From Perceived Status and Competition. *Journal of Personality and Social Psychology*, 2002, Vol. 82, No. 6: 878～902

Gergen, K. *Social Construction in Context*. Sage, 2001

Greenberg, J. et al. Terror management theory of self-esteem and cultural worldviews: Empirical assessments and conceptual refinements. In P. M. Zanna (Eds.), *Advances in experimental social psychology*. San Diego, CA: Academic Press, 1997, Vol. 29, 61～139

Greene, J. D. et al. An fMRI Investigation of Emotional Engagement in Moral Judgment. *Science*, 2001, Vol. 293, No. 14 (September): 2105～2108

Higgins, E. T. Knowledge Activation: Accessibility, Applicability and Salience. In E. T. Higgins and A. E. Kruglanski (Eds.) *Social Psychology: Handbook of Basic Principles*. New York: Guilford Press, 1996, 133～168

Hogg. M. and Abrams. *Social Identifications*. Routledge, 1998

Hong, Ying-yi, et al. Multicultural Minds. *American Psychologist*, 2000, Vol. 55, No. 7: 709～720

House, J. S. The Three Faces of Social Psychology. *Sociometry*, 1977. Vol. 40. No. 2:

161～177

Kahneman, D. et al. eds. *Judgment Under Uncertainty: Heuristics and Biases*. Cambridge: Cambridge Univeristy Press.

Kruglanski, A. E. and Higgins E. T. (Eds.) *Social Psychology: Handbook of Basic Principles* (2nd edition). New York: Guilford Press. 2007

Liu, L. Sensitising Concept, Themata and Shareness: A Dialogical Perspective of Social Representations. *Journal for the Theory of Social Behaviour*, 2004 (34), 249-264

Marková, I. *Dialogicality and Social Representations*. Cambridge: Cambridge University Press, 2003

Moscovici, S. Just Remembering. *British Journal of Social Psychology*, 1996, Vol. 35: 5～14

Moscovici, S. *Social Representations: Explorations in Social Psychology*. Cambridge: Polity, 2000

Moscovici, S. and Marková, I. *The Making of Modern Social Psychology: The Hidden Story of How An International Social Science Was Created*. Cambridge: Polity, 2006

Parker, I., Shotter, J. (eds.) *Deconstructing Social Psychology*. Routledge, 1990

Ochsner, K. Social Cognitive Neuroscience: Historical Development, Core Principles and Future Promise. In A. E. Kruglanski and E. T. Higgins (Eds.) *Social Psychology: Handbook of Basic Principles*. New York: Guilford Press, 2007, 39～66

Potter, J. and Wetherell, M. *Discourse and Social psychology*. Sage, 1987

Rosenthal, R. and DiMatteo, M. R. Meta Analysis: Recent Developments in Quantitative Methods for Literature Review. *Annual Review of Psychology*, 2001, Vol. 52

Sidanius, J. and Pratto, F. *Social Dominance: An Intergroup Theory of Social Hierarchy and Oppression*. Cambridge: Cambridge Univeristy Press, 1999

Sperber, D. *Explaining Culture: An Naturalistic Approach*. Blackwell, 1996

Swidler, A. Culture in Action: Symbols and Strategies. *American Sociological Review*, 1986, Vol. 51 April: 273～286

Tajfel, H. "Experiments in Intergroup Discrimination." *Scientific American*, 1970 (223): 96～102

Tajfel, H. *Human Groups and Social Categories: Studies in Social Psychology*.

Cambridge: Cambridge University Press. 1981

Tajfel, H. and Turner, J. C. The Social Identity Theory of Intergroup Behavior. In S. Worchel et al. (Eds.) *Psychology of Intergroup Relations* (2nd ed.). Chicago: Nelson-Hall, 1986, 7～24

Trivers, R. *Natural Selection and Social Theory: Selected Papers of Robert Trivers*. Oxford: Oxford University Press, 2002

Turner, J. C. et al. *Rediscovering the Social Group: A Self-Categorization Theory*, Oxford: Blackwell, 1987

Von Dijk, T. A. *Elite Discourse and Racism*. Sage, 1993

Wyer, R. S., Chiu, C - y. and Hong, Y - y. *Understanding Culture: Theory, Research and Application*. New York: Psychology Press, 2009

Yzerbyt, V. et al. *The Psychology of Group Perception*. New York and Hove: Psychology Press, 2004

前　言

本书提出了有关社会群体的理论［以及派生的有关社会吸引、社会合作、社会影响以及群体极化（group polarization）的次级理论］。由于它是一种心理学理论，一种有关在群体行为中所历经的社会心理过程的理论，因此它也是一种有关个体与群体关系的理论。从这个方面看，它还涉及了社会心理学的元理论（metatheory）问题：个体心理学能有助于解释社会现象，而不是相反。本书的开头部分试图说明，关于群体行为我们需要从社会心理学的角度来作出解释的是什么；为什么需要一个新的理论。本书的中间部分阐释了这一理论的基本内容，并试图说明这一理论如何提供了一个崭新的和有趣的视角，以洞悉社会心理学家所研究的主要群体现象。后面几章则从这一理论视角出发讨论了目前可能存在相关资料的特定研究领域。

这本书在至少三个方面重新思考了群体问题。从理论方面来看，群体不只是社会行为（特定的研究者对此可能感兴趣或不感兴趣）的一个特定领域，它也是社会互动的一个基本过程。从心理学方面来看，群体过程包含了个体自我运作的抽象层次上的变化，也就是从个人认同到社会认同的变化。但这一变化并不是对自我知觉和社会互动的正常状态的偏离，而恰恰是这一正常状态的组成部分。在日常行为中，群体的作用看来也有由心理原因引发的，而不仅仅是由社会原因引发的。从经验研究方面来看，本书回顾和重新解释了研究资料，这些资料说明了群体的特殊作用；同时也指出了当前理论只把群体视作一种附带现象的不足。此外，从元理论方面来看，自我归类论（self-categorization theory）尽管是基于对所谓的相互依赖论（interdependence theory）的批评，它仍然可以被看成是对后者的基本思想的回归——相互依赖的个体形成了社会心理系统，这一系统从性质上改变了他们作为个体的特征，并且产生出“超个体”（supra-individual）的特性。

在寻求自己的正确性并把自己的思想与当前的正统思想加以区别时，一种新理论不可避免地要对其某些方面进行批评。在本书中，这一点尤其重要。这是因为当前理论对于群体过程的忽视并非某一代研究者偏离了常轨，而恰恰是因为追随了实际上作为主流的群体理论。不过，把批评理解为是对以前理论进展的指责或不加区别的拒绝也是错误的。相互依赖论［这里，我所指的是关于群体过程一般特征的固有共识。在过去的30或40年中，尤其是紧随谢里夫（Sherif）、阿希（Asch）以及勒温（Lewin）的开创性思想和工作，这些共识在这一学科内发展起来了］代表了科学上的一个主要进展，而自我归类论则试图在这一进展以及它所引起的经验的概括之上进行理论上的建设。好的理论能够在其他东西中激发出足够有趣的研究来揭示它自身的不足——与相互依赖论一样，对于自我归类论也是如此。如果本书不公正地批评了哪位研究者的观点，我所能说的只是，这并不是我的初衷，而更可能是在应对如此宏大的论题（大于其他任何论题）上所遇到的困难的一种表现。

自我归类论也是独特的欧洲研究传统的产物，它源自社会归类过程（social categorization processes）以及由已故的亨利·泰弗尔（Henri Tajfel）所开创的社会认同（social identity）理论。在许多方面，这一理论试图以明确的方式来清楚地说明我们需要提出的有关心理群体形成（psychological group formation）的假设，以理解亨利·泰弗尔（Tajfel，1970；Tajfel，Flament，Billig & Bundy，1971）开创的在群际行为（intergroup behaviour）的社会归类研究上的结果。在从事这项工作时，我们利用和发展了两个概念，这两个概念来自于泰弗尔和我本人（Tajfel，1972a，1978；Tajfel & Turner，1979，1985；Turner，1975）所发展出的有关群际行为的早期理论。它们分别是：社会认同本身的概念，以及有关社会行为的一个“人际—群际连续体”（interpersonal-intergroup continuum）假设。在有关群际行为的早期工作中，主要的解释概念并不是社会认同，而是群际比较（intergroup comparisons），即关注积极的内群体区分（positive ingroup distinctiveness）的获得。此外，人际—群际连续体被概念化为从“在自我方面行动”（acting in terms of self）变化到“在群体方面行动”（acting in terms of group）（Tajfel，1978；Turner，1978）——好像后者并不是前者的表现。自我归类论使社会认同成为群体行为的社会—认知基础，是使群体行为得以可能的机制（而不只是来自于群体成员身份的自我的那些方面）。而且，通过声称自我归类会在不同的抽象层次上发挥作用，自我归类论就可以使群体行为和个体行为都“在自我方面行动”。

由于自我归类论是从这一早期的工作中发展而来的，以及社会认同概念在其中的重要作用，因而在本书中它也被称为有关群体的社会认同论（the social identity theory），而这也确实是一个完全可以接受的替代名称。不幸的是，我们对于群际行为的早期分析已作为（对群际行为的）社会认同论而为人所知，而理论之间这一新增的紧密联系导致了将它们合而为一的趋势。这确实没什么太大关系。而事实上，在某些时候，对于描述这一工作的整个传统上还是相当有用的——更确切地说，倘若这种“混为一谈”只是一种术语上的便利的话，人们已经认识到，无论从讨论的问题还是从提出的假设方面来看，它们实质上都是不同的理论。前面提到的文献概述了群际理论，本书主要介绍自我归类论。

我也许需要对本书作者的构成做出一些解释。尽管我担当了不是由我所撰写的一些章节的编辑［第五章到第八章分别是由迈克尔·霍格（Michael A. Hogg）、佩内洛普·奥克斯（Penelope J. Oakes）、玛格丽特·韦瑟雷尔（Margaret S. Wetherell）以及斯蒂芬·里切尔（Stephen D. Reicher）撰写的］，但是，这并不是一本“汇编的”书。本书是作为一本统一的理论专著而撰写的。同样，在布里斯托大学（University of Bristol）心理学系，我们作为一个合作研究团队共同工作了几年（从有关目前思想的研究刚刚开始的1978年，一直到大约1981年），此后我们一直保持着密切的联系。在每个人撰写的章节里，反映出他们各自不同的贡献；同时，我们彼此之间一直在自由交流思想和资料。因而，在某种程度上，每个人的工作既激发了其他人的工作，同时也受到了其他人工作的影响。我试图努力将各章之间材料和观点的重复减到最少，但是有时候我也认为少量的一些重复是有用的——这会使读者记起早期的观点；或者很可能有助于理解来自于不同角度的一些困难或抽象思想的表达。例如，在发展出我们研究群体极化（group polarization）的方法时，玛格丽特·韦瑟雷尔和我一直在一起工作，不过，我们是在第四章和第七章分别对极化进行讨论的——在第四章中，我们把极化作为自我归类论的派生内容进行讨论；而在第七章中，我们则把极化作为一个理论研究应用的实例进行讨论。我想读者会发现不同章节强调的内容是有差异的；那些较少的重复完全是为了加强分析上的新颖性。

本书是献给亨利·泰弗尔的。他对本书的影响要比我们对于他的理论和经验工作的直接使用深远得多。这里有他教给我们的社会心理学的研究方法，其特征是对于以经验研究为基础发展理论研究的重要性以及反对通常所说的“琐碎的经验主义”的承诺、对于方法论上的严格以及实验室和其他实验（从一般过程和社会背景之间互动的角度做细致的解释——参见特纳，1981a，为了说明本书所支持的实验方法）所具有的价值的承诺，对于个体主义的否定以及对于学术研究和科学的信仰。这里也有个人的影响。我们都曾在布里斯托大学里与泰弗尔一起度过了几年一起工作或师从于他的愉快时光。我想，除了知识上的乐趣之外，我会因为有一位与我合得来的伟大人物而经常回忆那段时期。在我在布里斯托大学所度过的11年中，开始时是亨利·泰弗尔的研究生。实际上直到他去世之后的几个月我才离开，他成为我最亲近的和不可替代的朋友，我对他怀着由衷的敬意。这本书献给泰弗尔，一方面是用以承认他在知识上对我们的帮助；另一方面也是用以对他的纪念。

最后，我应该感谢伦敦的社会科学研究理事会（Social Science Research Council）、堪培拉的澳大利亚研究资助计划（the Australian Research Grants Scheme）以及普林斯顿的高等研究所（the Institute For Advanced Study）的经济资助——通过对有关研究的专项资助，它们都使这本书的面世成为可能。在这里，我尤其要感谢高等研究所，因为它们非常慷慨地给我提供了一年的时间（1982—1983），作为社会科学学院的成员，在这些想法上开展工作，这些想法最后变成了自我归类论。在那些直接或间接地以某种方式对本书作出贡献的人中，我应该尤其感谢霍华德·贾尔斯（Howard Giles）、菲利普·史密斯（Philip Smith）、约翰·科尔文（John Colvin）、克雷格·麦加迪（Craig McGarty）以及沙洛·斯蒂芬斯（Sharo Stephens），她完成了打印本书某些部分的各种早期草稿的工作。

约翰·特纳

1986 年 3 月

目　录

第一章 问题的由来：个体与群体

第一节 引言

个体的集合是如何成为一个社会和心理群体的？他们如何来认识和定义自己并作为一个单独的个体来行动；他们又是如何作为一个集合体来感受、思考和认识自我的？共同群体成员身份对于他们的社会关系和行为会产生什么影响？事实上，有没有像心理群体这样的东西，以便与纯粹的社会安排（social arrangement）有所区别？

我们可以把这些问题概念化为心理群体形成以及群体现象的心理现实性（psychological reality）这几个相关的问题。更通俗地来说，它们不得不涉及个体与群体（以及社会）之间的关系，以及心理过程（psychological processes）与社会过程（social processes）之间的关系。再简单一些来说，问题在于像**心理**（或者，严格来说，**社会心理**）群体这种独特的现象和类别是否存在。

本书提出了有关心理群体的一套新理论——有关它的前提、过程与结果——同时也概述了这套理论在群体现象及相关的经验研究上的主要应用。本书也更为广泛地讨论了群体作为一个独特的、解释的过程在社会心理学中的重要性；并且在这方面寻求这一学科中社会群体的原貌，或者更为恰当地说，是对于社会群体的重新发现。对于社会心理学的理论进步来说，这点是最为重要的。

用描述性的语言来说，我们可以把心理群体定义为在心理上对于成员具有重要性的群体。为了社会比较以及规范和价值观的获得（比如，他们以此作比较来评价自己的能力、表现、观点等。由此他们会接受有关恰当行为和态度的规则、标准及信念），这些成员从主观上把自己与这一群体联系起来；他们私下会接受自己在其中的成员身份（membership），这种成员身份也会影响他们的态度与行为。用通常的术语来说，这是一个（积极的）**参照**群体（reference group），而不只是对于外人来说的**成员身份**群体（membership group）。也就是说，它并不是人们在客观上**所属**的群体，而是在决定自己的行动时，主观上具有重要性的群体。

这一定义并不想限制我们有关人类群体的全部现实的认识——也就是这一事实，即群体生活是生物性的、社会性的、政治性的、意识形态性的以及历史性的，等等，而不只是社会心理性的——但是这一定义确实指出了在学科问题和目标上故意的限制。我们的目标并不是要对社会群体提供完全的科学说明，而是通过发展出关于群体的社会心理学方面的理论、发展出关于内含心理过程的理论使人类个体进入社会群体的转换成为可能，从而对建构这样一种说明的必要基础作出贡献。

在第一章，我们将把心理群体形成的问题置于历史的背景中来进行考察。在第二章，我们将总结当代在这一问题上的正统观点，然后就关于群体过程的三个主要领域的发展进行评价。这三个领域分别是：群体形成（与凝聚力）、社会合作以及社会影响。我们认为，主流理论以及一直伴随主流理论的那种对于群体概念（甚至完全是“社会维度”，Tajfel，1984）的普遍忽视，这二者都需要驳斥。我们将会提出，经验研究资料本身表明，除了许多合理的怀疑（在一些更具有说服性的“个体主义的”说法出现之前）之外，在社会互动中，群体成员身份不只是**在社会上**具有某种普遍的**因果**作用，它**在心理上**也具有某种普遍的**因果**作用。在第三章，我们将提出有关群体成员身份和行为的新理论，即**自我归类论**，以作为对前面各章所提问题的回答，尤其是作为关于群体过程的心理现实性存在的解释——这一解释与当代实验社会心理学中关于心理或精神过程仅存在于个体心中的假设绝不矛盾。它的基本思想就是，群体行为是个体在对自我和他人进行归类的基础上表现出来的行为，它是在抽象的社会以及更“包含的”或“更高等级”的层次上发生的，而不是在对独特的、个别的人的归类的层次上发生的。

在接下来的几章中，我们将分别对这些观点进行阐释、详述、说明，并试图把它们具体化。我们将把这一理论分别应用于理解社会影响（第四章）、群体凝聚力/社会吸引（第五章）、社会类别的“显著性”，也就是说，不同的内群体——外群体成员身份或自我归类在什么条件下（例如，按照种族、性别、阶级、国籍、宗教、年龄；或只是“我们”和“他们”之间的区分）会成为社会知觉和行为的有效情境决定因素（第六章）、内群体规范的极化（即“群体极化”，Moscovici & Zavalloni，1969，第七章），以及最后的集群行为（第八章）。最后的主题把我们又带入到完全的历史循环中，又回到了有关社会心理学中的群体的问题上；对于这一问题的最初争论已经解决，经典的思想也已形成（参见本章）。第九章将给出一个简要的总结。

第二节　个体与群体

本书所提出的问题并非新问题。相反，它是 20 世纪初当代社会心理学诞生之时就存在的主要争论主题。当时，它被表述为群体现象的现实性和独特性问题：群体行为确实意味着它不能与个体的特性不可混为一体或者说二者是完全不同的社会或心理过程吗？群体确实拥有某种程度的心理统一体（mental unity）或**独特的**现实性吗？

我们对此进行说明：要是我们回想一下真实生活中集体行为的某些事例（比如，一支作战的军队、一群制造骚乱的人群、会议中的某派政党，甚至是处于相当重大的历史事件中的某个国家），其参与者似乎经常自发地以某种统一的方式来行动和感受。他们的行为几乎可以说是统一的和一致的，好像有某种唯一的、引导性意识（或无意识）存在。他们的行为可以是“万众一心”的，好像他们实际上并不是单个人的集合，而是一个“超有机体”（这可以由一个或更多的领袖人物明确地作为象征，他们使这些共同的态度、价值观和目标人格化了）。当然，情况并非总是如此，而且它们在程度上也会有变化；但是我们知道它可能会是这样。

此外，许多集群现象所表现出来的高度一致性这一事实并非如我们想象的那样，但是确实如同我们所直接“看到”的那样；它以“朴素的”知觉和言语被记录下来。当我们看到一群人、一个团队、一支部队时，我们确实没有看到作为单独个体的迪克（Dick）、简（Jane）、亨利（Henry）、玛丽（Mary）、霍华德（Howard）等，然后从认知上加以概括。在真实的感觉中，我们是把这个群体看成一个完整的实体。同样地，我们说“这支部队处于失败者的情绪中”、“这个政党对于领袖的讲话感到兴高采烈”，“暴徒变得极其可怕”，“国家是令人担心的，除非做好准备”。我们把行为的、社会的和**心理的**或**精神的**（与思维、知觉、感觉、人格等有关）特性直接归结于社会群体身上，好像它们是真实的和统一的心理存在一样，与我们所假设的个体采用相同的方式。与对小群体一样，我们很容易就这样对待像国家或民族这种大群体。这一看法的某些方面，即我们直接以群体成员来认识个体，已经被有关社会刻板印象（按照在某些群体中的成员身份，把一些特征归于个体身上）的研究所确认；但是，这种看法的大部分——即我们直接以“个体”来认识群体（也就是说，作为统一的单独实体）——是不同的。

这里出现的问题是：朴素的知觉和言语这一事实确实反映了明显的事实吗？它有效吗？正如我们往往假设单独的人是真实存在的一样，群体也是以同样生动的、切实的方式真实存在吗？群体是否具有高于和超出或至少不同于它们个体成员的超常心理特性？有没有一种独特的群体心理学，群体确实具有它们自己的心灵？

这里存在一个基本问题，这一问题与对社会心理学的定义有关，这一问题也可以解释为什么有关群体的问题会成为（仍然在争论——至少暗地里是这样）这一新领域的争论焦点。这一问题可以以悖论的形式来加以说明。

群体明显的现实性及一种特别的群体心理学的观点至少意味着人类行为的高级社会属性。人类社会行为可以以结构、过程和规律来进行分析，这些都是在社会关系的水平上运作的而没有涉及个体心理。在现实性的层次上，人类社会行为的存在是**独特的**，具有独特的、自发的形式（例如，像社会学、经济学或人类学所研究的那样）存在。不过，当代心理学的一个基本假设仍然是，心理过程仅仅存在于个体之中——至少，在大多数字面的意义上，并没有“群体心理”这样的东西。

于是，悖论也就出现了。如果我们拒绝了群体心理的概念并寻找关于群体行为的个体心理解释，那么我们必然会否认产生那种概念的社会行为的这些非常特性（更高的层次、自发的），并且用类似的方式把群体还原到部分也就是个体的水平上吗？此外，如果我们否认了关于社会行为的所有心理学解释（像许多社会学家、人类学家和其他倡导者一样）而倾向于还原论（即否认表面上可以进行解释的现象具有独特的特征），那么我们是否也不会同样批评站不住脚的观点？个体心理不会在社会过程之外的操作中起到决定性的、必不可少的作用如何有可能为真？看来，我们陷入了心理学和社会学之间不确定的状态之中了。在其中，心理学只可能是个体主义的；而正是出于那种原因，社会学也从不可能是心理学的。而且，人们一直知道或“注意到”，在某种意义上，群体同个体一样是心理的。

问题是，在既拒绝群体心理的谬论又拒绝群体生活减少的时候，如何科学地保持群体的心理现实性。如果人们用“社会”或“社会互动”代替“群体”，那么他们就出于所有实际的目的定义了社会心理学的独特科学问题。因而，当代社会心理学的奠基人之一弗洛伊德·奥尔波特

(Floyd Allport) 在一篇近期论文中这样写道:“我们必须尝试去发现关于‘群体与个体’的更为令人满意的范式。我们必须找到某种方式用一般的术语来描述那种条件的安排——这些条件围绕和包括了我们称作‘群体’的这些个体;我们也必须找到某种方式用精确然而却普遍的科学方式来阐述在我们称作‘集体’行为的情境中实际发生了什么。在这个更广泛的意义上,个体与群体的问题实际上是社会心理学的‘总体问题’(master problem)。”(1962,第 7 页)同样,从对立的理论视角来看,另一位主要人物阿希也同意“个体主义的和群体中心的原则都引进了个体和群体之间的外在关系;而这两者都忽略了社会心理学的基本问题——个体如何创造了关于群体的现实性,而群体又是如何控制了个体以后发生的行为”(1952,第 256 页)。

在争论群体的现实性以及个体对于群体具有怎样的关系时,早期的倡导者非常了解他们所争辩的是心理过程与社会过程之间互动的基本问题,因此,是这一学科的核心问题。尽管在某些场合被人遗忘了,但是他们的观点至今仍然非常具有实际价值。这是因为他们描述了可能采取的主要观点,阐述了有关的争论。对于我们来说,不管承认还是不承认,他们所产生的影响还是很大的。更为重要的是,人们认为,在元理论水平上,他们的争论最终会对个体与群体问题得出一个结论,而这一结论是当前理论的一个基础。因此,在本书的论述展开之前,我们有必要回顾一下他们思想的主要片段,以作为当前工作的历史背景和元理论背景。

第三节　早期理论家:群体心理说、个体主义与互动主义

把早期理论家分为三个阵营是有用的(值得指出的是,它们与上面的三种学说有联系,但并非那么天衣无缝):(1)前实验主义者,包括勒朋(LeBon)、麦独孤(McDougall)以及弗洛伊德(Freud),他们把某种独特的群体心理视为理所当然;(2)以奥尔波特为代表的个体主义

研究者，以及（3）认知社会心理学家，包括谢里夫、阿希和勒温。

一、勒朋、麦独孤以及弗洛伊德的群体心理学

在讨论集群形式的群体时，勒朋（1896）提出，处于集群中的人们形成了一种集体或群体心理（group mind）。他把这一看法看成集群心理统一体的规律（第26页），并指出心理统一而不是空间接近才是界定心理集群（psychological crowd）的东西。在性质上，集群的心理不同于组成它的个体的心理。集群的心理反映了“种族”（race）所具有的那些基本的、共享的以及无意识的特性；但却失去了有意识的个体的特征。尽管个体是按照理智有意识地行动，但集群却是按照本能无意识地行动的。集群在智力上低下，为情绪和本能所驱动，而且不受文明生活和理智的约束。

集群的这些特性可以由三个过程来解释：（1）“去个体化”（the deindividuation）过程——集群成员的匿名性以及因身处集群而产生的无敌无畏感会导致他们个人责任感的扩散、个人身份的丧失，而这些会动摇对于在个体中存在的反社会冲动的控制和约束。（2）“感染”（contagion）——通过相互模仿的形式，行动和情绪会在集群中散布，从而导致了一致性和同质性；而在此过程中个人差异消失了，成员共同的、集体的利益上升到主要的位置。（3）“暗示”（suggestion）或“暗示性”（suggestibility）——这是感染的基础。由于对某个人或群体具有某种情绪上的联系或抱有顺从的态度，人们往往会在非理性的基础上接受影响（暗示意味着一种“催眠术的”、“催眠的”的影响方式，在这种影响下，个体将失去理性）。

集群是退回到原始状态或野蛮状态、退回到智力的低下、以想象代替逻辑的思考、以威望为基础的领导、感染以及对于消息的重复和肯定（而不是合理的解释）。它由本能、种族无意识以及其他与生俱来的影响所推动，并伴随着原始人所具有的凶猛、自发性、热情、暴力以及英雄主义而超道德地行动。所以，大体上，勒朋把群体/集群诽谤成邪恶的乌合之众；但是他也说，集群比起个体可能更好也可能更坏，因为它们

不是道德的也不是不道德的，而是冲动的。它们可能会激烈地反社会，但是人们在集群中也可能变得具有英雄气概和利他精神（对其他成员），以及为了集体利益而牺牲个人的利益。此外，他也相信，某一个特定社会（国家、种族、文明）的伟大也与它的集体心、它的集体“才干”有密切关系。

麦独孤（1921）指出，集群比起它们的个体成员可能更好也可能更坏这一点是社会生活的一个悖论（第20页）：群体在比一般成员更低的程度上感觉和思考，在某种意义上它使个体退化了，“集群的心理过程同化了他的心理过程；而集群的野蛮性、反复无常以及非理性冲动一直是许多作家的写作主题”。然而，人类只有通过参与社会才会认识到他们更高的潜能，“只有参与群体生活，人才能成为完整的人，只有如此他才会上升到野蛮人的水平之上”。毕竟，艺术、文学、科学、语言、道德等都是社会中人类的表达。他的著作《群体心理》（*The Group Mind*，初版于1920年）就试图解决这个假定的悖论。

他提出，每一个有组织的人类社会都具有“集体心理”；不过他反对集体意识或集体无意识的观点。在这个意义上，在社会中存在心理的统一，任何心理不过是“精神或有目的的驱力的一套有组织的系统”（第9页）；而社会成员的心理形成了这样一套系统，但是这一群体心理并没有作为个体心理之外的超个人存在而存在。它不是个体心理，但却存于个体心理之内；或者更确切地说，是由个体心理组成的——它是群体成员之间各种“社会的”（social）或“社会化了的”（socialized）心理之间的关系系统。

正如麦独孤所提出的，“构成任何这种社会的历史的集体行动是以某种组织化为条件的，而组织化只能从心理的角度来描述，而且还没有包含在任何个体的心理之中；在某种程度上，社会是由在这些个体心理之间获得的关系系统构成的，而各个个体心理不过是它的构成单位（第9页）……进入群体心理结构的个体心理……并没有组成它；相反，当它们出现反思性自我意识时，他们发现自己已成为这一系统的成员，被它所塑造，分享它的活动，任何时候在每种想法、感受和行为上都受到它的影响……这一系统……并不是由外在于或独立于某些相互联系的东西（即个体心理）所构成的；它是由与个体心理一样的相同的材料组成的，它的连线和构件就存在于这些心理中；但是存在于一些个体心理中的这些构件相互包含和补充，并一起形成了全部由它们组成的这个系统……”（第11页）在对于群体心理学的定义上，麦独孤提出了基本的、有难度的同时也带有许多误解的观点，我们本想进一步引用他的原文，但是前面所引用的已足以说明他的基本概念要比勒朋的更为复杂，而且事实上也与认知社会心理学家（cognitive social psychologists）的基本概念之间存在许多共同之处。

麦独孤更进一步地认为，群体的组织化程度越高，它的心理越复杂，它的集体心理也越发达。一个无组织的集群可能只会有某些最低程度的集体心理生活，并不是彻底意义上的发达“心理”。一个心理群体是由某种程度的集体心理活动来定义的。最低的条件是：（1）心理活动的某一共同目标——即群体成员专注于同一件事情。（2）对所关注的事物，所有人都会体验到同样的情绪或反应。（3）在某种程度上，每一个人的心理状态都会受到其他人的心理过程的影响——在他们的心理活动中应该存在某种程度的相互影响或相互依赖。也就是说，一个人对某件事如何做出反应在某种程度上也会决定其他人如何做出反应。（4）附带的但不是必需的，作为整体的群体意识应是在每位成员的心中形成的。既然人们能够对同一目标作出相似的反应，就一定存在某种程度上的心理同质性——即单独群体成员中心理构成的某些相似性。而心理相似性越大，心理群体形成就越容易发生。

麦独孤注意到了最简心理群体（或集群）形成的影响，他甚至和勒朋采用了同样的术语——兴奋和情绪的强化、孤立感和个性局限感的降低、去个性化、责任扩散、比较简单、粗糙的想法和情绪的传播、智力如此低下——不过他们所提出的机制是不同的。感染不是由暗示而是由“原始的同情”（primitive sympathy）来进行解释的——这是一种心理过程，它是由对他人身上大致相同的情绪的表达而唤起的本能，例如，看见其他人的愤怒往往会引起一个人自己的攻击本能，并导致一种相应的和类似的愤怒体验和表达。仅仅是最简单的想法和情感都有可能被所有人所分享，因而通过原始的同情而得以扩散，从而成为群体形成的基础。此外，去个体化、失去一个人的个人的自我的观点还得到了一个更为积极的概念的补充，即“去个性化”（depersonalization）——是指一个人从整个群体的角度来定义自己或认同整个群体，不过这也会导致降低了对反社会行为的个人限制。他也再次回到屈从于集群力量的本能上来，用勒朋的观点来说就是，这会使成员受到它的影响的暗示。

麦独孤断言，集体心理的发展胜过高度的原始集群。这一发展的前提条件是：（1）群体存在的连续性；（2）关于整个群体的某些观念，所有这些观念都要在成员心中确定下来——这一想法在他们心中的扩散表明了**群体心理的自我意识**（self-consciousness of the group mind）；（3）促进了认同感、“我们”感以及自我意识的群际关系；（4）大量的传统、习俗和习惯，以及（5）组织和社会结构的发展、群体中的合作性劳动分工（所有这些都会提高群体绩效的水平）。

基本上，经由集体意志的出现、体验与劳动分工、基于群体自我意识而形成的一切、“群体精神”以及成员心中对整个群体的共享观念，组织化的群体发展了个体的能力——包括自我意识、意志、有目的的行为、协调一致的能力、理性行为。

我们可以更加简要地总结弗洛伊德（1921）的观点，因为他有关心理群体的大部分描述都来自于勒朋和麦独孤。他试图从（他的）精神分析论（psycho-analytic theory）的角度来解释它们的特征，主要是它们增加的情绪性以及智力上的低下。例如，与勒朋的种族无意识所说的群体心理代表一种退化的观点不同，弗洛伊德则提到群体会受到由“本我”（id）和“被压制”的冲动（无意识的生物驱力，以及人格中的反社会成分）的引导。

他的主要观点是，在群体中，人的行为具有质的不同，其原因在于本能的冲动上升到了表层；群体形成是基于群体成员之间“性”［erotic，性情绪（sexual-emotional）］的联系；“暗示”是以性的联系作为中介而形成的影响，因而它在群体中相当流行。就成员这方面来说，这些情绪上的联系来自于两种相互联系的认同形式。一种是最初对于领袖的认同，因而领袖会成为一个人的理想自我［“自我理想”（the ego-ideal)］的一部分；因而，基于对他们的自我理想的相似性的知觉，成员之间又会形成相互认同。

对弗洛伊德来说，心理群体代表了由领袖对成员所施行的一种集中催眠的形式（基于他们对所热爱的领袖的受抑制的性情感，以及把所热爱的领袖替代性地投入到他们的自我概念中），以及由于群体成员与领袖之间的共享关系而促成的成员之间的相互认同和暗示性。

勒朋、麦独孤和弗洛伊德都呈现并试图分析群体的独特心理。其中勒朋主要是从这几方面来解释群体心理的：有意识的个人人格的完全消失、自我进入到共同的族群无意识之内以及基于非理性的暗示过程而形成的相互影响。麦独孤提出了更为复杂的一个集体心理生活的形成过程；这就是从最少的共同体验和互动体验一直发展到群体自我意识（它是基于这几方面而形成的：认知和动机的相似性、原始的同情、去个性化以及社会连续性和组织的出现）。弗洛伊德则从认同、情绪的联系和暗示以及来自于“本我”的行为内容、人格的本能储备这几方面提出了群体的心理统一体。他们无不强调本能和情绪、意识或无意识以及自我和认同的作用。

二、F. H. 奥尔波特的个体主义

至少表面上，奥尔波特（1924）代表了完全不同的研究取向。他的取向是一个行为主义者的取向，即将学习理论或“刺激—反应”心理学应用于社会心理学中，并提倡实验方法。他是一个在元理论上毫不妥协的个体主义者：他不仅反对群体心理的观点，也完全反对群体概念的实在性。他的立场是，群体是一个名义上的错误，一个为了概括多个个体行动的方便虚构——个体是唯一的心理实体，群体中并没有什么东西不是已在个体成员身上存在的。严格说来，事实上，群体并不存在——而只存在着个体。当然，人们在群体中表现出的行为与独处时不同，但是

这种不同正如他们在其他场合表现不同一样：人们学习恰当地（因此是不同地）对不同的特殊情境刺激做出反应，而其他人只不过是另外一种刺激情境（社会环境而不是物理环境）而已。不存在特殊的群体心理。社会互动只是一种形式上的条件性刺激—反应次序，其中一个人的个人反应成为另一个人的刺激，引起进一步的反应，等等。社会心理学只不过是应用到更加复杂的社会环境中的刺激条件的一般（即个体）心理学而已。因而，对于奥尔波特来说，群体是不存在的，它只不过是一些部分的总和，一个个体实在性的集合。“假如我们关注个体，从心理学上讲，也将会发现群体会关注他们自己。”（第 9 页）

他在下面这段话中很好地表明了自己的立场：“不存在关于群体的心理学，它本质上完全不是关于个体的心理学；它是个体心理学的一部分，它对个体行为所进行的研究是在个体与他所在的由他的同伴组成的环境的关系中进行的。他的生物性需要才是他的目的，而他的社会行为不过是为了达到这个目的而形成的工具。在他的有机体内提供了可以解释社会行为的所有机制。同样地，没有除了属于个体之外的任何意识。所有分支上的心理学都是关于个体的科学。把它的原理扩大到更大的单位就会破坏它的意义。”（1924，第 4 页）看来，没有比奥尔波特的这一表述更为明确、一致和清楚的了。

奥尔波特也提出了有关社会影响或“感染”（像我们迄今为止所称呼的，在前面提到的“感染”的重要看法）的两个重要思想。他的“社会促进”（social facilitation）理论是把暗示转化为条件反应和学习理论的语言。这一理论假设，看到和听到他人与自己做着同样的事情会起到条件性社会刺激的作用，因而会释放和增大以前就在个体中存在的习得性反应倾向。换言之，在集群情境下，行为是会“受到促进”的：仅仅是他人在场就往往会加强某种行为的表达，或使它们更可能发生。然而，重要的是，社会促进并不代表新的群体特性的出现；个体行为并不会在群体中而出现质的改变，它仅仅是所谓的“提高”而已（参见第八章）。这一概念可以概括有关处于联合行动群体（面对面接触与自己做着同样工作任务的他人）中的效应的那些实验资料——在工作业绩的数量上有明显的增长，但是在质量上则出现下降；在活动上明显强化，但是在智力价值上则明显降低。社会促进、感染、暗示及原始的同情这些概念显然是相似的；而且它也会发散，它们所具有的效应［即在集群当中行为（及情绪）的同质性、强化以及智力的低下］也是如此。

其他一些研究说明，在各种任务中，群体成员在他们的判断中往往集中在他们通常的意见上。他把这解释为避免极端的倾向，这反映了基于对群体的服从态度而形成的从众（conformity）过程。今天这一假设已被人们广泛接受了，即群内从众（intragroup conformity）会导致群体成员的意见逐渐集中于一般的意见上（参见第四章和第七章）。

最后一个应当提到的有关观点是他对于**非社会/物理**环境与**社会**环境之间的区分，这导致了表面上合乎情理而实际上确有问题的观念，这就是存在着“非社会”行为（对事物进行反应）和“社会”行为（对人进行反应）；用流行的说法则是，存在着“知觉/认知”（对事物的知觉）的能力和次一级的“社会知觉/认知”（对人的知觉）的能力。从行动者—知觉者的角度来看，无论是指向事物还是指向他人，所有的人类行为和知觉都是社会的，因为它们都基于社会及其产物（比如语言、文化价值观或科学知识），受到它们的影响或以其作为中介（例如，Farr & Moscovici，1984；Moscovici，1976；Tajfel，1969a，1972a）。我们可以提出这种说法，而且人们已经把这种说法有说服力地提出来了。

三、谢里夫、阿希和勒温的互动主义

谢里夫、阿希和勒温均为认知社会心理学家。他们也像奥尔波特那样使用实验方法，但他们把行为看成是对情境的心理意义的反应，这一反应是以个体的知觉与认知为其中介过程的，而不是本能的冲动或盲目的条件反射过程的表达。他们也反对任何群体心理的概念——把心理过程仅仅属于个体看成理所当然——但是并不反对一个有特色的群体心理学的想法。

像麦独孤一样，他们以各自的方式提出，在群体中存在着真实的相互作用，它在个体心理过程和社会过程之间发挥作用。他们断言，群体只能由个体组成的说法是一种陈词滥调；这种说法忽略了这一点，即在群体背景下人们在心理上是会发生变化的。通过社会互动，群体成员创造出集体产物，比如规范、口号、刻板印象、价值观，等等，它们由个体心理所内化同时又改变了个体心理。换句话说，他们认为，奥尔波特宣称唯有个体，但他的这一说法未能理解到，为了解释个体的特性我们正好需要群体概念。

谢里夫（Sherif，1936；也见他在群际关系的研究中对于个体主义的批评，比如，Sherif，1967）明确反对奥尔波特只要个体分析便足以的观点。处于群体中会产生心理影响，而这会改变个体的性质。通过将"部分之间的相互依赖"（interdependence of parts）的"格式塔"律（"Gestalt" law）应用于对他人的知觉上，谢里夫阐明了这一论题。谢里夫主要受到格式塔心理学的影响（对阿希和勒温的影响更为重要）。这一心理学理论认为，如果要解释行为，我们必须理解到我们并不是把刺激体验为孤立的、初级的单位，而是有组织的"整体"［"场域"（field）、"构造"（configuration），或者用德文来说就是 Gestalten］。我们对整个的知觉场域进行反应，各部分在这一场域的特征是由他们在整体中的成员身份所决定的。格式塔心理学把整体不同于各个部分之和看做是理所当然的：对刺激的知觉组织进入到一个相互依赖的"动力"系统之内，而这会产生新的、更高级的特性；而这些特性又不同于单独刺激的特性，而且也会改变它们的特性。我们以范型（pattern）的方式进行知觉，而形成范型的过程是越过那些单元居先就获得的。下面这一事实对这一观点提供了一个例证：不管单独的音符是落在音调的 C 还是 G 上，甚至这两组音符相当不同，但是人们还是把一段旋律作为同样的东西来感知的（Schellenberg，1978，第 64 页）。

因此，部分之间相互依赖的定律是"当有机体受到一个刺激场中不同部分的刺激时，这些部分就会落入一种功能关系之中，每个部分都会影响其他部分。其结果是……任何部分的特性都是由它在整个功能系统中的成员身份所决定"（Sherif，1936，第 84 页）。按照谢里夫的观点，这一原理扩展到社会领域便产生了新的群体心理学：当我们在"在某种封闭系统中"（第 84 页）与其他人互动时，我们与他们在知觉和行为上就会成为一个总的功能系统，形成新的整体特性，比如口号、价值观、标准化的情绪体验等；而这是越过个体的反应居先就获得的，同时也改变了个体的反应。因而，最为肯定的是，群体不能被简约为只是个体行动的集合。于是，通过对社会规范的形成进行细致的理论和实证分析，谢里夫发展出了这个一般原理。

第一，他认为知觉、评价和判断是相对的：它们有赖于“固定锚”(stable anchorage) 或“参照系”(frame of reference)，即人们对事物进行比较的标准和情境。基本的看法是，一个人如何看待或感受某些刺激是随情境而变化并且依赖于情境的；而情境是人们借以判定事物的依据，是人们“参照”的“框架”。例如，依据是与北极地区的气候还是与澳大利亚的气候相比，一个人可以把同样的气候体验为热或冷。第二，社会和文化以“社会规范”的形式为我们提供了内在的参照框架，“习俗、传统、标准、准则、价值观、时尚及所有其他的行为标准，这些都作为个体联系的结果而标准化了”(第 3 页)。[一种社会规范通常被定义为任何共同的标准或准则（指明是合适的、“正确的”、必要的、所期望的，等等)、态度以及行为。] 这就是为什么在对物理世界的知觉和对行为的评价上存在着文化相对主义 (cultural relatism)：澳大利亚一个“寒冷”的日子在英国可以被认为非常“炎热”；而中国的“性堕落”在一个加利福尼亚社区的年轻成员眼中可能被看成是有利于健康的“高级精神享受”。第三，社会规范和价值观与我们的自我认同、我们对“我们是谁”、“我们是什么”的意识有密切关系；这样看来，甚至“自我”(ego)、“我”(I) 这些处于个体性的核心的有意识的自我意识，事实上都是由社会所构建的——“价值观是自我的首要构成成分……这些价值观对个人来说是社会的。从这个角度看，我们也可以说，自我对个人来说也是社会的。”(185～186 页) 第四，他以实验把社会规范的形成看成是**由社会产生的但是心理上内化的** (socially produced but psychologically internalized) 参照系。在这些应当具有广泛影响的和著名的实验中，人们被安置在一个客观上模糊的环境中，没有外在的标准和参照系可资利用。他们必须在一间完全漆黑的屋子里估计光点的明显运动。参与者不知道的是，光点实际上是固定不动的；但是，在这些条件下，光点好像在动［一种被称作“似动效应”（autokinetic effect）的视错觉］，从一个人到另一个人、从一次实验单元到另一次实验单元无规律地变化着。最初，在光变得明和灭时，他们自己面对这一情境并做出一系列判断。一段时间之后，个体的判断会稳定下来，落在一定的范围内并围绕在这个范围内的某个参照点或规范上浮动。这些范围因人而异。当已确立了个人判断范围和规范的两三个参与者被领到一起、在群体背景下进行连续的判断时，他们的反应就会逐渐集中，最终建立起共享的或共同的范围和规范。正如谢里夫所言，这些共同的规范对于每一个群体来说是特有的，它们是个体之间社会互动的产物，因此，它们说明了“在群体情境下产生的新的和超个体的特性”（第 105 页）。同时，它们也是被成员内化了的心理结构，这是因为一旦群体成员回到独自的情境中，他们仍然会遵照他们的群体规范来行动（更近的研究表明，这种“似运”规范持续的时间特别长）。

对于个体主义和群体心理这两个论题，阿希（Asch，1952）都进行了复杂和广泛的批评，这里仅能够提到其中的几点。例如，他提出，奥尔波特反对群体概念的真实性是基于在具体的“事物”（如真实的个体）和抽象的“关系”（如群体或事物的系统）之间的错误区分，后者是并不承认充满实在性的。阿希指出，关系和事物同样真实；实际上，一切事物不过是低水平因素（例如，一个分子是一些原子的系统，一个原子是一些中子以及质子等的系统；而后者会分解成包括更多基本粒子的群体，等等）之间关系的“群体”或系统，正如当我们从更为宏观的角度考虑时，关系的群体/系统看起来就像统一的事物。

此外，有关社会互动的刺激—反应概念根本上就是错误的：它尤其遗漏了有关人类互动和群体形成的两个基本点——即它们包含着“心理互动”（psychological interaction）；而且它们发生在“互相共享的心理场域”（mutually shared psychological field），同时这一场域也使它们的发生得以成为可能。他断言，关于人类互动的最为重要的事实是，“在**每一位**参与者心中，这些互动都是**从心理上得到表征的**事件。在我们与物体的关系中，知觉、思维和情感是在单方面发生的；而在人与人之间的关系中，这些过程是在双方面发生的，并且相互依赖……我们相互作用……借助于情感与思维，这种情感与思维能够考虑到他人的情感与思维”（1952，第142页）。我们把自己的行为展现给他人，而他人同时也把他们的行为展现给我们——我们对自己和所处的客观环境存在共同的相互意识，在这个“共同基础”之上，我们在一个相互参照的共享场域中行动。

相互的心理场域（the mutual psychological field）是群体形成的首要条件：“……群体行为……只有当每一位参与者具有包括他人的行为和他们之间的关系的表征时才有可能。只有当共同的情境在每个人心中形成表征，而且这些表征在结构上相似时，那么，他们各自的行为才会相对地集中、相互支持和补充。只有当这些条件具备时，个体才能使自己服从于共同行动的要求。这些表征和行动把群体事实变为实在，并产生出群体过程的现象可靠性。对于可以共同实现的目标的理想来说，这些也是必要条件。”（251～252页）因而，对于阿希来说，群体事实成为真实的存在，因为个体在主观上能够相互参照、能够领会他们之间的相互关系、能够把自己看做是一个共享的社会场域（这个社会场域是独立于作为个体的他们而存在的）的共同成员，并且他们能够从这些共同理解的角度来调节他们的行为。群体事实有其个体的基础，但是由于涉及其他人，它们已经不再“仅仅”是个体事实。

个体主义未能理解有一个“个体内的社会结构场域”（socially structured field within the individual，第253页）——共同的社会事实在个体心理中形成表征，并因此改变了个体心理——而个体—群体关系是一种“实际上前所未有的部分—整体关系”，因为它是“唯一的部分—群体关系，这种关系依靠对部分中的整体结构进行概括”（第257页）——也就是说，正是由于成员具备了从集体（而且置身于集体之外）的角度进行知觉和行动的能力，群体才成为可能。

最后，值得注意的是，阿希认识到并且批评了社会决定论的具体化，它只是一种现代形式的群体心理谬误。他来不及阐述这一观点，即个体在宏观的社会过程中根本不起什么作用，因为后者遵循它们自己的规律而不受个体的思想和目的的影响，个体不过是社会力量被动的载体而已。（在他著名的关于社会从众的经验研究中——参见 Asch，1956——他开始论证个体在与群体的关系上的自主性，反驳了群体影响是非理性的、被动的、屈从的暗示过程这一观点。）

阿希是一位难以公允评价的学者；他的思想有力、精妙而丰富，对于心理群体问题作出了奠基性的贡献，至今恐怕无人能够超越。

同其他任何一位认知社会心理学家相比，勒温（参见 Marrow，1969，索引）的影响和贡献在许多方面都更为广泛和深入。作为一个受到格式塔思想影响的“场理论家”（field theorist），他设想群体是存在的；就是不存在，则至少也不同于部分之和。他也从成员之间相互依赖的角度来定义心理群体：“……它是典型的高度组织化的群体，具有相当程度的统一，包括了各种成员，这些成员不同的，或者在整体中发挥不同的作用。不是由于相似性，而是由于成员之间的相互依赖性构成了一个群体。”（1939）

他把群内关系作为个体“生活空间”（在任何特定时候个体心理经验的全部，总是包括互动中的个人和环境）中的社会力量场域来进行分析，并且把个体和群体看成形成了相互依赖的系统。他使用了有关群体的整体特性并把它们引进到场域概念中，例如它们“凝聚力”（使成员在一起的力量、成员之间相互吸引和相互排斥的力量）的程度、群体规范（社会规范）、社会气氛、领导风格（民主的、权威的或放任的）以及群体决策。

他强调，为了理解和改变个体的行为，人们必须要把自己看成是社会系统的成员，而且他们的行为是由那种系统的动力特性所决定和控制的。群体或多或少都具有一些凝聚力，对它们的成员或多或少具有一些权力，并且依靠那种权力，对成员施加或多或少的压力以保证服从群体规范和决策。群体不只是真实的，也不只是具有不同于个人的特性；它们也具有权力，而且改变整个群体要比改变脱离群体的个体更为容易。正如生活空间中在心理上所表示的那样，个体的行为是个人和环境之间交互作用的结果；生活空间/心理环境包括各种社会系统——个人在其中只是一个成员——及有关的群体力量；因而，群体成员身份必然会从社会上和心理上改变和决定“个体”行为。

勒温的影响更大，因为他与同事表明，人们可以从实验角度操纵复杂的社会/群体关系，也可以通过把群体考虑进来而改变行为。差不多在对于这个问题的任何直接理论讨论当中，他对于个体—群体关系问题的贡献都包含在他的理论纲要和工作假设当中了；而且当前大部分有关群体过程的正统说法都可以追溯到他和他的同事所开创的工作当中。

第四节　小　结

在这里，我们还不能详细评论早期理论家的思想在当前所具有的地位。有许多经验上和理论上的见解经受了时间的检验，并且融入到现代思想当中；正像另外一些思想几乎完全就是错误的，或令人难以置信的，或过于抽象或一般而没有多大用处一样。对于我们来说，重要的一点是，在有关社会过程和心理过程互动——这一互动改变了个体心理学——的思想当中，我们看到了适合于对心理群体进行概念化的一个相对成熟的元理论。这一元理论不仅拒绝了群体心理的观念（在简单的字面意义上），也拒绝了否定群体独特心理特征的个体主义的观念。这就是在本书的其他部分我们试图从理论上和经验上进行展开的“互动主义”视角。

在谢里夫、阿希、勒温以及其他人的影响下，在 20 世纪 40 年代和 50 年代，群体过程成为社会心理学的一个核心主题。然而，互动主义视角所带来的理论力量却没能持续到今天。到了 20 世纪 60 年代后期，人们对群体这一主题的兴趣很明显在减弱（尽管对这一说法还有许多保留），而且一种新的个体主义观点得以广泛扩散（这并不意味着它曾经完全不存在）。从早期的争论开始，除了仅仅只是部分的解释之外，对个体主义观点重新出现的解释并不是目的，回顾关于群体过程的研究也不是目的。在下一章，我们将展开和评价目前关于心理群体性质的一些共识。

第二章　重新发现社会群体

第一节　当代关于心理群体的概念化

从当代社会心理学的观点来看，什么是心理群体？目前，个体与群体的关系是如何概念化的？

事实上，关于群体形成的主要特征已有很好的共识（例如，Cartwright & Zander，1968；Shaw，1976，1～12 页；Turner & Giles，1981a，3～7 页）。这些可以用“认同”、“相互依赖”以及“社会结构”的概念来进行总结。认同（或知觉/认知）的标准是个体对自己作为独特的社会实体应该拥有一些集体意识；他们应该往往作为一个群体来知觉和定义自己、拥有某些共同的认同（例如，Tajfel & Turner，1985）。

社会结构的标准（例如，Sherif，1967）是，随着时间的推移，由于角色和地位区分系统以及共同的社会规范和价值观——这些描述了在与群体有关的问题上的信念、态度和行为——的发展，成员之间的关系往往会变得稳定化、组织化并受到调节。

相互依赖的标准是成员应该在某些方面积极地联系在一起。从理论上看，相互依赖是群体形成中的重要——即根本的——过程；人们对此已有合理的共识。例如，在他们那本权威的教科书中，卡特赖特和赞德(Cartwright & Zander，1968）回顾了关于群体的理论定义。他们得出这样的结论，即某些方面的相互依赖是群体的共同成分。他们以“任何相互依赖的人们的集合”(any collection of interdependent people）来定义一个群体（第48页）。把某种相互依赖当作群体形成的主要标准的有影响的理论家包括阿希（1952)、戴维斯、劳克林和科莫瑞塔（Davis, Laughlin & Komorita，1976)、多伊奇（Deutsch，1949a，1949b，1973)、费斯廷格（Festinger，1950，1954)、霍曼斯（Homans，1961)、勒温（1948)、洛特夫妇（Lott & Lott，1965)、普鲁伊特和金梅尔（Pruitt & Kimmel)、霍尔威茨和拉比（Horwitz & Rabbie，1982)、肖（Shaw，1976)、谢里夫（1936，1967)、赞德（1979)。

人们已提出了几种不同类型的相互依赖。例如，在最后一章，我们看到，谢里夫、勒温和阿希强调，群体成员之所以相互依赖是在于他们形成了一个“功能统一体”（functional unity）或“动力系统”（dynamic system)，或共有了一个“相互的心理场域”；然而麦独孤则提到了个体的心理过程之间相互影响或互动的重要性。而且，所有理论家都把成员之间的相互影响在形成群体情绪、态度和行为中的核心作用视之当然。

近年来，人们开始强调相互依赖——这与个体需要的满足有关，或假定有关——的形式；或值得的结果（rewarding outcomes）的获得，即动机性相互依赖（motivational interdependence)。理论上，这两者是相同的。动机性相互依赖意味着这样一种思想：从功能上看，由于情境的结构，与一个人需要的满足有关的另一些人的行为或特征是和与他们的需要有关的他们自己的行为或特征联系在一起的。于是，在一极，人们可以合作来实现其他方面达不到的目标；而在另一极，仅仅是因为他们发现彼此的合作对双方都有好处，所以他们可以联系在一起。

自早期理论家以来，人们所研究的最重要的相互依赖形式已经逐渐表示了有关群体成员身份的一种内隐理论。我们可以将其概括如下：这一理论假设，为了需要（达成合作目标，坚定信仰、价值观和态度，获得报偿，成功完成任务等）的相互满足，人们之间的动机性（功能性、目的性）相互依赖或多或少会（以积极的方面来说）——以合作和/或合作性社会互动、相互的人际影响以及相互吸引或“群体凝聚”的形式——直接引起社会的和心理的相互依赖。

换言之，这一理论假设，人们具有个人的需要（动机、目标、驱力、愿望等）；其中至少某些需要，或可能大多数需要都是直接或间接通过他人而得到满足的（例如，具有支配需要的人们会发现与具有从属人格的人在一起是值得的；或寻求社会变迁的人们会在政治组织中联系在一起，因为他们可能相信，只有组织化的大众行为才能产生这种结果）；一旦人们感到、相信或期望从联系中获得相互满足，他们往往会以团结的方式联系起来、形成积极的人际态度、在满足信息需要的能力的基础上影响彼此的态度和行为以及在其他方面彼此回报。当他们做到这个程度时，就拥有了一个群体。

群体凝聚力的概念与相互依赖论紧密联系在一起。人们以几种方式来定义群体凝聚力这一概念，每种概念都具有不同的内涵：诸如群体特性——描述保持人们在群体中的成员身份的心理力量（Cartwright，1968；Zander，1979）、成员之间相互依赖的程度指数（Lewin，1948）、把人们在群体中“黏在一起”（stick together）的心理黏合剂（psychological cement）（Golembiewski，1962，第49页），或最为流行的只是群体对成员或群体成员之间的吸引程度（例如，Festinger，1950；Festinger，Schachter & Back，1950）。最近，人们又把群体凝聚力这一概念等同于人际吸引（Lott & Lott，1965）。这种说法往往假设，对他人的吸引来自于“需要—满足”或“强化”原则（实际上，强化、回报或其他积极的结果只是满足了某种需要或减少了某种激发性驱力状态的刺激事件而已）的作用：人们之间的相互喜欢被假设为反映了积极的、令人满足的或获得酬报的结果直接或间接地与人们彼此之间的合作联系在一起的程度。同时，这种说法也假设，群体的凝聚增加了成员之间社会互动、合作与影响的程度（Shaw，1976）。因而，从相互依赖的观点来看，这一概念也包含了群体归属（group belongingness）的基本特性——个体需要的相互满足导致他们转变成一个心理群体的程度。

谢里夫及其同事有关群际冲突的著名现场研究（Sherif，1976）表明，我们如何可能把共享的身份认同和群体内组织看成是群体成员身份的某些特征——群体成员身份逐渐成为来自成员之间社会相互依赖的派生现象；同时也对这一假设的转变——即从人们之间的目标关系转变到具有凝聚力的群体的形成——提供了极好的说明。

这些研究包括了 1949 年、1953 年和 1954 年的三个现场实验。每项实验大约持续三个星期，并且在美国的不同地方进行。参与者是 11 岁至 12 岁的中产阶级白人男孩，他们以为他们正在参加一个正常的夏令营。事实上，夏令营的主办者是研究者，夏令营的活动也是作为检验有关群体形成和群际冲突假设的实验目的而组织的。研究包括四个基本阶段。

在第一阶段，夏令营的活动和生活安排是以整个营为范围组织的，在男孩子之间，正常的人际友谊自然而然地就发展起来。在第二阶段，男孩子被分为两组，住在不同的宿舍里，并且分派了单独的活动（例如，建营、做饭、游戏、寻找游泳的地方等）。每一组男孩都面临着共同的问题，一起玩和工作，齐心协力，分担工作和承担不同的责任。他们被安排到一系列情境中，这些情境对他们来说是引人入胜的，也要求相互之间的合作交往。尽管事实上群体已经形成，并因此把成员与他们在第一阶段就已形成的朋友分开了，其结果却是这些成员从他们自己现在的群体中挑选了绝大多数朋友（大约 90%），并与这些男孩之间发展出了强烈的内群体联系和组织。谢里夫认为，当一些先前没有建立联系的个体在包含对他们具有共同吸引力的目标的条件下进行互动时，而且为了达到目的需要相互依赖的活动时，由不同地位和角色组成的一个明确的群体结构就会产生（第 76 页）。

在第三阶段，在一系列竞争性游戏和活动中，两个群体被带入对抗关系。在这些游戏和活动中，在这两个群体之间存在着明确的利益冲突，因为获胜者可以获得奖励。这两个群体之间的竞争就相当快地从友好的竞赛转变为公然的敌对。与敌对相伴而来的是对外群体的否定态度和刻板印象，以及群体内提高的团结和自豪感。在第四阶段，研究者为这些相互冲突的群体提出了一系列“超级目标”（superordinate goals）、“这些目标对卷入的群体来说是引人入胜的，但不能由单一的群体通过自身的努力和资源而实现”（第 88 页），因而为了成功地达到目标（例如收取资金租借两个群体都想看的电影片），就要求合作。这些超级目标导致了群际合作和这些群体之间敌意的逐渐消除，以及超越群体边界的积极联系的出现。事实上，我们可以认为，群际合作实际上导致了一个超级群体的形成（Doise，1971a）。这就符合了谢里夫的假设，即人们目标之间的关系结构会导致积极的或消极的社会关系；在利益冲突形成时，这些群体之间消极的相互依赖会在群体之间导致强烈的心理上的区分。而在第二阶段的合作和后来的超级利益形成时，这些群体之间积极的相互依赖会产生群体归属感和内群体组织。第四阶段群际冲突的减少以及两个群体中合作产生了具有凝聚力的互动。

群体归属感通过集体认同的特殊符号的产生而表达出来，同时也由它所伴随。这方面存在明显的证据：“当群体变成一个组织，这些男孩们创造了昵称……每一个群体都形成自己的行话、特殊的笑话、秘密、完成任务的特殊方式以及中意的地方。”（第 80 页）当然，他们也给自己和对他们来说具有特殊意义的地方取了名字（红色恶魔、哈巴狗等），甚至制作了自己的旗帜。

在这里，我们在谢里夫自己对他的研究结果的理论理解——尤其是元理论上的理解——与当代有关群体的内隐理论之间进行一下区分是非常重要的。同样，注意到关于群体凝聚力存在大量经验上的决定因素（例如，互动与空间上的接近性、态度与价值观的相似性、共同的命运、相互吸引的人格特质、共同的威胁/共同的敌人）也是非常重要的。不过，从相互需要满足过程的角度来看，所有这些决定因素都被假定为是可以解释的（Lott & Lott，1965）。

例如，费斯廷格所提出的有关社会影响与社会比较的理论，为群体是基于相互需要的满足而形成的提供了另一个好例子，不过这次他所强调的是内隐的而不是外显的相互依赖（1950，1954）。他假设人们受相似的他人吸引并形成群体，因为我们需要与相似的他人进行比较，以便评价我们自己的观点和能力，并为我们的信仰和态度获得同感性确认。因而，尽管对于费斯廷格来说，群体形成的主要经验决定因素是相似性（对此有许多例证），但是基本的过程仍然是相互需要的满足。这是因为人们假定相似性是吸引人的——因为它是有益的；而它之所以有益则是因为它满足了人们对于自我评价和“主观有效性”（subject validity）的信息需求（例如，需要确信自己的态度是正确的、合适的和有效的）。

我们已经看到，相互依赖的概念并非是在历史的真空中产生的，它最初是作为对群体现实性问题的解决和群体心理学的独特之处的贡献而提出来的。在谢里夫、勒温和阿希最初使用功能性相互依赖（functional interdependence）的思想时，这一思想还带有某些重要的“格式塔”或“场域理论”内容。它的含义是指，群体成员形成了一个“动力性的整体”（一个系统、场域、格式塔），这大大多于或至少不同于群体各部分之和——各个部分（个体成员）的特征由于他们的相互依赖（群体中的成员身份）而发生了变化。于是，在孤立或集合的个体与（群体中）相互依赖的人们之间就存在一个心理上的非连续性。群体中个体之间的关系受到他们在整体中所具有的成员身份的调控。

在这一方面，这一概念非常成功。通过给予一定程度的现实性，这一概念使作为科学研究对象的群体合法了，并且把个体—群体的关系问题带出哲学领域而进入到实验室之内。其中一个结果就是，在20世纪40年代和20世纪50年代，群体过程成为社会心理学研究的核心领域。大体上，人们现在已接受了群体的事实，至少是在分析的**社会**水平上。甚至在一篇很有思想性的文章中，奥尔波特（1962）也最终勉强承认了群体作为集体结构——由个体行为的特殊片段之间的关系而形成——的社会真实性。

然而，这种情况在群体的**心理**现实性的程度上还是不同的。当研究者在20世纪40年代和20世纪50年代开始详细研究人们之间相互依赖背后的确切过程时，结果几乎普遍回到某种固有的个体主义观点中。就是说，人们似乎已失去了群体成员之间的关系可能在**心理上**会以他们在共同单位中的成员身份作为中介这一思想；或者更精确地说，只是发现没有什么必要。换言之，群体内的相互依赖一直是作为（好像）孤立的个人之间的关系来进行研究的；而群内关系一直是被假设为与人际关系在性质上没什么不同。也就是说，在由互动者（这里是指"人际"）的独特个人特性作为条件而形成的社会关系与基于共同群体成员身份而形成的那些社会关系之间并没有理论上的区别。

当研究者对于群体归属和群体过程寻求更多系统的因果分析时，这一"个体化"相互依赖概念的过程似乎与对它的含义的修正——从成员之间"功能统一体"的观点到出于需求满足的相互依赖的观点——联系在一起了。因此，在许多方面，人们可以看到作为科学进步的浪潮正常起落的一部分，它本身之中的一个副产品也是重要的进步。甚至在谢里夫的著作中，对于含义的修正也非常明显。例如，尽管他坚持自己的互动主义的元理论，即个体在群体中心理上会发生变化，但在他 1936 年出版的著作里，群体成员之间的"功能性联系"明显是指出现的"整体特性"，也就是某个动力场域中成员之间的相互联系；然而，在他关于群体冲突的理论中，解释的重负却被功能性联系——比如利益冲突或超常目标——的提法，以及群际态度来自于群际关系的观点所分担（Enrlich，1973；Turner，1981b）；而前一种含义并没有起到直接的理论作用。为什么相互需求满足的观点应该"个体化"？这可能是因为，这种观点首先把人们的需求作为"假设事实"，因而，隐含的意义是这些需求是个体的特性，并且把它们解释为社会行动的煽动者，先于或优于集体生活；而在较早的阐述中，个体和群体是不可分离的统一体。

把群体过程作为人际关系来分析的例证不计其数。例如，**极其好**的人际关系，对偶或配偶关系，被看成是与群体在理论上完全对等的概念（Thibaut & Kelley，1959）。凝聚的群体特性先是在实践上，随后是在理论上被降低为人际吸引（Lott & Lott，1965）；而且，事实上，作为一个独立的场域实际上已不再存在了，正为后者所取代。洛特夫妇（1965）严肃地指出，为群体所吸引只不过是（再一次，"只是"对于奥尔波特的争论而已）喜欢构成群体的某些特定个体而已；而且为**作为一个整体**的群体所吸引的观点是没有意义的。自从谢里夫及其同事在像"囚徒困境"（参见表 2.1）这样的实验游戏中对于人际或对偶关系进行了最初的研究之后，人们也研究了群际合作与冲突（Billig，1976；Stephenson，1981）——更不用说从个体心理变态和偏见的角度对于种族主义、种族中心主义和法西斯主义的解释了（参见 Turner & Giles，1981a）——而且，主要的理论模型一向是从个人自我利益的角度来建立的（Eiser，1978）。关于社会影响的理论一直具有个体主义的特点，这已是被许多证据证明的事实（参见 Moscovici，1976；Reicher，1982；Turner & Oakes，1986；Wetherell，1983；Wetherell，Turner & Hogg，1985）——这其中许多证据将在以后讨论——但是，一个隐含的假设也许可以完全对此进行说明，即当群体成员交换他们各自的信息和意见时，通过对个人态度的平均分析，社会规范就这样形成了。人们假设，整个群体恰好是它部分的总和；社会规范也恰好是成员个人意见的总和——这里并没有集体智慧的增加或丢失；也没有这种观念，即对于群体规范的服从并不需要成为一个纯粹人际会聚的过程。正因如此，人们才做出这样的假设，即按照定义，群体极化的现象（参见第四章和第七章）从正常群内影响的角度是无法进行解释的。

这一趋势的结果是，至少实际上，现代社会心理学已在很大程度上接受了奥尔波特关于群体是一个**多余**概念的说法。在描述水平上，人们概括某些类型的关系并把它们作为社会分析的单元可能是有用的。但是，**理论上，**从决定心理过程——主流的意见就这样认为的——的角度来看，这一概念对于解释行为**没有提供任何帮助**。群体只是人际关系和人际过程的产物；或者，更为确切地说，是与人们之间相对稳定的人际合作、吸引和影响的东西。因而，当我们发现，在后来 20 年甚至更长的时间里，伴随着个体主义的兴起，主流社会心理学对于群体过程的兴趣逐渐下降，这一点也就毫不奇怪了（参见 Pepitone 在 1981 年所做的非常优秀的调查和讨论；还有 Cartwright，1979；Sampson，1977，1981；Steiner，1974；Tajfel，1981a，1981b）。这种下降既是关于群体的主流理论的自然发展结果，也是其不可避免的发展结果。

第二节　群体的心理现实性

从经验上看，上述结论有根据吗？我们可以从个体和人际过程的角度对社会行为做出令人满意的解释吗？研究资料支持不支持这种观点，即群体在理论上是个多余的概念，它只是对于积极人际关系——基于为了满足自己需要的个体之间的相互依赖——的一种表达？完整地回答该问题几乎等于是对整个社会心理学做一个回顾。代之以这样的回顾，我们将集中在与群体过程直接有关的一些最新研究进展上，即群体形成和凝聚力（cohesion）、社会合作（social co-operation）以及社会影响（social influence）。

一、社会归类与群体形成

洛特夫妇（1965）把凝聚力等同于人际相互吸引的发展，因而也含蓄地把群体形成等同于人际相互吸引的发展。支持这种观点的证据从没有令人信服过（例如，Cartwright，1968，第 95 页；Sherif，1967，74～75 页；Turner，1984）；而且洛特夫妇引用的大多数资料在这方面也是模棱两可的，只是作为理论和元理论层面的假设指向纯粹的人际吸引。现在出现的一批研究似乎或多或少直接反驳了这一假设。

在早期的研究中，泰弗尔、弗莱门特（Flament）、比利希（Billig）和邦迪（Bundy）（Tajfel，Flament，Billig & Bundy，1971；Tajfel，1970）对于群体形成并没有表现出直接的兴趣，而是将兴趣集中在群际区别（intergroup discrimination）的最简条件（minimal conditions）上。他们设计了包含内群体—外群体关系（ingroup-outgroup relationship）的实验情境，不过这一实验情境过于“剥离”而且（明显）缺乏心理意义，以致没有出现预期的区别。实验本来的意图是通过逐渐地增加变量，以了解内群体偏私（ingroup favouritism）出现在什么地方。

基线设定本质上是通过对社会归类（内群体—外群体成员身份）的操纵来界定的，被试被区分到两个不同群体中，但并没有被通常决定群体凝聚力或群际态度的其他变量混淆。被试（男中学生）表面上是按照一个小的特定标准被分成群体，但实际上是随机的（在以后的研究中是明确随机的，例如，Billig & Tajfel，1973；Locksley，Ortiz & Hepburn，1980；Turner，Sachdev & Hogg，1983）。在群体之间或群体内没有社会互动或接触；没有利益冲突、先前的敌意，或成员的个人利益与群体成员身份之间的联系；在群体内或群体之间也没有任何其他形式的功能性相互依赖；而且群体成员身份也是匿名的，即个体知道自己属于哪个群体，但并不知道其他人属于哪个群体。被试认为，他们不过是因为管理上的方便而被分配到不同的群体中。他们的任务是（私下地）做出关于如何给匿名的配对人付报酬的决定；这些匿名的配对人只是按照群体成员身份和个人代码号来确定的。

因而，这些所谓的"分组"完全是知觉上或认知上的（我们可以把社会归类定义为是对进入群体的社会区分的一种认知表征），因而被称为最简群体（minimal groups）。意外的结果是，即便是在这样严格控制的环境中，被试仍然是对内群体成员有偏好而对外群体成员有歧视（而且是以不必要的竞争方式来这样做的）。同时研究也发现，不仅在与个人利益无关的情况下，他们给内群体成员的钱要比外群体成员更多；而且，为了给内群体成员的钱要比外群体成员相对更多，他们愿意在绝对数量上给内群体成员较少的钱。当他们面对一些选择需要做出有关同一群体内两个接受者的决定时，他们也较多关心使配对的内群体成员的共同利益最大化，而较少关心使配对的外群体成员的共同利益最大化。

在类似的和有关的实验情境中，内群体偏私的这一发现一直被重复；而且在不同的被试样本、对自变量和因变量进行不同的操作、不同的反应模式等，甚至不同的文化中，我们都可以发现类似的结果（由Brewer所提供的文献回顾，1979；Turner，1975，1980，1981b，1983a；参见Wetherell，1982）。看来，甚至在相当明确的随机基础上（例如，Billig & Tajfel，1973；Locksley et al.，1980；Turner et al.，

1983)，把社会归类加于人们身上都会产生有差别的群际行为，以更为积极的态度所表现出来的群体凝聚力，所报告出的比对外群体成员来说更多地对内群体的喜欢，在知觉、评价和记忆上的种族中心主义偏误（例如，Howard & Rothbart，1978）以及对内群体成员的利他倾向（Turner，1978）。尽管存在另外的解释和方法论问题（对此的讨论一直在进行，例如 Bornstein et al.，1983a，1983b；Branthwaite、Doyle & Lightbown，1979；St Claire & Turner，1982；Turner，1978，1980，1983a，1983b)，这些资料看来还是可信的、丰富的和有效的（在存在感觉的内群体—外群体成员身份的影响方面）。

我们很难避免这一结论，即社会归类会导致心理群体形成——以与自己和他人的群体成员身份有关的共同反应、内群体成员之间的相互吸引、种族中心主义态度和偏见等形式，被试表现出了集体行为（也可参见 Moreland，1985）。资料也表明，认同群体成员身份的某些真实过程发生了（Turner，1975，1978）。假如确实如此的话，那么人际相互依赖和吸引就不是群体形成的必要条件，因为人们设计这些实验的特殊条件恰恰是为了消除对结果的其他解释这类因素的。尽管社会归类导致了群体内凝聚力（以及群际区别），但这不过是群体形成的效应而不是原因。而且，我们也并不清楚这种凝聚力代表了“人际”吸引，因为被试并不知道他们所属群体的成员有谁，没有理由去假设他们之间有比对外群体成员更多的来自个人的喜欢。他们看起来喜欢自己群体的人只是因为这些人是内群体成员，而不是因为内群体成员是一些特别的人而喜欢内群体。

因此，社会归类或“最简群体”范式的研究似乎表明，特定个体之间无论是吸引还是相互依赖并非群体形成的必要条件；而只是把共同的群体成员身份加于人们身上就足以在他们之间产生吸引。

不过，仍有一些问题遗留下来。将被试作为群体成员的“外在设计”可能会使他们具有共同命运吗？而正是共同命运在群体成员之间产生了某种隐含或间接形式的相互依赖。例如，卡特赖特和赞德（1968，56～57 页）认识到，有时心理群体之所以形成是由于人们从外面被划分了类别，但是，他们仍然假设这是一个相互依赖的过程。这样的顺序有可能发生，但是现有的证据仍是不足信的。“共同命运”的概念是一个可伸缩的术语，在这一背景下，看来不过是重新描述了这一被解释的现象。经验资料说明，成员的反应似乎确实不是出于个人利益的推动（例如，Turner，1978；Turner，Brown & Tajfel，1979）；或在内群体偏私与某些个人需求的满足之间任何假定的或感觉的联系（也就是说，并不是某些个体需要只依据个人如何行动来进行同义反复的定义，例如需要像群体成员一样做事、需要竞争，等等）。

如果不是必要条件，那么人际吸引至少也是群体形成的充分条件吧？在提出自我归类论时，这是需要处理的一个复杂问题。

最后，对于泰弗尔等人（1971）以及其他人来说，有一个过去曾经是、现在依然是具有直接兴趣的问题，即群体冲突的含义——为什么群体形成会导致区别而不是其他某种形式的群际行为？为什么只要作为群体成员而行动，被试就会自然而然地表现出明显的内群体偏爱？在过去15年中，大量理论上和经验上的努力在这一问题上有了进展。一些假设已以各种方式被提出来或得到检验，例如，“需求特性”或“实验者效应”（即研究事实上是人为的）；在适当情景下引导行为的有关内群体—外群体偏差的“一般”（普遍）规范；“认知平衡”的倾向，比如人们偏爱自己所属的社会单位；去个体化；导致对内群体和外群体成员的认知区别的归类过程；以及为定义自己社会身份的群体寻求“正面独特性”（positive distinctiveness）的倾向。

这里没有必要重复在大量文章和详细回顾中所包含的争论和材料。这里只要说出所偏爱的假设，以及最终导致这本书的理论——泰弗尔和特纳（1978，1985）的**社会认同论**——的分析就足够了。这一理论将“社会认同”定义为源于伴之以情绪的、评价的以及其他心理相关因素的社会群体或类别的成员身份而形成的个体自我概念的那些方面，例如，自我定义为男性、欧洲人，伦敦人，等等。这一理论假设人们具有对自己进行积极评价的动机；而当人们将自己界定为某些群体成员时，他们也具有对群体进行积极评价的动机，也就是说人们会寻求积极的社会认同。此外，由于群体是在与其他群体的比较中进行评价的，积极的社会认同需要自己的群体与有关的比较群体有很大的不同或有**正面独特性**（positively distinctive）。于是，基本的假设是（1）人们具有某种动机去为他们认同的群体确立正面独特性，以不同于相关的外群体。(2）当某些群体成员身份所带来的社会认同不令人满意时，群体成员会试图离开那个群体（心理上或实际上）而加入具有更多正面独特性的群体/或使他们所在的群体具有正面独特性。其他一些假设详细说明了个体可以获得内群体正面独特性的不同方式以及他们可能继续的条件。

从这一理论派生的重要问题是，在不存在利益冲突时两个群体可以（为了相互区别）形成竞争。将它应用于最简群体范式，这一理论把群际区别解释为正像"社会竞争"这种情况一样（Turner，1975）：被试从派定的社会类别的角度界定和评价他们自己，从最合适的价值维度（钱，评价量表上的"点"）的角度把内群体与外群体进行比较，并以付给更多的报酬或以其他方式给予好处来为自己的群体寻求正面独特性。沿着这个方向，有启发性的证据表明群际区别确实提高了群体成员的自尊（Lemyre & Smith，1985；Oakes & Turner，1980；参见 Wagner，Lampen & Syllwasschy，1986）。

值得提出的是，由于在这些方面的某些误解，这一理论并没有认为人们永远具有一种正面的社会认同——这显然是不真实的（参见 Turner，1980）——但是在特定的条件下，负面的社会认同在心理上是令人厌恶的和具有激发作用的（一个简单的类似情况是，缺乏食物非常具有激发作用，但很明显并不意味着人们不会饥饿）。这也并不是说，人们永远都会做出有利于内群体超过外群体的区分，或在正面的社会认同与内群体偏私之间有一个简单的正相关——这是把对于基本过程的分析混同于一系列描述性的经验概括（关于这个区别参见 Schlenker，1974；Turner，1981a）。但是，在任何情况下，歧视外群体只是获得正面社会认同的一种方式，而且也只能在某种特定的条件下才可以做出这样的预测。

二、社会合作与对个人利益的追求

关于"混合性动机"（mixed-motive）游戏，尤其是"囚徒困境游戏”（Prisoner's Dilemma Game，PDG）的研究同这一问题最有关联。研究直接检验了这一假设，即为了自我利益的最大化而形成的积极相互依赖导致了合作。科尔曼（Coleman，1982）、戴维斯等人（Davis et al.，1976）、道斯（Dawes，1980）、艾瑟（Eiser，1978，1980）以及普鲁伊特和金梅尔（1977）都对此进行过文献综述。

在 PDG 的每一次实验中（见表 2—1），两个游戏对手每人都要做出“合作”或“竞争”的选择（使用这一术语是出于简化；行为选择有时可能具有其他的心理意义，参见 Pruitt & Kimmel，1977），而且按照选择的组合模式获得报偿或奖赏。报偿或奖赏矩阵把特定结果与特定的选择模式联系在一起，即这一矩阵从情景的报偿结构角度规定了游戏者客观上的相互依赖。PDG 的魔力在于，它把冲突嵌入到个体之间的竞争与合作中。报偿结构就是，从每一个个体游戏者（其行为总是独立的，似乎处于孤立中）的角度看，选择竞争总比选择合作要好（从个人利益最大化的角度）；但是，从游戏者双方的角度看，选择合作总比选择竞争要好。换言之：如果两个游戏者以竞争的方式来分别追求他们个人自我利益的最大化，比起他们以合作的方式来分别追求他们个人利益的最大化的效果要差。事实上，从情景中的客观报偿结构角度来看，游戏者毫无疑问是相互依赖的；无论原则上还是实践中，合作是共同的理性策略（研究表明，在自然的游戏过程中，合作策略确实可以使游戏者的个人目标最优化，参见 Oskamp，1971；Wilson，1971）。

表 2—1　　**囚徒困境**

		游戏者 2 的选择	
		合作	竞争
游戏者 1 的选择	合作	3，3	1，4
	竞争	4，1	2，2

注：每位游戏者做出一个合作或竞争的选择。对于游戏者 1 的报偿是在每一列的左边，而对于游戏者 2 的报偿是在每一列的右边。矩阵的结构是，当另一位游戏者采取合作策略时，采取竞争策略的个体所获得的报偿要大于双方都采取合作策略所获得的报偿；而双方都采取合作策略所获得的报偿又要大于双方都采取竞争策略所获得的报偿；而当另一位游戏者采取竞争策略时，双方都采取竞争策略所获得的报偿反而又要大于采取合作策略的个体所获得的报偿。表中所指定的绝对数字完全是说明性的。

由于这一原因，博弈理论家最初预期，人们在游戏中会相对快地达到合作（Coleman，1982）。艾瑟指出（Eiser，1978，第151页），整个研究中隐藏的基本假设是，当合作对个体有利时，个体更倾向于采取合作的行为。事实上，这一预言很快就被证实并不确切。在PDG中出现的唯一最引人注目的发现就是采取合作策略的人明显失败（Eiser，1980）；据估计平均仅有大约30%的人倾向于合作的反应。拉波特和查马（Rapoport & Chammah，1965）发现，在300次实验之后，合作的选择达到总数的大约60%。甚至以后的增加只是在游戏者不再属于不同群体的情况下才会出现（Wilson，1971）。但是，无论如何，在这样一种简单的、报偿结构已被定好游戏里，300次实验之后60%的合作算不上特别值得称道的成绩。研究者自己也肯定没有想到是这样，自从20年前的早期发现开始，他们一直全神贯注于发现增加合作水平的那些因素。一个较为接近的研究领域"社会困境"（social dilemmas）出现了（Dawes，1980），它的基本假设或存在的理由是，当合作对双方都有利时，采取合作行为的人会明显失败。

人们已经发现一些因素可以在混合动机的情况下增加合作的水平。主要的解决方案是或多或少直接操纵游戏者之间的社会和心理关系，从而产生相互合作的倾向。在这一标题下出现的一些主要变量是：

1. 清楚的指导语——采用合作而不是竞争或个体主义的倾向（例如，作为"参与者"、"注意到共同的福利"等而参加的指导语；而不是获得比他人更多的报偿，或者获得对个人来说尽可能多的报偿而不提到别人的指导语）。

2. 游戏者之间沟通、面对面接触或预先社会互动的程度。

3. 游戏者之间社会接近的程度（例如亲密、友谊等）。

4. 游戏者之间感觉的相似性程度，或他们共享群体成员身份的程度。

5. 承担共同命运的体验（比如从相互竞争中共同失败的那个阶段），或分担共同威胁的体验（共同的敌人、群际竞争）；采取"针锋相对"的策略，在这种策略中，每位游戏者采用他人先前的选择恐怕是重要的（以及在引起感觉的相似性上），因为这种策略在其他事情中已经教会了人们，游戏者们会沉浮与共的（Pruitt & Kimmel，1977）。

6. 在共同的公共场合（相互共享的心理场域）中做出的选择，与匿名和私下做出的选择不同。

7. 以“分解”形式表示的报偿矩阵，突出了游戏者在彼此合作意愿上的相互依赖。

8. 促进和支持相互信任与移情的条件、把他人的反应归因于他们的合作意愿以及对他人会合作的预期。

普鲁伊特和金梅尔（1977）依靠“目标/预期”论（goal/expectation theory）总结了这些和其他一些资料。他们提出，在混合动机背景下的相互合作依赖发展出一个“确立和/或保持继续相互合作的目标”以及一个“对他人会合作的预期”……“有时可以称之为‘信任’”（第375页）。

在回顾有关“社会困境”（有时称作N个人的PDG，即多人的PDG）的研究时，道斯（1980）也发现在下述情况下合作会增加：

1. 游戏者之间沟通和接触的程度。

2. 群体的小型（可以被解释为社会接近、凝聚力、亲密，等等）——随着群体规模的增加，合作就会减少（即当成员之间的社会距离增加时）。

3. 人们在公众场合要比私下场合更多选择合作。

4. 对他人会合作（“信任”）的预期。

5. 要求为共同的利益遵守共同的行为规范，即，对有关“群体利益、剥削、伦理”的主题进行道德化（第185页）。

他得出结论，“很明显，是酬赏效用导致了游戏者变节”……（即，竞争）……“而那些与利他、规范和良心联系在一起的东西……导致了游戏者合作……”（第190页）并且他也强调了（社会酬赏的）“知识”、“道德”和“信任”的重要性（第191页）。

可见，这两篇文献回顾的作者已明确放弃了这一假设，即一起合作的增加几乎直接来自于互动者之间为了满足他们个人的需要（当合作对他们有利时，他们就会合作）而形成的积极相互依赖的客观结构。对于合作来说，似乎重要的是，决定性的条件是产生相互合作关系的那些社会心理变量的介入。如果人们仔细考察一下与作为独自的、私下的个体相对比的这些相关变量——作为伙伴的共同的自我定义、倾向于共同的利益、共同的目标和经验、相似性、减少的社会距离以及增加的社会接触、同情与信任、相互吸引、共同遵守的规范与价值观的显著性，在"公共"场合（共同的社会场域）的行动——就会发现有一种很强的含义在里面，即在相互合作意愿和期望背后的基本过程是，游戏者把自己视为一个集体的或共同的单元并获得"我们感"的程度，以及游戏者在相同的情景中面对相同的困境时在一起的程度。换言之，基本过程就是成为心理群体的过程。

相互依赖论提出，积极的相互依赖导致合作，它转而又会导致一个心理群体的形成。然而，这一证据表明，在客观的相互依赖导致合作活动之前，心理群体形成可能是必要的中介过程。与其说社会合作产生了群体，不如说群体在心理上是合作的基础。

这个结论是不会因为这一事实而改变：有另外一些种类的实验游戏，在这些游戏中，不论是从个人理性的角度还是从群体理性（有时叫做"纯粹合作"的游戏）的角度，相同的选择把个人利益最大化了。当然，在这种情况下，从每位游戏者独自行动或两位游戏者共同行动的角度来看，当"合作"的选择是唯一明智的选择时，合作就可能迅速和直接地发展出来。然而，这与相互依赖论几乎是不相一致的。因为，从定义上来讲，作为对于行为的解释，个人自我利益只是对积极的相互依赖提供了一种选择；按照同样的理由，在任何真正的社会或心理意义上，由个人自我利益所推动的公开的合作反应本身可能被称为合作这种说法看来也是值得怀疑的。因此，甚至在这种情况下，公开进入真正的"心理上"的合作的转变可能依赖于群体形成。

威尔逊（Wilson）及其同事对这种一般的观点提供了一些相关资料（例如，Wilson，Chun & Kayatani，1965；Wilson & Kayatani，1968）。在一系列研究中，他们比较了相同团队内相互玩游戏的成员的 PDG 选择与相同团队与其他团队玩游戏时的反应。基于实验者的分派，团队是短暂存在的，但是对它们的成员几乎没有意义（当在团队之间的测试中决定他们的共同选择时，团队成员之间会有一些社会互动）；而且在两种类型的测试中，奖励矩阵的结构都是完全相同的。即便如此，群内选择合作几乎是群际选择合作的两倍（大约60%）。这一差别说明，相对来说，处于同一群体中可以不受客观的情境奖励结构的影响而形成合作（就像处于不同的群体中似乎使人们更趋向于竞争一样，例如，McCallum，Harring，Gilmore，Drenan，Chase，Insko & Thibaut，1985）。

对于这一结论的另一个重要的证据线索来自于有关群际冲突研究的资料（Brewer，1979；Dion，1973，1979；Doise，1971a；Turner，1981b；Worchel，1979，1985）。这些资料似乎表明，在群际竞争或合作各自的发展过程中，内群体—外群体或超级社会认同的形成可能要比冲突或合作的利益——正如谢里夫所假设的那样——这一简单的事实来说更为重要。

因而，我们可以得出结论，社会合作并不是以一种简单的方式直接从对个人利益的追求中产生的。它似乎依赖于个体发展出来的某种东西，即我们所称的共同的或集体的心理单元（joint or collective psychological unit）。

三、社会影响与信息依赖

社会心理学家区分了两种类型的影响。采用多伊奇（Deutsh）和杰勒德（Gerard）的术语（1955）——参见琼斯（Jones）和杰勒德（1967）对有关观点的总结——其中**信息影响**（informational influence）是指把他人的反应（信念、观点、态度等）作为有关现实的证据而加以接受，这也会导致私下的态度改变；**规范影响**（normative influence）则被定义为是对他人的积极期望——基于社会承认和避免拒绝的愿望——的顺从。前面的过程反映了为减少不确定性而对他人的依赖；而后面的过程则是为了获得而外在报偿和避免代价而对他人的依赖。只有信息影响才被看成是“真正”的影响（即：为了正确而引起对态度和意见私下接受和真正改变；而不只是没有确信就与群体“相处不错”，以避免受到嘲笑或其他制裁）。规范影响表现出公开服从（public compliance)，即在外显行为或语言上的“策略的”或“战术的”顺从；但是，这并不必要伴随对什么是做得对的或说得对的任何真正信念。

我们可以把有关真正的或信息影响的理论（从 Sherif，1936；Festinger，1950，1954；Deutsch & Gerard，1955；Thibaut & Strickland，1956；Jones & Gerard，1967）及其他人的核心思想和研究工作中派生出来）总结为下述三个阶段：

1. 假设主观不确定性（subjective uncertainty，在对一个人的信念、观点、态度等的客观可靠性上缺乏信心）是由知觉者的知觉组织与刺激世界的客观特征之间缺乏社交性的互动（asocial interaction）所引起的：刺激场域在客观上越模糊、越复杂、越问题重要、越没有结构的刺激场域，个体的不确定性越大，他们也越需要获得信息来减少不确定性；

2. 在特定情境下对减少不确定性的需要导致对他人的信息依赖（社会依赖）；

3. 信息依赖导致对他人影响的接受（因而就接近他人或服从）达到了这种程度，即感到他人的反应提供了关于客观真实的证据/信息。

谢里夫（1936）在规范形成上利用自动效应（参见第一章）的实验可以说是对这一理论的经典表达。我们可以回忆，被试被置于客观上模糊的情景中（在完全黑暗的房间里，他们必须估计光点虚幻的移动），他们的判断会逐渐会聚在某个最常见的估计范围内（大约是个人最初估计范围的平均水平）。被试好像以自己和他人的反应作为光点移动的信息，因此当暗中交换信息时，他们会朝着更为一致的方向改变。人们把所导致的共同的“参照框架”看成是内化社会规范的出现和心理群体形成的开始。这至少就是人们通常是如何理解这些以及相关研究的。但是，这种解释可靠吗？

最近，莫斯科维奇（Moscovici，1976）强烈批评了对于各种形式的影响的依赖学说。他指出，影响来自于对于他人的依赖（不管是减少不确定性还是获得赞同）的思想等同于权力的行使，在这个过程中，单方面“拥有权力”的那些人改变了“没有拥有权力”的那些人。他认为服从并不总是对于多数人（有权力的人、权威、专家）的顺从。例如，他的研究表明，一致的少数可以影响和改变大多数群体成员。因为，一般来说，少数人更多地依赖于大多数人，而不是相反（按照可获信息的内容，以及报偿和惩罚的权力）；但他提出少数人影响和革新（以及更广泛的社会变革）是反对主流理论的证据。他的一般批评令人注目，而且已在很大程度上推翻了信息依赖论的可信性［这未必是赞同他自己的少数人影响论（theory of minority influence）］。这里，我们并不试图总结莫斯科维奇的全部批评，但我们会把他的一些洞见与理论问题联系在一起。

为了评价传统理论，我们先考虑一下社会服从研究中两种最有名和最有影响的范式——也就是谢里夫和阿希的范式——是非常有用的。在这其中，我们可以把阿希的服从研究（1952，1956）看成是对费斯廷格（1950，1954）的物理现实连续性——这成为“主观有效性”（对于一个人的反应的客观效度、正确性、合适性等的主观信心）的基础——假设的一种直接检验。按照费斯廷格的观点，只有当人们不可获得有关检验的物理的、非社会的方法时，也就是说只有当刺激情景客观上变得更为模糊、无组织或有问题时，依赖于社会现实检验来评价一个人的反应［也就是依赖于社会比较和“共识性确认”（consensual validation）：与他人进行比较并寻求他们的同意，以此确认一个人观点的正确性］才会发挥作用。因此，当人们断定刺激明确时，比如直接的知觉测验提供了明确的结果，他们就不会依赖于对社会现实检验，而且也不需要同感性效度。阿希实验恰好就是这种情况。

在这一范式中，被试对简单的物理刺激进行判断：研究者在卡片上给他们显示不同长度的线条，在每次测试中，被试必须指出三条刺激线条中那一条同目标线条相匹配。刺激是进行选择的。比如在控制情景中，当个体自己进行判断时，任务非常容易，因而错误事实从不会发生；而且被试对于他们反应的正确性也不会感到不确定。接下来就是，在实验情景中，在重要的实验上，当“轻信”的被试面对他或她的大多数同伴被试（但实际上都是实验者的同谋）“明显错误的”反应时，不管这种不一致的影响表现在什么地方，它都不会引起任何真正的信息影响过程。这就是为什么阿希范式一般只把服从解释为公开服从。由于害怕受到嘲笑、不愿意表现出与众不同，人们往往会产生“屈服者”（yielders）的想法。然而，资料实际所显示的要更为复杂。人们一般都知道，在重要的实验上，将近33%的被试往往是服从者。然而，人们不太知道的是这一压倒性的证据，也就是即使在某些行为表示了服从，信息影响过程也在发挥作用，因为面对他们同伴的不一致，被试似乎**变得不确定**。从实验之后的访谈中，阿希报告说，被试很快就会担心他们或群体是否正确这一问题；而且大多数人（即使行为独立）都感到了不确定性，在某个阶段怀疑他们自己是否正确（大约70%的人明确这么说）、寻找群体有可能正确的方式，并开始以为他们一定在什么地方错了（40%的人明确怀疑他们观点的合理性）。此外，这种不确定性也与服从有关。对于自己观点的正确性和合理性，“屈服”的被试要比独立的被试报告说感到更多的怀疑。在很大程度上，人们确实并没有在行为上服从。因而，这一事实并不表明错误的群体不具有说服的、信息性的权力；而只是表明“轻信”的被试并没有最终被说服，他们可能尽量是从群体的角度来看待事情，但事实上他们并不能改变他们所看到的东西，因而也不能真诚地服从。

阿希范式中的服从是与正确或错误的感觉联系在一起的。但情况并不是这样，即知道大多数人“明显”是错的，人们服从只是为了获得赞同和避免拒绝。甚至对于嘲笑、对于与众不同的恐惧也与情景唤起的自我怀疑有关：这是因为人们开始怀疑他们的能力，担心群体是否正确；如果他们并没有出现什么错误的话，他们也开始担心群体会轻视他们的无能，并把个人过失归因于他们身上。更为重要的是，在现实非常结构化和明确的情况下，群体的不一致产生了主观不确定性。正如莫斯科维奇所指出的，不确定性确实并没有反映出实际测验的缺乏或客观现实的性质，它是**不一致的社会产物**（social product of disagreement）。

这种想必如此，具有非常似是而非解决方案的想法是一种神秘的事物——是由阿希（1952）在开始提出来的。被试变得不确定了，因为他们开始与他们期望一致的人不一致了。不一致在认知上是矛盾的，这是一个必须以某种方式来进行解释的疑难问题，同样包括他们自己可能错了的可能性。他们期望一致，因为按照被认为与做出合理的判断（例如正常的视力）有关的特征，他们已把他人归类为与自己相似或相同（可互换的、相等的）；并且认为他们正在判断相同的刺激情景。如果类似的知觉者面对相同的刺激，那么他们就**应该**一致。这是一种自然和理性的预期。

这一解释与谢里夫实验的结果完全一致。再一次，从他们自己的观点来看，被试判断相同的刺激时是相同的或类似的知觉者。重要的是要认识到，他们确实不知道刺激客观上是模糊的（在它表示了科学确定的视错觉的意义上）。相反，他们假设，光线确实是在移动，而且他们正在注视同样的东西。因而，（在他们的自我报告中）内隐的态度是他们应该同意；而且事实上，从知觉角度来说，他们可能已经同意了。在他们的言语报告中，相互的会聚似乎在很大程度上被体验为这样一种情况，即在缺乏外部参照系的情况下，对于他们判断范围的一种相互合作或标准化（Sherif，1936）。因而，正像在阿希范式中一样，这种社会影响似乎依赖于对于知觉者之间的认同，以及对于彼此成为合适参照群体的相互承认；而且似乎也依赖于对于作为公共世界的共同特征的刺激的知觉，但不是对于作为客观可变的刺激的知觉。

对于共同认同的重要性的支持性证据是，阿希的被试对于不一致的一个共同反应就是在自己和大多数人之间寻找一些差异。这种反应的一个方面就是自我怀疑，对与别人不同的恐惧，某些个人不足的逐渐增加。但是，我们并不需要怀疑（参见 Allen，1975，第 30 页）大多数人所表现出来的东西，因而不论是不确定性还是服从性都会明显减少。

斯普林（Sperling，转引自 Asch，1952，487～491 页）检验了后一种观点，即相互影响依赖于对于相同刺激的共同推测。在自运动情景中，他明确告诉被试，光线的移动客观上是模糊的，而且事实上它是一种视错觉。结果是，在相信斯普林的那些被试当中，相互影响和会聚确实没有发生。(一些被试确实会聚在一起。但有趣的是，人们发现后来所有这些人都继续假设，光线确实是在移动)。毕竟，如果人们是由于客观的模糊性而感到不确定的话，因为问题是“向那边”而不是在他们的眼睛里，因而他们为什么会相信其他人的眼睛呢？如果刺激**客观上**是可变的，那么到达必须确定某种任意的一致的点又是什么？

下面，我们对本节内容进行一下总结。公认的理论是，刺激模糊性产生了不确定性，不确定性又会因为信息、相互影响以及共同规范的形成而导致对于他人的依赖；社会影响和规范的出现意味着初步的群体形成（比如，Shaw，1976，第 11 页）然而，阿希和谢里夫的经典研究表明，不确定性是与人——这些人被归类为与自我相同——意见不一致的一种社会产物。把他人知觉为合适的参照群体产生了对于一致性的共同预期，这又是引起不确定性和相互影响所必需的（也参见 Alexander，Zucker & Brody，1970）。心理群体似乎是处于影响过程的开始，而不是结束；是影响过程的条件，而不是它的结果。

第三节　小　结

通过对社会归类和群体形成、社会合作和社会影响的简要回顾，我们可以从三方面得出比较一致的结论。首先，无论是从理论上还是从经验上来看，群体都不是一个不必要的概念；相反，假设用于解释群体形成的真正社会关系看来至少是部分地基于这一概念。其次，从理论上来看，凝聚力、合作和影响可能完全不是人与人之间的，因为，在某些条件下，把他人知觉为群体成员而不是独特的、不同的人对这种关系来说似乎是一个前提条件。再次，因此，群体非但不是人际关系的结果，相反，我们把群体形成重新概念化为一个适应性心理过程——这一过程使社会凝聚力、合作以及社会影响变成可能——可能更为合适。

我们并不难理解这种机制的功能性或适应性意义。例如，与其说有凝聚力的群体形成来自于群体目标的成功实现（传统理论），还不如说群体形成直接导致了团结、合作以及行为和价值观的一致，从而更可能成功实现共同的目标。事实上，正如我们将会看到的，有证据表明，在群体成功实现自己的目标并报偿自己的成员与它的凝聚力之间，并不是只有一种简单的关系。失败、挫折、被剥夺等，这些有时也会增加一个群体的凝聚力，之后这些大概可以成为未来集体行动的基础。

这些结论不可避免地引起两个相关的问题。群体形成通过什么过程会或可能产生这些影响？如果没有人际相互依赖作为基础，心理群体形成如何发生？为了给这些问题提供答案，有关群体的自我归类论或社会认同论便应运而生了。我们会在下一章描述这一理论。

第三章 自我归类论*

第一节 引 言

自我归类论是由一系列有关社会自我概念（social self-concept）（基于与他人的比较而形成，并与社会互动有关的自我概念）之功能的假定与假设构成的。它源自我们在前一章所描述的有关社会归类（social categorization）的研究，以及社会认同的有关概念。对于这一理论，我们有时也会采用另一个名称，即有关群体的社会认同论。

因此，为了避免混乱，我们从一开始就申明，这里所提出的理论与前面所提到的有关**群际**行为的社会认同论（the social identity theory of intergroup behaviour）有联系，但两者又是不同的。较早的分析特别针对于群际区别（intergroup discrimination）的解释（在不存在利益冲突

* 本章部分内容基本上来自于一篇文章中对这一理论较早的陈述：J. C. Turner（1985）Social categorization and the self-concept：A social cognitive theory of group behaviour. 收录在 E. J. Lawler（ed.），Advances in Group Processes. Greenwich，Conn.：JAI Press，vol. 2.

的情况下），而且其核心心理假设是动机性的（或认知—动机性的）——即个体积极寻求把自己所属群体与其他群体区别开来，以获得正面的社会认同。而随后所要提出的当前理论解释的并非是某种特定的群体行为，而是个体如何能够完全以一个群体来行动。这一理论的基本假设是对于社会认同——在对自我和他人的知觉中更高层次的抽象——的性质所做出的认知上的（或社会认知上的）详细描述。从逻辑层面上看，当前这一理论更具有普遍性，而前面的理论可以看成派生理论而含括其中。从实践层面上看，前面的理论以工作假设——这些工作假设需要探讨——的形式为后面的理论提供了大量的刺激；也为后面的理论提供了至今相对来说尚未经检验的社会认同概念。[在群际理论中，这一概念只是一些重要的概念之一，这些概念的功能是构成因果假设的基石——例如，最初的核心创见是群际比较导致了相互区分（mutual differentiation），而不是聚敛为群内比较（intragroup comparison）]。在某些方面，这两个如此紧密关联的理论将要拥有相似的名称是不幸的，不过从它们起源的角度来看也是有用的和可以理解的。现在看来，这些名称是无可挽回地黏连在一起了。

自我归类论采取了一系列假定的形式。这些假定引起了有关决定心理群体的基本过程的假设，以及有关这种过程的前提条件和结果的精细假设。群体过程的一般理论形成了有关主要群体现象的所谓“中级”的次级理论的派生基础，这些主要群体现象包括吸引、合作和影响（这些是在此讨论的现象，但是另外的一些次级理论也是有可能的，例如，利他主义、情绪感染等）。这些次级理论对于群体形成的特殊后果进行了更为细致的分析。它们可以依次应用到该领域甚至更为特殊的问题上，从而形成了第三层级的理论。

不仅形成统一的、一般的群体理论是重要的；而且阐明该理论并不是处于真空状态，除了新的洞察力，它对于存在的问题可以产生有特色的、可预测的和可检验的解决方案，这一点也是重要的。正是出于这一原因，一般理论的发展是与其在某个具体领域（例如社会影响）的详细应用联系在一起的；作为其在这一领域实际研究有效性的一个标准，人们做出了承诺来决定这一派生的次级理论是否可以成功地解释群体极化的现象。之所以选择社会影响这一问题，是因为这一领域的文献回顾与评论的作者自己就承认，社会影响原来是非常难以用现有的概念来做出精致的和有启发性的说明的；而且，也许正因如此，这一题目也是对社会影响研究中理论区分的一个好的说明。因此，对于群体极化的解释会说明次级理论在解决长期存在的难题（以及一个不显著的发现）以及整合两种研究分支上的力量；而且，它反过来还可以证实一般理论的适用性和说服力。在本章，我们将阐述对于群体的一般分析以及它在社会吸引和合作方面的应用，然后阐述社会影响的中级理论及其对于群体极化的解释。

第二节　自我归类论的一般假定与假设

一、假定（assumptions）

在社会心理学当中，大多数基本假定是广泛为人们所共同使用的。它们是：

假定 1　自我概念是涉及自我的心理系统或过程的认知成分。至少在一定程度上，自我可以理解为认知结构、信息处理过程中的一个认知成分。自我概念可以定义为个体对自我的一系列认知表征。

假定 2　自我概念包括很多不同的成分。任何个体都拥有多重的自我概念。即便存在一个整体，它也只是就不同的认知表征构成了认知系统这一点而言的，但是各个部分则是相当不同的，而且可以相对独立地发挥作用。

假定 3　社会性的自我概念其功能是依特定情境而定的（situation-specific）：在产生特定自我形象（self-images）的特定环境中，特定的自我概念往往会被激发出来（“接通”）。作为知觉者的特征与情境之间互动的结果，（属于任何特定个体的）任何特定的自我概念往往会变得显著（被激活、认知上具有优势、具有可操作性）（Bruner，1975；

Oakes，1983)。(对“自我概念”和“自我形象”二者做出区分是有益的。前者是假设的认知结构，无法直接观察到；而后者则是知觉的产物，即对于自我的主观体验，是由那种结构中某些部分的功能所引起的。)

这一理论更为特别的假定是：

假定 4　在他人当中，人们对于自我的认知表征采取了自我归类的形式，即和某些其他类别的刺激相比，对于自己以及被看做相同的（同样的、相似的、相等的、可互换的等）某些类别的刺激的认知组合。[自我概念是一些范畴，像所有范畴一样，是基于对刺激之间的类别内相似性（inter-class similarities）和类别间差异性（inter-class differences）的知觉而来的；参见 Bruner，1957；Campbell，1958；Rosch，1978；Tajfel，1969b，1972a；Tversky & Gati，1978]。

假定 5　自我归类是作为分级分类系统（hierarchical system of classification）的一部分而存在的。依靠类别包含（class inclusion）（参见 Rosch 的著作中关于“感觉”的部分，1978）——即自我类别包含的内容越广，抽象的层次就越高——自我归类会在不同的抽象层次上形成；每种类别完全包含在另一种类别之内（除非它是最高的类别，或高级水平的类别），但并不是包含内容越广的类别就毫无遗漏了。因此，自我归类的抽象水平指的就是那种水平上类别的包含程度。

因而，例如，“木椅”和“皮椅”是“椅子”这一类别的成员，而且完全包含在这一类别内；但是，它们并不是这一类别中的所有东西，这是由于还有其他的一些椅子也属于这一类别。“椅子”和“桌子”是处于中间包含水平的类别，它们是更高一级类别“家具”中的成员。罗斯本人（1978，第 32 页）提供了一些有关的例子：在树的分类中，“白橡树”和“红橡树”、“橡树”和“树”分别处于次级、中级和高级的抽象水平。

假定 6　在社会自我概念当中，至少有三种抽象水平的自我归类是非常重要的：(1) 自我作为人类的高级水平，自我归类基于一个人作为人类的认同，以及与其他生命形态相比，与其他人类成员共享的共同特征；（2）内群体—外群体归类的中间水平，基于人类之间的社会相似性和差异性，把一个人确定为某些社会群体而不是其他社会群体（例如，“美国人”、“女性”、“黑人”、“学生”、“工人阶级”）的一员；（3）个人自我归类的次级水平，基于一个人作为独特的个体与其他内群体成员之间的区别，这一区别把个人确定为特定的个体（例如，从一个人的人格或其他个体差异的角度）。可以这么说，这些水平分别确定了一个人的“人类的”、“社会的”和“个人的”认同，其基础源于在个人与他人之间进行的不同物种之间的、群际的（即物种内的）以及人际（即群体内的）的比较。

在第二章，我们把内群体—外群体归类一直称为“社会归类”，但这是从某个类别中确定成员的角度来看的。它们也可以同样被描述为内群体认同或社会认同。尽管这一认同的水平是指“社会”，因为它反映的是人与人之间在社会意义上所共同的相似性和差异性，但并不意味着人类和个人水平在内容、起源和功能上就不具有社会的性质。

更为重要的是，在定义自我时，这里所说的个人自我归类并没有被看做具有任何优先地位。它们并不代表“真实”的个体自我，在某种程度上，它们具有的意义是在其他水平上的东西。在社会心理学中，自我概念通常等同于个体自我，但是对于我们的假定来说，这基本上是不正确的。个体自我只是反映了自我归类的一种抽象水平；而自我归类还包含了更多同样有效的抽象水平，在某些条件下，这些抽象水平可能更为重要。

在文化与个体之间以及文化和个体之内，在每种抽象水平上往往都存在大量特定的自我归类。人们对作为“人”意味着什么持有不同的观点，他们隶属于形形色色的社会群体，在不同的情境下专注于不同的人际比较维度。哪个自我类别在哪种抽象层次上凸显出来，是个人特性与情境特性之间相互作用的结果（假定 3）。当然，在上面所区别的广泛的包含水平之内，有可能存在更好的自我归类的顺序［例如，在社会水平上，有国家和超国家的内群体和外群体，诸如“北大西洋公约组织”(NATO)、“欧洲”、“西方”］。

假定 7　通过对确定为下一个更包含的（更高水平）自我类别的成员的刺激进行比较，处于任何水平的自我归类都会形成并变得具有显著性。

这里的假定是，归类与比较彼此依赖；它们都不能脱离对方而存在：把刺激区分为类别依赖于所感觉到的相似性与差异性（比较关系）；但是，只有当这些刺激在某些更高的抽象水平上被分类为同样的、相似的或相同的时候，人们才能对它们进行比较。这就依次预示了一个在前的比较过程，等等**以至无穷**（如果不是在心理上，至少是在逻辑上）。我们可以把这一假定分解为下面几个部分：

假定 7.1　类别形成（归类）依赖于对刺激的比较并遵循**元对比原则**（principle of meta-contrast）：就是说，在任何特定的参照系中（在任何情境中，只要这些情景包含了某些具有明确心理意义的刺激库），当人们感到类别内差异（intra-class differences）——即那些刺激之间在相关比较维度上的差异——要低于类别间差异（inter-class differences）——即刺激的组合和其他刺激之间的差异——时，人们就更可能把那种刺激的组合归类为一个实体（即作为同样的东西归类在一起）。**元对比率**（meta-contrast ratio）（特别是按照 Campbell 的说法，1958）就是指类别间平均差异（the mean inter-caterogy difference）——即知觉到的类别成员与其他刺激之间的平均差异——与类别内平均差异（the mean intra-category difference）——即知觉到的类别内部成员之间的平均差异——之间的比率。因而，对于任何刺激的子集（subset）被看成一个单一的单元、实体或群（即从知觉上进行归类）的程度，元对比率提供了一个简易的数量化的测量。相应地，人们也可以用元对比率来确定某位类别成员的原型性（prototypicality）（Rosch，1978），即某个刺激被当作整个类别的范本或典型的程度。在这种情况下，元对比率是指知觉到的目标刺激与外群体（不同的类别）成员之间的平均差异与知觉到的刺激与其他内群体（相同的类别）成员之间的平均差异的比率（比率越高，内群体成员就越具有原型的特性）。

这一假定总结了布鲁纳（Bruner，1957）、坎贝尔（Campbell，

1958)、泰弗尔（1969b，1972a)、罗斯（1978）以及特弗斯基和加蒂（Tversky & Gati，1978）有关类别形成的基本思想。他们都强调类别内相似性与类别间差异性的决定作用。然而，目前这一假定比原有假定在表述的清晰化上有了更大进步，也就是说，所谓的相似性和差异性并不是独立的或相加的，而是同一个元对比的不同方面，是一个知觉到的（类别内和类别间）差异之间的差异。它假定，只不过在涉及元对比——把某些群体的成员彼此看成差异性较小而相似性较大——时，人们才会把他们知觉为相似的而不是不同的，尽管他们是可分开的刺激。元对比原则是清楚的，即类别形成与参照系（心理上相关的刺激库）有关；因而也与由显著的刺激场域所提供的可资利用的对比有关。类别形成不只是依赖于通常所假定的刺激之间的“相似性”，而且也依赖于**相对的**相似性，依赖于某些刺激之间而不是那些刺激与其他刺激之间**更多**的相似性（或更少的差异性）。这一假定提出，严格说来，对于刺激之间任何相似性程度的知觉必然包含一个元对比，即与某个或更多其他刺激——为了把原初的刺激分为相似的，其他刺激起到外部标准的作用——隐含的比较。

假定 7.2 对于不同刺激的比较依赖于它们在更高的抽象水平上被当做同样的（相同的、相似的）类别，并且出现在确定了它们更高水平的一致性的维度上。一个相关的观点就是，人们可能往往是依据抽象程度最低的类别——这个类别包括了所有刺激——来对这些刺激进行比较。

因而，这个“像”仅仅可以与“像”来进行比较。而且，根据共同的特征，对于“差异”（一个比较关系）的真正知觉从比较发生的角度表明了某种更高水平的一致性（参见 Festinger，1954；Goethals & Darley，1977；Suls & Miller，1977）。从或多或少是“甜的”、“有营养的”、“很难生长的”等角度（适用于所有“水果”的维度），人们可以把“苹果”和“橘子”作为“水果”来进行比较。但是人们很少把它们作为“生命的形式”（太过抽象）来进行比较，而且完全不会把它们作为“柠檬”、“动物”或“柑橘类水果”（它们全不是）来进行比较。

真正的事实是，我们把它们当作水果的“不同”类型就暗含了它们作为水果的更高水平的相似性。

把假定 7.1 和 7.2 合起来就可以表明，人们把在某种水平上觉得同样的刺激进行比较，就会产生知觉到的差异和元对比——把这些刺激区分到下一个较低抽象水平的类别中，等等。它们也表明，与他人的所有社会比较都要依赖于对于他人的归类，也就是在某种抽象水平上把他人作为自我类别（self-category）的一部分。

假定 7.3　个人自我归类是基于对于自我与内群体成员之间的比较（那种人际比较是群内比较）而形成的；内群体—外群体归类是基于与其他人类之间的比较（那种群际比较是人类内部的比较）而形成的；而人类的自我归类则是基于与在更高的一致性水平上与其他物种的比较而形成的。

假定 7.4　任何水平的自我归类的显著性都会随着参照系的变化而变化。在比正在进行比较的自我类别更低的抽象水平上，自我类别往往会变得显著（也就是说，只有当比较局限于内群体成员时，个人的自我才会变得显著；只当比较既包括人类自我类别的内群体成员又包括人类自我类别的外群体成员时，内群体成员身份才会变得显著）。

假定 8　当人们的特征是从他们所属类别的成员身份中推演出来时，自我归类的显著性就会导致对于类别内相似性和类别间差异性的知觉增强（Tajfel，1969b；Tajfel & Wilkes，1963；Doise，1978；Eiser & Stroebe，1972；Wilder，1984，提供了一些最新的说明数据）。在特定水平上，当刺激的性质是从其类别中推演出来时，就会产生某种知觉“折扣”（perceptual discounting）。“折扣”对象包括存在于更高水平上的类别之间的相似性、存在于较低水平上的类别之间的差异性，以及从另一种自我归类的角度存在于相同水平上的相应的相似性和差异性。因而，自我归类的显著性提高了在那种水平上自我类别与非自我类别之内的知觉一致性；同时也提高了在那种水平上自我类别与非自我类别之间的知觉对比。

假定 9　因此，在某种水平上的自我归类的显著性与其他水平上的自我归类的显著性之间存在着一种**功能上的对抗**（functional antagonism）：某种水平上的显著性导致了类别内部的相似性和类别之间的差异性；分别依据较低的水平和较高的水平，这些相似性和差异性又减少或抑制了人们对于类别内部的差异性和类别之间的相似性的知觉。

二、假设（hypotheses）

在上述假定之下，我们可以形成三个一般的假设：

假设1 因此，如果所有事情都同样（为了简化，这里忽略了自我归类的人类水平）的话，**在自我归类个人水平的显著性和社会水平的显著性之间往往存在着反向的关系。**社会自我知觉（social self-perception）往往是沿着一条连续体——从把自我知觉为一个唯一的人（把个人内部的认同最大化，同时把知觉到的自我与其他内群体成员之间的差异性最大化）到把自我知觉为一个内群体类别（把与内群体成员之间的相似性最大化，同时把与外群体成员之间的差异性最大化）——而变化。

在这一连续体的中间（在这一点上，自我知觉保持的时间可能更长一些），个体往往认为他或她自己与内群体成员具有适度的不同；接着，内群体成员又会被看成与外群体成员具有适度的不同。因而，个人的自我归类与内群体—外群体归类并不是相互排斥的。相反，在大多数时间里，它们往往是同时进行的；不过它们的知觉效应却是反向关联的。因此，按照罗斯（Rosch，1978）的观点，社会自我知觉的“基本水平”——也就是往往把类别内的相似性，进而把类别之间的差异性最大化的抽象水平——并不是不变的，而是由个人的自我—内群体差异与内群体—外群体差异之间的反向关系来确定的一个可变物。在任何特定时刻，在个人、内群体及外群体之间的相似性和差异性都是变化的，因此适当的抽象（这种抽象会使认知的简化性、稳定性和一致性最大化）水平也会发生变化。但是，还会保持不变的是，为了减少群内相似性（intragroup similarity）和群际差异性（intergroup difference）的知觉，人们往往会产生个体内相似性（intra-personal similarity）和人际差异性（interpersonal difference）的认知倾向；反之亦然。

假设 2　提高内群体—外群体归类显著性的因素往往增加了在自我与内群体成员之间知觉到的一致性（相似性、等价性、可交换性）；同时也增加了知觉到的不同于外群体成员的差异性。因而，这会使刻板化维度——这一维度界定了相关的内群体成员身份——上的**个体自我知觉去个性化**（depersonalize individual self-perception）。**去个性化**是指“自我刻板化”（self-stereotyping）的过程，在这个过程中，人们开始更多地把自己看成是某个社会类别中可交换的范例，而不是由他们不同于他人的个体差异所确定的独特个人。

假设 3　自我知觉的去个性化是决定群体现象（社会刻板印象、群体凝聚力、种族中心主义、合作和利他主义、情绪感染和移情、集体行动、共同的规范和社会影响过程等）的基本过程。

最后这一假设概括了整个理论的要点：这一观点假定，在代表了自我知觉的去个性化的方向上，群体行为表示了人们在自我归类的抽象层次上的变化。这种变化把自我看成是某个社会类别中可交换的范例，而不是由不同于他人的个体差异所确定的独特个人。然而，去个性化并不是失去个人的特性，也不是失去自我或把自我淹没在群体之中［像去个体化（de-individuation）这一概念一样］，更不是回归到更原始或无意识的认同形式当中去。它是从个人水平的认同到社会水平的认同的**转变**，这一转变是在自我概念的性质和内容上的转变，以在更包容的抽象水平上符合自我知觉的功能。在许多方面，我们可以把去个性化看成是认同的**获得**，因为它代表了一种机制，通过这种机制，个体可以按照社会相似性和差异性——它们是由人类社会和文化的历史发展所产生的——来行动。在以下各节，我们将简要讨论去个性化的前提和某些后果。

第三节　去个性化的前提条件

一、内群体类别的形成

去个性化的前提是内群体—外群体归类的形成和显著的决定因素。

内群体成员身份的形成包括两个方面：（1）以直接情境所感到的相似性和差异性为基础，对于人的**自发的**或**突然出现**的社会问题，即由个体刺激而来的对于社会类别的“当场”知觉形成问题（例如，简单的接近就会使人们进入到一个群体当中）；（2）对于某些**预先形成的**、文化上有效的分类的**内化**（internalization），诸如按照性别、国别、阶级、职业、宗教或种族。

关于这两方面的假设是：

假设 4　当两个或更多的人根据某些共同的内群体—外群体类别来知觉和定义他们自己时，心理群体就形成了。

我们假设，新的群体形成会遵循元对比原则。

假设 5　在特定的场合，当人们之间主观感到的差异要小于他们和这一场合的其他人（心理上）之间的差异时（即当群际差异与群内差异的比率增加时），任何集合在一起的个体更可能把自己分类为一个群体（成为一个心理群体）。（这些比较会在相应的维度上进行，这些维度是从自我类别的共同特征中挑选出来的，包括了所有那些正在进行比较的特征。）

这一假设最具特点之处在于，一是表明了这种观点，即在形成认知单元或知觉类别的意义上，人们的知觉一致性是非常重要的；二是拒绝了这种说法，即出于需求满足的人际依赖是群体形成（及吸引）的基础。这方面有大量支持性数据。例如，有证据表明，“认知单元形成”（cognitive unit-forming）关系——比如，对他人与自己在态度和价值观上所知觉到的相似性、接近性和社会接触、共同命运或同舟共济、共同的后果（在合作工作中的成功或失败）、共同的威胁、共同的敌人，等等（例如，Dion，1979；Heider，1958；Hornstein，1972；Lott & Lott，1965；Sole，Marton & Hornstein，1975；Turner，1981b，1982；Worchel，1985）——是群体凝聚力的基本决定因素。我们都知道，内群体—外群体差异、群际冲突与竞争（在内群体和外群体之间很可能产生强烈的元对比的变量）对于群内团结、士气以及成员之间的相互接纳都会产生强大的积极影响（例如，Black & Mouton，1961；

Brewer，1979；Deutsch，1949b；Dion，1979；Fiedler，1967；Hensley & Duval，1976；Kalin & Marlowe，1968；Oakes，1983；Sherif，1967；Turner，1981b）。我们也知道，任何个人属于的不同参照群体往往是在不同的场合在心理上变得重要：换言之，内群体成员身份及其影响具有某种"背景"基础，它们是针对特定情境的——正像如果显著的内群体成员身份只是可利用的社会比较的结果并因而随之发生变化时，会如人们所预期的那样（Boyanowsky & Allen，1973；Minard，1952；参见第六章）。在他们新近的研究中，怀尔德和夏皮罗（Wilder & Shapiro，1984）非常清晰地说明了这一点：他们发现，通过改变可利用的外群体，不同的社会身份将会变得显著，并启动不同的社会规范。最后，当然，也有已为人引用的资料表明，在缺乏其他社会联系的情况下[以及实验室——把人作为某些社会类别成员的"外部指定"（external designation）——之外，Cartwright & Zander，1968，第 56 页]，把社会类别加于人们身上已足以产生内群体偏爱和群体凝聚力（Turner，1984；参见第五章）。

到现在为止，自我归类论还几乎没有特别谈到有关预先形成的内群体—外群体归类（performed ingroup-outgroup categorization ）的内化。正如看起来似乎有道理一样，如果我们把自我概念概念化为一个自我态度系统，而把自我归类概念化为那种系统的认知成分，那么接下来，我们就可以把内化的问题看成其实是态度改变的问题。更确切地说，我们可以假设，人们改变他们对于自己的社会界定；同样地，他们也会改变他们其他的信念和态度。因此，我们可以推测，自我界定的改变往往会遵循有关态度改变和社会影响的确定的经验规律（参见 Gergen，1971）。因而，人们内化群体成员身份的主要模式很可能是（1）只不过是与可靠的、有声望的或有吸引力的他人进行说服性沟通的结果（或用当前理论的术语来说，就是来自他们认同的其他人）；（2）以作为群体成员的公开行为为基础，结果导致了私下的自我态度的改变。

有两个实验用来验证了后一个假设（Turner，Hogg，Oakes & Smith，1984）。相互依赖论的主要预言是，当群体成员身份是与报偿相联系时，群体成员就会变得更具有凝聚力；而当群体成员身份成为造成代价和剥夺的媒介时，群体成员就会变得较少具有凝聚力（Lott & Lott，1965）。然而，也有大量的证据表明，在某些情况下，如果遭到了失败或挫败并因而给成员造成了负面后果，群体也可以变得更具有凝聚力。特纳等人提出，需求满足并不是群体形成的必要条件。他假设，在群体失败和挫败、个人对自己的行为负有高度责任（即自我强烈地卷入到行动中，而且行动被内在地归因于自我）的情况下，为了解释他们的行为（即导致负面后果的行为）并证明其合理性，成员往往更认同他们自己的群体（把他们更多地定义为群体成员）。换句话说，人们可以从自己的公开行为中推断自己的态度（自我归因的过程）——尤其是当这种行为代价巨大，而回报对这种行为却不能提供另外的解释时——或改变自己的态度，从而证明某些具有负面价值的行为的合理性（减少失调的过程）。正因如此，为了理解具有负面后果的作为群体成员的公开行为并证明其合理性，人们才会认同某个群体，改变自己的自我界定。

特别地，他们预期，在高个人责任性的条件下，内群体认同的提高更多地是由与群体成员身份联系在一起的代价而不是回报所带来的；但是，在低个人责任性的条件下，情况则刚好相反（在这种情况下，被试往往只是更多地认同被赋予积极价值的群体）。他们假定，内群体认同会产生群内凝聚力（符合下面提出的假设）。研究结果支持了这些预期。在第一项研究中，在完成任务上的失败多于成功之后，在继续完成一项群体任务上具有高选择权的群体成员会变得更具有凝聚力；而在低选择权的条件下，情况就正好相反。在第二项研究中，在群际竞争中的失败多于成功之后，对群体成员身份具有承诺的人会变得更具有凝聚力；但是，如果他们做出这种承诺是在成功多于失败之后，他们会更多受到群体的吸引。这里也有一些有趣的暗示，符合自尊随群内凝聚力而变化这一认同解释。除确定相互需求满足——以在群体任务上成功或失败的形式——并非群体形成和凝聚力的必要条件之外，这些研究也说明了，关于态度改变过程（这里特别来自于归因研究和认知失调研究）的已有知识如何可以用来解释以前形成的内群体—外群体归类的内化。然而，要充分地处理这一问题，我们还必须系统地回顾和整合有关态度改变、自我概念以及认同和社会归类的研究。

二、自我归类的显著性

群体形成是指自我界定的社会归类的形成和内化；而显著性问题指的是，在某些条件下，某些特定的群体成员身份在自我知觉上会变得具有认知优势，马上就会影响到知觉和行为。二者是相互联系的，但并不一样。例如，一个界定他或她自己为“澳大利亚人”的人，在某段时间里可能从没有想过国籍的问题。然而，假如那种自我定义作为潜在的身份并不存在的话，那么它在相关的场合下就几乎没有可能变得显著（例如，Waddell & Cairns，1986）。奥克斯（Oakes，参见第六章）最近详细研究和讨论了显著性问题，下面我们总结她的一些主要结论。

我们可以把显著性假设为（改写自 Bruner，1975）：

假设 6　在特定情境下，某些内群体—外群体类别的显著性是知觉者进行归类的“相对易取性”（relative accessibility）与刺激输入和类别详细内容的“相符”（fit）这二者之间互动的结果。

因而，如果给予某两个同样“相符的”类别，越是“易取的”类别就越可能变得显著；而如果给予某两个同样“易取的”类别，最“相符”知觉资料的类别就越可能变得显著。一般来说，显著性依赖易取性和相符度这两个因素。人们把易取性定义为“把具有特定特性的一个刺激输入按照某个类别进行编码或确定的敏捷性”（Bruner，1957，第133 页）：类别的易取性越高，激活相关类别所需要的输入就越低；被认为符合类别标准的刺激特征的范围就越广；而且符合刺激输入的其他易取性较低的类别就越可能被掩盖。易取性的两个主要决定因素是它的“重复结构”（redundant structure），即环境中与过去所学相符的东西，以及个人当下的动机。因此，例如，如果给予相同的符合度，如果人们是在巴黎（关于环境的习得预期）并且正期待出现一位法国人（当下的动机）的话，人们就会把某人看成是“法国人”。

相符度的观点只是指事实实际上匹配标准的程度，这些标准界定了类别，例如，如果一个人并不是以知觉者所刻板界定的法国人的方式去观看、交谈或者行为的话，他或她就不会被看成是法国人。奥克斯(1983)对相符度做出了定义，并进行了测量，她把它定义为在人们或他们的行为之间所知觉到的相似性和差异性与某些类别相关联的程度(Tajfel，1969b)。这是与这里所提出的元对比的思想相一致的(假定7)：在某种场合下，人们对于同一个人进行归类的方式有多种(例如，"男性/女性"，"黑人/白人")；而与最大的元对比率(把知觉到的类别之间的差异最大化，把类别内部的差异最小化)联系在一起的类别会变得最为显著。这也是与罗斯(Rosch，1978)"线索有效性"(cue validity)概念及归类的"基本水平"(使类别内部的相似性最大的水平)紧密联系在一起的。除此之外，这里我们也假定，社会互动的基本归类水平是随社会情境而变化的。

社会类别成员身份具有两个重要特征。第一个特征是，对于内群体—外群体成员身份的内化或认同程度，以及自我定义中某个群体成员身份的中心地位和评价重要性，是易取性的一个主要决定因素；第二个特征是，相符具有某种标准化的内容(即行为必须符合定义这种类别的刻板化规范："激进分子"恰好与"警察"表现不同，他们是在明确的、适当的、政治的方向上这样做的)。例如，有一个很好的证据就是，怀有偏见的人(比方说，对这些人来说，作为"白人"是非常重要的)要比无偏见的人更容易以种族的方式来进行归类；但是，就像依赖于他们的身体特征一样，这也依赖于其他人的行为或表达出来的态度(参见Brown & Turner，1981；Tajfel，1972a；尤其是 Boyanowsky & Allen，1973，他们对在决定显著的种族类别时，知觉者偏见和行为与任务背景之间的互动进行了很好的说明)。因而，奥克斯(1983)把相符这一概念限定为在**与规范相一致的方向**上社会行为与群体成员身份之间的相关程度。

有关社会类别成员身份显著性的决定因素的经验研究的文献很多。通过文献回顾以及她自己的实验研究(参见第六章)，奥克斯提出，上述的互动假设具有很好的支持。其中一个限定是，大多数资料只是关注对他人的知觉，而不是对作为群体成员的自我的知觉。然而，也有一些研究表明了在自我知觉过程中群体成员身份显著性的变化（例如，Dion Earn & Yee，1978；Hogg & Turner，1985c；Oakes & Davidson，1986）。在对于自我和他人的知觉方面，很可能至少存在某些公开的差异——例如，把更多积极特质归于自我的倾向——但是，这似乎未必表示，这是根本不同的基本过程（而不只是掌管过程运行的先行变量上的差异）。

第四节　去个性化的结果

我们假设，去个性化的结果就是各种群体行为现象。把自我归类论用于这些现象，就要求解释这些现象究竟是怎样可以从去个性化的过程中派生出来的。次级理论——例如，有关群体凝聚力、社会合作和社会影响的理论——需要与已有的经验总结一致地发展出来，但也需要产生出有特色的、可验证的预测来，并且明显地从去个性化过程中派生出来。这是非常艰巨的任务，因为所有这些所谓的次级领域都是独立的研究领域，有它们自己的理论、大量资料及特有的论题。因而，这里接下来的策略是，首先，在本章的后面部分，我们将说明把该理论应用于社会吸引和社会合作现象的基本思想。其次，在下面一章，我们将提出有关社会影响的次级理论。这一次级理论已处于我们关注的核心；我们已将其详细发展出来；而且，通过从中派生出对于群体极化的分析和解释，我们也将显示它的整合与预测价值，以及对于一般理论的含义。再次，接下来的四章将从理论视角着眼于特定的理论和研究传统，并提出直接由这些传统所激发的说明性的经验研究。

一、群体凝聚力、人际吸引与种族中心主义

就这里的目的来说，我们可以把群体凝聚力定义为内群体成员之间的相互吸引；把种族中心主义定义为内群体成员对于整个群体的积极评

价；把人际吸引定义为对单个的人（包括一个人的个人自我）或对独特的、与众不同的一群人的赞许态度。在评价而不是情绪或情感状态的意义上，吸引、“喜欢”等都是用来明确表明对于其他人的积极态度的(Lalljee, Brown & Ginsburg, 1984)，即它们代表了从社会规范和价值观角度的评价。同样，人们在受到他人的吸引和自我评价之间并没有做出因果关系上的区分：人们假设，在某些标准上（导致高自尊或低自尊），自我是由导致喜欢或不喜欢他人的相同过程所评价的。

基本的假设就是，当人们在进行比较的方面被看成符合自我类别的原型时，他们就会得到积极的评价。我们假定：

假定 10 自我类别倾向于得到积极的评价，人们存在保持这种状态的动机压力。

假定 11 通过社会比较过程，自我和他人按照他们在（有关的）下一个更包含的自我类别上的成员身份而得到评价。

假定 12 因此，当自我和他人被看成符合下一个更包含的（受到积极评价）自我类别（以此进行比较）的原型（代表、典范，等等）时，他们就会得到积极的评价。

如果用“理想自我”(ideal self)的术语来表示，这一假设似乎更为熟悉。从本质上看，我们假设，在对自我和他人进行评价的任何特定场合中，理想自我是最符合积极自我类别的原型实例；而如果人们在那种特定场合中觉得他人与自己的理想自我具有相似性，他们就会受到他人的吸引。因而，一个人如果要评价工作中的某位同事，他可能就会根据“同事”的自我类别来评价他或她。在这种情况下，假设“同事”是具有积极评价的类别，那么这个人就会被看成是有吸引力的人；而且很可能到了这种程度，即他或她会被看成是接近一个人的理想同事，也就是比其他同事更好的一位同事。另一种可能则是，相比之下，某个人可能被贬损为“不像一位同事”。或者，假设一个人面对一位外群体成员——一位带有负面评价的非自我类别成员（在某种抽象的层次上），譬如“官僚”——时，则同样的原则也会应用到这位外群体成员的身上：当他或她被看成符合具有负面评价的外群体的原型时（实际上，这与被看成并不是更高层次的自我类别——包括了内群体和外群体——的代表是一样的），他或她就不会那么受人喜欢。

当一个人接近某个正面群体的理想成员时，他或她就会受到积极的评价；当一个人的内群体被假定为符合一个人关于人类的积极评价的界定的原型，甚至当一个人对于人类的态度是以它符合某些更为抽象的理想的程度作为条件时，这个人的内群体就会受到积极的评价。因而，从这个意义上，个体价值的派生具有无穷的回归。当然，这并不意味着，人们不能对自己或内群体成员进行负面的评价。正相反，根据获得积极评价的内群体类别，一个人的个人自我可以与其他内群体成员进行不利的比较；而根据一个人对于理想人类的界定，某些内群体类别可能被看成不像外群体那么有利。或者，某些内群体可能被看成并不大像获得负面评价的某个高级类别的原型，因而会依此进行有利的比较。例如，按照对于什么是人类适当行为的信念，一个人可能会为本国同胞在战争期间的行为而感到羞愧；就像一个人可能会为他的祖国感到自豪一样——至少在缺乏道德等方面不像其他国家那么差。对于自我的评价标准与对于他人的评价标准之间所有的各种不一致都是有可能的。在任何特定的场合下，要紧的是用来作为标准的原型的价值：人们喜欢代表正面类别的人，或者说不太喜欢负面类别的人。

然而，我们假定，否定的自我评价是一种不愉快的动机状态，这种动机状态会鼓动心理活动去恢复自尊；而且，大体上自我类别确实倾向于变得积极（可能越是如此的话，它们越可能处于更高级的水平）。人们可以用很多方式来推测为什么会如此，不过，只是注意到人们很早就认识到“价值”的观念与“自我”的真正性质有密切关系可能就足够了（例如，Sherif，1936）。目前的理论提出，有一种真实的感受，在这种感受中，把自己或他人“评价”为积极的或消极的与在更高的抽象层次上评价他们存在“自我”或“非我”的程度是同样的事情。我们并不是说，所有的比较必须从自我归类的角度进行，必须是自我参照（self-referring）的；而是说，当比较不是这样进行的时候，它就不再是评价性的了（尽管在某些比较性判断的评价性内涵与自我认同之间的联系经常是间接的和隐含的)。当它与不同的吸引形式相联系时，这一普遍的视角就会变得更为清晰。

从去个性化的性质当中直接而来的就是，在确定内群体类别的刻板化维度上，内群体—外群体归类的显著性增加了内群体成员的相互知觉到的原型性。因此，当内群体类别得到积极评价时，成员之间的吸引就会增加。对此我们假设如下：

假设 7 群体凝聚力或内群体成员之间的相互吸引是相互知觉到——按照内群体自我类别的确定特征——的自我与他人相似性（一致性）的结果。

假设 8 导致共同的内群体成员身份的形成及其显著性的那些因素产生和增加了群体凝聚力。

一些支持性证据（参见 Lott & Lott，1965）是，在态度、价值观、目标、经验以及明确的群体成员身份方面，人们对于他人与自我的知觉到的相似性可能是所确认的吸引进而形成认同的单独的决定因素。研究发现，由实验所操纵的为他人所吸引会导致这样的知觉或假定，即这些他人与自己是相似的，尤其是与一个人的理想自我是相似的。同样，正若从假设中所预期的那样，吸引来自于共同的群体成员身份，喜欢往往是相互的：它表现为一个人认同喜欢自己的那些人——可能是由于这本身通常至少表明了某种共同的态度。进而，正如所提到的，很可能引起知觉单元形成（perceptual unit formation）的其他一些变量——例如接近性和社会互动、共同命运、共同目标，或只是觉得自己“共属一体”——都是群内凝聚力的可靠决定因素。群体之间的元对比——由群际竞争与冲突所表明——对于群内吸引具有预测作用。虽然群体形成可能颠倒了基于个人吸引的友谊模式（Sherif，1967），但把人们社会归类到群体当中确实会导致相互吸引（甚至当他们的个人特性不为人所知时）；而作为使共同的参照群体显著的背景的一项功能，为他人所吸引也会增加（例如，Boyanowsky & Allen，1973；Burnstein & McRae，1962；Feshbach & Singer，1957；Minard，1952）。

因为群体凝聚力反映了共同的原型性，所以人际吸引和个人自尊则会在知觉到的内群体成员的差异性或内群体成员的相对原型性之后出现。我们假定，从概念上看，群体凝聚力（成员之间共同的相互喜欢）和人际吸引（因个体差异而喜欢某些成员，把成员评价为优于或不如其他人）是不同的吸引形式——按照内群体—外群体的相对显著性，这二者共同存在于某个占优势的社会群体当中。对此，我们假设如下：

假设 9 特定个体（包括一个人的个人自我）之间的吸引依赖于他们与其他内群体成员比较时所知觉到的原型性［相对原型性（relative prototypicality）］。

假设 10 对于一个人的个人吸引并不是不变的，而是随着提供参照系的内群体成员身份、用于人际比较的内群体成员身份的确定维度、个人选择进行比较的特定他人的变化而变化。

当外群体成员受到比较时，一旦他们相对成为获得负面评价的外群体的原型（或较少成为获得正面评价的、更具有包容性的自我类别的原型），他们往往在个人方面就没有多少吸引力。对假设 9 提供支持的证据是，人们会更多受到这样一些内群体成员的吸引：在某些与群体有关或对群体重要的方面，人们会觉得这些内群体成员要比他们的同伴表现得更好——这些方面包括：相对的地位或声望、有价值的人格特质、他们相对的成功、正确，或在某些群体任务或活动中的能力，以及通常他们符合群体规范和角色期望的程度（Lott & Lott，1965）。重要的是要注意到，这种背景下的相对原型性主要是与一个人的行为符合群体规范的程度有关（即符合关于内群体成员身份的某些有价值的、刻板化的特征，或成为这方面的典范），而不只是与拥有某些自然的或正式的特征有关。像“成功”、“能力”和“正确”这些词汇并不是指任何一组具体的行为。它们是由群体所做出的价值判断，看某个成员或群体成员的行为符合群体的行为规范、信念或态度的程度。符合或偏离被群体视为理想的、恰当的或想要的那些品性和行为是获得吸引、承认或拒绝的一个主要决定因素。自从这一假设提出以来，它在服从领域就不再受到质疑了。

已经引用的研究支持了假设 10，这些研究表明了对于他人的不同接受模式，这些他人具有参照群体的作用。此外，研究也发现，具有参照作用的个人其自尊会有变化（Gergen，1971）；根据群体活动对他人进行的评价也有变化（例如，Sherif，1967，报告说，一个男孩以前被他所在的群体贬低为一个恶霸。但是一旦群际冲突阶段开始时，他就会以与其之前并无二致的个性受到他人的喜爱，并获得威望）。这些研究发现也对假设10提供了支持。这些假设否定了固有回报的观念或有吸引力的人格的观念，也否定了把人格当成不变的绝对观念。它们提出，在某一特定情境下，人们对于某个个体人格的知觉（他们独特的个人特征）在很大程度上取决于人际比较；而这些人际比较又是在确定了参照群体的内群体成员身份以及与情景有关的维度上做出的（参见第六章）。

种族中心主义对于人际吸引做出了类似的解释，只不过这种解释是在更高的自我归类的水平上进行的。其假设如下：

假设11 种族中心主义，即受到一个人所在的整个群体的吸引，依赖于与有关的外群体进行比较时对于内群体所感到的原型性（相对原型性），这种比较是从有价值的高级自我类别的角度进行的，这种超级自我类别提供了群际比较的基础。

假设12 某些内群体的吸引并非持续不变，而是随着许多因素的变化而变化。这些因素包括：为群际比较提供了参照系的高级自我类别、群际比较所采用的具体维度以及与内群体进行比较的特定外群体。

因此，种族中心主义与群体凝聚力是同一枚硬币的不同侧面。其中一个侧面指的是与外群体比较时成员所感到的内群体的价值；另一个侧面指的是在共同的内群体成员身份的价值的基础上内群体成员之间的相互吸引。种族中心主义并不表示必然的轻蔑感——它只是个人自尊在内群体自我类别水平上的等价物。有关群际行为的社会认同论的研究提供了支持这些假设的证据（例如，Brewer & Kramer，1985；Brown，1984；Tajfel，1978，1982a，1982b；Turner & Giles，1981b）。我们将要回顾的这一理论提出，为自己的群体所吸引（具有积极的评价），进而形成积极的社会认同，可以产生不同于其他群体的正面独特性（positive distinctiveness）的作用。“正面独特性”这一概念相当于群际比较的评价维度上内群体的相对原型性。因为我们已经假设，人们具有保持积极的自我评价的动机；而这就是他们在自我—他人比较的任何特定水平上相对原型性的功能。我们也可以假定，在任何显著的自我归类的水平上，人们都具有寻求正面独特性这一一般趋势。也就是说，当群体内差异构成了参照系时，人们就会在自己和内群体成员之间创造和提高有利的差异；当人类本身的差异（intra-human differences）构成了参照系时，人们就会在内群体和外群体之间创造和提高有利的差异，如此等等（例如，Espinoza & Garza，1985；以及 Sachdev & Bourhis，1984。这两项研究表明，在由多数—少数关系所操纵的内群体—外群体类别的显著性上的变化如何影响了竞争性群际行为的水平）。

与不同的吸引形式有关的两个最后假设是：

假设 13 某些相关的内群体—外群体类别越显著，为内群体所吸引所反映出的个人在群体内的相对个人地位就越少；而所反映出的与外群体性比较而形成的内群体的相对地位就越多。

假设 14 依据个人差异对于内群体成员的知觉和评价，与基于作为群体成员的身份的相互吸引是相对立的。因此，在这个意义上，人际吸引和群体凝聚力往往形成相反的关系。

后面的假设并不意味着当参照系发生变化——从内群体到群际参照系的变化会极大影响对于高地位群体中低地位成员的评价，以及对于低地位群体中高地位成员的评价——时，特定的个体必然会受到不同的评价。相对地位是正面独特性的进一步术语，即在个体之间（人格差异、声望、受欢迎）或群体之间（权力、财富、成功）任何积极的比较差异。假设 14 的要点是，当有些共同的群体成员身份在显著性上减少时，群内比较往往就会取代群际比较，因而在（社会学意义上的）群体之内的吸引往往变得相互之间不那么积极，而更多与个人声望的等级单方面联系在一起。一些相关的资料表明，群际冲突和竞争引起了对于内群体成员的积极态度；而作为单独的人，这些成员在群体中起到的却是负面的和有害的作用（例如，Fiedler，1967；Kalin & Marlowe，1968；Myers，1962；Sherif，1967）。这些资料也表明了这个一般事实，即人际态度和受到群体吸引之间是不同的。

因此，自我归类分析似乎与当前的很多证据一致。一个问题在于，人们经常引用很多同样的资料用于支持关于吸引的需求满足论。然而，事实上，当仔细考察后面的解释时，人们就可以发现，这一理论要么是同义反复，要么是所依据的资料把需求满足与共同的群体成员身份及对群体规范的服从混淆在一起了。它往往预设，在满足某种需求的意义上，任何“有吸引力的”特征、人或事情必定是有益的。

但是，人们通常并没有单独的努力用以表明，特定需求已满足了，而这又导致了对于事件的令人满意的状态的吸引。因而，这种需求满足的解释经常是循环的：一个个体被说成表现出了“能力”、“智慧”等——这些事实上已经是积极的价值评价了——因此会“受到喜欢”，因为这些特质是“有吸引力的”；人们认为，它们之所以具有吸引力正是在于这些东西本身，帮助我们满足了我们的需求，而这又可以从这一事实中推断出来的，即它们是“有益的”、“令人喜爱”的特性。一个人从积极的评价开始，又要从不得不去解释之处推断一个人的解释。

此外，人们也经常把**社会评价**的过程（从个人价值观的角度，对于评价的社会赞同和不赞同）与**喜欢**某些刺激物（在**需要**它的特定意义上）不加区别地等同起来。这些并不是相同的：一个人可能喜欢某样东西，但同时却不赞成它；他可以积极地评价某样东西，但同时又不喜欢它。例如，一位性倒错者或酗酒者可能并不赞成他们自己的需求以及满足这些需求的东西和人（但是从满足需求这种意义上说，是他们所喜欢的）；一个人可能赞成努力工作，但发现工作极为乏味。因此，我们不能假定，一个人会“重视”满足了自己的需求的人或东西——这必须要得到证明。社会吸引（以及通常的社会态度）问题基本上就是把“价值”归因于人的问题。

在这一点上，我们回到人际吸引是否足以导致群体形成这个问题上是有益的。在某种意义上，我们到目前应该清楚的是，人际吸引导致群体形成是一种矛盾的表述，因为人际吸引蕴涵着人们之间个体差异的显著性。然而，我们假定，所有形式的社会吸引都直接或间接来自于认同和共同的群体成员身份，因此这就意味着可以迅速带来显著性的某些内群体类别的存在。从理论上来说，对于“人际”吸引的操控往往并不是这样，但对于某些变量的操控往往却是这样，比如告知被试他们会发现一些有某些群体或人的集合很有吸引力，或他们和其他伙伴之间会相互吸引。

换句话说，经验的操控常常强调，与他们和他人的关系相比，两个或更多被试之间的吸引是共同的和相互的。从自我归类论的角度来看，这种操作化和把人们暗中放进群体当中，或引起他们对于共同的群体成员身份的关注基本上是一样的。因此，实际上表达这个问题的话，我们就可以说，如果只是因为这种吸引总是与对于自我和有吸引力的他人之间的一致性和相似性的知觉联系在一起，并导致或表示了这种知觉的话，那么受到他人的吸引（在最广泛的意义上）**就是**群体形成和归属的充分条件。自我归类论所否认的只是这种观点，即当吸引确实没有被自我—他人的认同过程所混淆时，它就表示群体已形成。

在对于群体形成和凝聚力的自我归类分析上，最有特点的理论特色是这样一种观点，即群体形成和凝聚力依赖于对自我与他人作为一个认知单元的知觉——这是与心理参照系中的其他人对照之后形成的——而不是依赖于相互的人际吸引与需求满足。在这里，我们用从这一观点派生出来的一些特殊的经验性预测来结束本小节：

1.（像在社会归类范式中一样）对于群体形成和凝聚力来说，其必要条件既不是相互需求满足，也不是人际吸引。

2. 共同的剥夺、代价或挫折（除了共同的回报和满足体验之外）可能为感知到的认同以及人们彼此之间的相互吸引提供了基础。

3. 显著的内群体成员身份以及由此而来的凝聚力具有情境性或背景性的成分，随心理参照系（一组有关的参照他人）以及人们之间在相应的比较维度上可利用的元对比的变化而变化。

4. 人际吸引连同对人格的真正知觉是由参照群体成员身份派生出来的，也随参照群体背景的变化而变化。

5. 人际吸引总是与自我和他人联系在一起，它暗示或导致了自我和他人之间某种程度的可知觉到的相似性；在这种意义上，人们之间的相互吸引足以提供群体形成的条件。

6. 通过他人而获得的需求满足不要与共同的认同混淆在一起；服从共同的规范（一个例子是被迫给绝食的政治犯喂饭的监狱当局）并不会产生对他人的吸引。

二、社会合作

对于合作的解释是更为简单的一件事。自我处于去个人化的程度时，自我利益也是如此。我们可以假设如下：

假设 15 对于自己和内群体成员之间一致性的知觉导致了某种知觉到的利益一致性（perceived identity of interests），在需求、目标以及动机方面与内群体成员联系在了一起。

我们可以假设，这样一种利益一致性意味着（1）移情式的利他主义，以此个人会把其他内群体成员的目标看成自己的目标（Hornstein，1972）；以及（2）移情式的信任，以此个人会假定其他内群体成员与自己具有共同的目标。人们提出，内群体成员把他们的利益看做是可互换的，他们对于这些利益有着共同的和相互的理解，这种理解就会进而导致群内合作。因而，我们可以提出：

假设 16 那些会提高共同的内群体成员身份的显著性的因素往往会增加群内合作（以及群际竞争）的水平。

假设 17 那些使群内关系人格化或个体化的因素（或导致把他人归类为外群体成员）往往会减少相互合作（并增加人际竞争）。

很可能促使群内关系人格化的就是导致内群体成员感到个人的、孤立的、单独的、疏远的、匿名的、不同的，等等的那些因素。正如我们所知，那些可能增加合作的因素包括相似性、共同命运、接近性、社会互动、群际竞争、减少的社会距离等。早些时候的回顾表明，研究证据大体上非常符合这些假设。它们也做出了某些有趣的独特的预测。例如，人们指出，社会合作反映的并不是单独的、个人的自我利益的某种相互依赖，而是对于自我和自我利益认知上的重新定义；因此，它具有强烈的利他因素。而且，匿名的效应常常是导致私人化，进而人格化；而不是通常所设想的去个体化（换言之，正是个体化而不是去个体化降低了合作的水平，参见 Coleman，1982）。克雷默和布鲁尔（Kramer & Brewer，1984）提供了一些新证据。这些证据表明，[在共同困境范式（common dilemma paradigm）中] 增加共同社会认同的显著性就会提高社会合作的水平。这也是与假设相吻合的。

第五节　小　结

我们可以把关于自我归类论的三个元理论要点总结如下。第一，这一理论表明，心理过程只属于个体这一假定与这一思想——即在担当"个体"的个人和担当群体成员的个人之间存在某种心理上的不连续性——完全一致。群体行为在心理上与人际关系是不同的，并且是不能简化为人际关系的，然而这需要包含关于群体心理的非形而上的观念。如果这一理论能够证明是有效的，那么，在某种意义上——即有某种特定的心理过程，自我归类或自我群体化（self-grouping）过程，这一过程是与群体行为的特殊特征相一致的，也成为其基础——群体就具有**心理上的现实性**。

第二，群体纯粹是心理的，或者说群体行为主要是心理原因的产物，对此人们并没有争议。相反，群体是社会现象，它需要进行社会分析（用来自从生物学到历史学的众多科学所作出的杰出贡献）。自我归类论只想要有助于理解群体行为的社会心理基础。此外，隐含的社会心理结构、自我概念中的内群体—外群体的类别，这些本身就是社会活动的反映和产物；它们依赖于社会过程，正像我们已提出的，某些社会行为也依赖于它们（Turner & Giles，1981a）。用阿希的话来说，社会自我概念是个体心理上一个为社会所建构的领域。

第三，在社会心理学当中有一个悠久的传统，即把群体的功能看成回复到行为的更为原始、非理性或本能的形态中。对于群体现象带有贬损含义的术语包括“去个体性”、“责任扩散”、“风险转移”、“群体思维”、“从众”、“偏见”（适合于负面的群际态度）、“群体压力”以及“刻板印象”。自我归类论采取了不同的观点：它把内群体认同看成是一种适应性的社会认知过程，这一过程使亲社会关系的可能性——例如社会凝聚力、合作和影响（行为和态度的统一）成为可能。它假设，单独按照一个人的个人独特性来行动并不是纯粹的好事；心理群体正好是适应机制——这种机制使人类解除了只是单个人的限制，并且使人类不只是单个人。

第四章 社会影响的分析

第一节 引 言

在第二章，我们概述了有关信息影响的主流理论。我们要记起的基本思想是，人们会在信息上依赖于他人以减少不确定性；那种不确定性是刺激情景的客观模糊性的直接产物；当认为其他人的反应提供了有关现实的有效证据时，人们就受到了影响（接近他人）。

该理论的一些重要预测就是，人们会更多顺从相似他人（他们更可能与这些人进行比较）以及专家、有能力的或可信的他人（可能拥有这些特点的人，以及人们相信可以传达有效信息的人）；顺从会随着刺激模糊性、任务难度或复杂性的增加而增加，而且也会随着任何其他因素——只要这些因素有可能增加了人们的主观不确定性，或他们对于群体的信息依赖（比如，他们能力的缺乏、先前的失败、低自尊）——的增加而增加。

在目前的观点中，社会影响的另外一个主要过程是规范影响的过程，或者说顺从于他人的期望以获得社会承认或避免拒绝，也就是对于外部奖赏的公开顺从和避免代价，而不是因为人们关心影响的内容。我们可以作出这样的假定，如果他人拥有一定的权力（他们为一个人调控报酬和代价的能力）的话，那么人们就需要对于这些人的社会承认，而担心对于这些人的不承认；在受到他人监督的情境下，也就是说，当一个人的行为是公开的和可以确认的时候，这一需要就会开始起作用；因而，在这些情境之下，一个人往往会产生出不同寻常的恐惧，并且顺从这些人对于他们的正面期望（“群体压力”）。

在下面一些主要情境下，我们可以预测到社会影响这一过程的产生。这些情境是：当一个人与他人产生相互依赖或受到他人的吸引时（在这种情境下，这个人之所以与他人相互依赖，更多是为了得到他人的奖赏，以及希望得到他人的承认），他对这个人的顺从就会增加；一个人在公开场合行动时（在这种情况下，他要对自己的行为负责）；压力清楚传达时（在这种情况下，不顺从可能会受到惩罚）；个人对于群体存在过高的规范性依赖时（比如，群体目标有一定的吸引力、不安全、担心受到拒绝）。

对于这两个过程的预测已获得了广泛的支持（Allen，1965，1975；Allen & Wilder，1977）。我们可以把几个变量解释为通过这两个过程而增加了顺从（比如，群体凝聚力的程度）；然而，人们长期以来一直存有疑虑的是，双过程的说明确实有点多余了。不过，因为三个表面上固定的原因，人们还是保留了信息影响和规范影响之间的区分：为了表达和解释（1）对于影响的私下接受和只是行为顺从之间的差异，以及（2）之前的刺激模糊性和不确定性和（3）之后的来自群体的监督的区别效应。

第二节　信息依赖论所存在的问题

有关信息依赖的理论已产生出如此多明显支持性的研究，以至于人们经常把这一理论看成是不证自明的。然而，这一理论也存在许多问题—— 即使我们暂时对于人们传统上对这些资料的解释并不提出疑问。这一理论就其他含义来说是个体主义的（参见 Moscovici，1976；Reicher，1982；Wetherell，1983）。在这里，搞清楚这一点是非常重要的，即我们并不是说，这些问题是该理论的个别发明者或贡献者所指出的，或得到了他们明确的认可。何况我们正试图低估这些思想以及它所产生的研究的科学价值。相反，社会影响研究这一传统确实是社会心理学的主要成就之一（我们会看到，关于影响的自我归类论是对于它的直接发展，而且还是重要的发展）。下面讨论的观点并不是批评任何理论家个人的思想或意图。而是当作为科学上一致的亚文化的部分而存在或开始存在时，这个核心理论可能具有的更大含义。不管人们喜欢它还是不喜欢它，在科学的发展当中，这一理论都会发挥作用。

我们可以把该理论的个体主义倾向（以及总体上的双过程构想）总结如下：我们区别了"社会的/规范的/基于群体的"（social/ normative/ group-based）方面和"信息"方面（坚持内群体规范以维持群体成员身份，并推动群体目标的实现是规范过程的实质）。在这种区别当中，人们往往把前者等同于不提供信息的"群体压力"、"服从"或"顺从"（作为一种盲目的、被动的、非理性的过程），并暗示了在（正确的）个人和（不正确的）群体之间某种普遍的"顺从冲突"（conformity conflict）。我们假定，个人知觉具有至高无上的地位，是获得主观效度的主要的和最可信的方法。费斯廷格（1950，1954）的"物理"现实检验（"physical" reality testing）实际上就是个人知觉测验；他假定，人们对于物理世界的知觉直接产生了有效的资料，因为这种知觉被假定为是一种直接的个人活动。甚至在受限制的、非规范性的信息影响当中，社会影响也是次要的、替代的过程；只有当直接的个人检验变得困难时，这种影响才会产生作用。社会影响被概念化为来自于他人的影响，但这些他人只不过担当着一个人的个人感觉器的技术扩展（如同一副眼镜）。因此，这种影响并非"群体"过程，而最多是一种人际"平均"（interpersonal "averging"）。在这个过程中，当交换各自的、私人的智慧时，人们会朝向彼此移动——整体、社会规范来自于个人部分的总和，而不是一种派生特性。人们对比了群体决策当中的“平均”效应——这等同于规范影响过程——和“极化”效应；通过这种对比，后一种思想就变得尤其清楚了（参见 Singleton，1979；Wetherell，1983；Whetherell et al.，1985）。但是在基斯勒（Kiesler，1969，第 26 页）的说明中，这一点同样非常明显：“因而，社会影响是由个人所引起的个人的变化”（1976，第 11 页）；肖（1976，第 11 页）对于群体的定义也表明了这一点，“以这种方式彼此互动的两个人或更多的人。在这其中，每个人都会影响到其他每个人，同时也会受到其他每个人的影响”。人们假定，依靠所拥有的（自我中心的）有效信息，一些人会具有说服性（比如，大多数人、领导、专家等）。最近，尤其是在极化研究当中，人们做出了这样的假定，即当信息与知觉者的认识结构相匹配时，它的有效性就会成为信息内容的互动特征；而劝说则是对于信息的认知处理的结果。因而，人们甚至把信息影响的社会成分也还原到了个体内的认知过程。

从始至终，我们都假定个人知觉是主要的、有效的和正常的；而社会影响则是次要的、不可靠的、间接的、反常的和强制的，而且只在默认的情况下才有用。因而，它起到扩充个人知觉的作用。人们无需多少努力就会认识到，对于认知的社会基础以及主观效度的这样一种片面的描述是令人难以置信的。例如，人们如何用这些术语来理解科学作为社会制度（“知道”的社会文化过程）的功能，以及共同的科学知识的累积发展和个别研究者的活动之间的相互关系？

其次，信息依赖论也存在一些主要的经验问题。在下面这些问题上，这个理论都失败了：(1) 充分涉及少数人影响的事实（Moscovici，1976；Mugny，1982）；(2) 对于群体极化提供简练的、启发式的解释（对于规范形成的人际平均论的反驳）；(3) 理解集群当中社会影响的独特特征（Reicher，1982，1984a；参见第八章），以及 (4) 说明来自于谢里夫（1936）和阿希（1952）顺从范式当中的经典资料。至于后者，我们已提出，阿希研究反驳了这种假设，即主观不确定性反映了客观上的刺激模糊性；并表明，这种不确定性是由人们之间的不一致所产生的。从第二章对于这个问题的讨论当中，我们可以得出下面这种结论。尽管公认的理论认为，刺激模糊性引起了不确定性（这转而会导致对于他人的信息依赖时，相互影响以及共同规范的形成），社会影响和规范的出现表示了群体形成的开始，但是经典资料实际上还是表明了，不确定性是与被归类为与自己同样的人之间不一致的社会产物。如果把他人看成社会比较的合适参照群体的话，那么人们就会产生对于一致性的共同期望，而这又是引起不确定性和相互影响所必需的。在这里，我们需要指出的一点是，在这些实验当中，心理群体形成似乎处于影响过程的开始，而且似乎起到前提的作用，正像它的许多结果一样（社会影响会使人们之间在信念、态度和价值观上产生相似性；当然，这些相似性会强化现有的群体联系，也往往会产生新的群体联系）。

与信息依赖概念相反，关于社会影响的自我归类论说明，影响的真正可能性取决于自我的共同的、社会类别的性质（也就是说，心理群体形成）；而个人知觉和一致意见的确认是在功能上相互依赖的过程。

第三节　社会影响的自我归类论

去个性化过程与社会影响之间的联系是这样一种思想，即它是在自我与内群体成员之间所感到的社会（人类）认同。在对于相同刺激情景的反应或判断当中，这两者会导致人们趋向一致，或预期会一致。与著名的公式中所说的一样，行为是人和情景之间互动的结果；如果确实如此的话，那么接下来就是，在这一公式的集体版本中，相同或类似的人在相同或类似的情景当中往往会表现出同样的行为（社会共识、同意、统一）。在对某些同样的或共同的刺激情景进行判断时，如果人们觉得他人的判断与自己相同，他们就会在自己和他人之间体会到认知上的一致性（参见对于不确定性和认知冲突——这是由阿希的被试所体验到的——的早期解释）。在这种意义上，我们可以假定，人们对于这种“集体化”的公式具有某种隐含的、“实际的”知识。

第二种基本思想——来自于凯利（Kelley，1967），但是包括阿希（1952）在内的其他人同样表达了出来，并且也隐含在费斯廷格（1950）的思想当中——就是，社会共识或一致导致了对于共同反应的外部归因，也就是说，人们会觉得某种共同的反应反映了在这种情境当中的某些外在的、公共的恒定性：人们会认为，这种反应是**客观上**必需的、恰当的、正确的、要求的、合适的，等等（有大量多余的术语描述了人们对给客观现实提供证据的反应的性质）。从这一视角出发，我们可以这样认为，社会影响过程（如同社会顺从、说服、群体极化、少数人影响等现象中所包含的一样）来自于人们与他人达成一致的需要。在与相同刺激情境有关的特征上（特定情境下的心理内群体成员），为了确认自己的反应是正确的、合适的和所希望的（反映了客观情境的要求而不是主观偏差和错误），人们往往会把他人看成是“可互换的”（interchangeable）。我们可以把这个过程概念化为“参照信息影响”（referent informational influence）的过程（Turner，1982）：其他人的行为提供了有关适当态度和行为的信息，以至于它会成为参照群体（内群体自我类别）规范的例证。具有说服性的并不是他人行为的信息内容本身，而是依照参与内群体共识的情况，那种信息内容从社会心理上获得确认的程度。

在早期的说明当中（Turner，1982），这个过程被归结为三个阶段：（1）个人把自己确定为某个独特的社会类别的成员；（2）对于那种类别，他们形成了或者学习到了刻板规范；他们发现，某些行为方式是类别成员身份的相关特性，而且人们习惯于用某些适当的、预期的或希望的行为来把这种类别定义为不同于其他类别，以及（3）连同该类别的其他刻板特性一起，他们要自己遵循这些规范——因而，他们的行为会变得更加规范——当他们的类别成员身份变得显著时。在把规范行为与自我类别的显著性直接联系在一起时，这种说明是非常有用的。但是，它并没有解决主观效度的问题，也并没有解释内群体类别的这些刻板属性是如何变得规范的。

然而，上面的两个基本思想都允许把社会认同思想直接应用到有关社会影响的经典问题上。这里，我们可以通过 5 条假设来总结所产生的理论。这基本假定就是，如果与相似他人一致的话，那么我们就可以从主观上确认我们的反应是对于外部世界的真实反映。

假设 18　主观有效性（Festinger，1950；Kelly，1967），也就是一个人对于自己的意见、态度、信念等的客观有效性的信心（也可称为主观确定性、能力、正确性等）是在同样的刺激情景当中人们感到、期望或相信与自己相似的他人（在有关方面）与自己的反应一致的程度的直接结果。

假设 19　相反，主观不确定性是在同样的刺激情景当中人们没有感到、期望或相信与自己相似的他人与自己的反应一致的程度的直接结果。

假设 20　因而，通过下面这些方式，人们可以达到不确定性的减少：(a) 把不一致归因于在自我和他人之间所感到的有关差异上，以及/或 (b) 把不一致归因于在共同的刺激情景下所感到的有关差异上，以及/或 (c) 相互影响以产生出一致性。

假设 21　在人们之间保持一致的相互压力的程度是几方面的产物：(a) 在他们之间相互所感到的有关相似性的程度；(b) 所感到的共同的刺激情景相似的程度；(c) 对于那种刺激情景所感到、期望或相信的不一致的程度（主观不确定性）；(d) 主观有效性对于群体的重要性（也就是说，在这种情况下，认为哪个是对的，有多么要紧的程度）。

假设 22　群内有效影响的趋势（谁成功地影响了谁）是这些成员的相对说服性的结果；而这种相对说服性又是基于人们认为这些成员的反应（他们的论据、立场、特征、经验、角色，等等）符合整个群体的最初反应分布的程度，也就是对于某位成员相对一致支持的程度。

在假设 21 的情况下，我们可以做出这种假定，即一致压力的总量是所有相关变量相乘的结果（multiplicative product）；因而，对于任何人来说，如果只是其中一种变量的价值为零的话，那么这个人就不会对一致体验到主观压力。因而，当不存在主观不确定性时，人们就不会产生与外界保持一致的压力。因为，按照定义，一致性总是完整的（这类似于费斯廷格在1950年所提出来的思想，即在具有凝聚力的群体当中，随着成员之间在有关问题上不一致程度的增加，保持一致的压力也会随之增加）。

这些假设解决了来自于某种统一理论的社会影响（这里是从顺从角度提出的）的主要问题。在这方面，早期理论家所做的工作非常明显。例如，共识性确认的作用（Festinger，1950）、外在归因（Kelley，1967）、知觉者的可互换性（Asch，1952）以及作为不一致的社会产物而不是作为刺激模糊性的简单反映的不确定性思想（Moscivici，1976）。对于早期理论家的这些工作，我们应该表示感谢。然而，感谢以前的工作不应该只是掩饰现在的思想与其他理论如何不同。

因而，与信息依赖论相反，我们拒绝了费斯廷格（1950）对于物理现实检验和社会现实检验的区分，当然也拒绝了奥尔波特（1924）对于个体行动的非社会环境和社会环境的区分。我们假定，**所有的**主观有效性都取决于个人知觉资料和某种社会过程之间的知觉互动。其中前者不管是“事情”还是人，都反映了由社会所调控的认知；而后者则协调、检查、匹配和协商了共同的不变性，以及关于这个世界的真实图景。个人知觉和判断的这些“事实”——地球是一个球体、大象要比老鼠大、用尺子量时一条线要比另一条线更长——本身就是社会标准，这些标准基于人们对于适当的参照群体之前的或当前的、外显的或内隐的一致看法。用某些技术设备来检查或扩大其官能的独立个人并不是自我中心的，而是在所有时候都采用了内化的规范，设备只是对于某些先前共识的简明的具体的表达或象征（Moscovici，1976）。这并不是否认个人认知的独立信息价值，也并不意味着社会规范是武断的，可以无限改变——我们说个人对于这个世界的知觉是由社会所调控的并不是说这个世界是由社会所建构的（特殊意义上除外）。在这里，我们采用了唯物主义的视角。也就是说，外部世界独立于个人知觉而存在；共识性确认的功能是证实一个人的知觉的客观真实性；由于组成共识性群体的个人的判断的合理性而不是相反，它（共识性确认）才具有这样一种权力。这种观点只不过是说，几个可靠的个人的一致意见更可能不证自明地反映了外部世界的某种客观的、公开的特征；然而，对于任何单独的人来说，不管多么可靠，人们却往往用他们的个人人格来解释他们的判断。在分析上，我们需要把“领会”的个体活动与确认的社会过程区分开来；但是我们也知道，对于人类来说，它们是互为前提的，而且在功能上是交织在一起的。

后面要讲的一点比较难以理解：问题产生于，为什么刺激模糊性不应该像群内不一致那样产生出主观不确定性？刺激当中没有客观结构也确实会产生不确定性吗？基本的一点就是，我们需要在分析上把个人的“知觉对象”（percept）（这个人注意到了什么）与对于那种知觉对象的**有效性**和**正确性**的问题区别开来。后一个问题并不能在个体感觉过程的范围之内解决，而是需要社会心理活动来解决。此外，这个问题可能只不过是由个人“直接”看到的东西而形成的。因为，在事实上，在所有时候个人都担当着社会的代表，对其他人可能注意到或没有注意到的东西做出假定，而且不管其他人是同意还是不同意。社会心理学当中所使用的主观不确定性基本上指的是人们对于感觉资料的评价状况，是有效性，而不是知觉内容。因此，主观不确定性和人们所称的“知觉模糊性”是相当不同的：人们可能确信他们所看到的东西，但是不能确信他们所看到的是否正确；或者也可以这么说，他们确信自己注意到某种刺激在知觉上具有模糊性是正确的。在某种意义上，人们可能从来不会怀疑他们所看到的东西——它直接就是特定的经验；人们所可能怀疑的是他们知道他们所看到的东西与客观世界之间的一致性（在经验上从未直接给出的某种一致性——正如唯心主义哲学家很久以来所提出的那样）。因而，知觉模糊性可能引起主观不确定性，但并不是以以前所假定的方式，而只是当这个人确实没有感到、认为或预期具有相似目的的其他人也会注意到某种知觉上模糊的刺激时。在研究文献当中，我们发现，在大多数情况下，“刺激模糊性”事实上是指这样一种情况，即被试认为存在着某种客观上有效的、明确的正确答案，但是他们并没有期望马上达成某种公识。

我们也拒绝了规范影响和社会影响之间的区分（Deutsch & Gerard，1955)。社会影响（不是权力、强制、顺从）是基于社会规范过程的，这一过程确认了其他人反应的信息内容。信息并不会自动确认。这一理论认为，某种反应的“信息价值”（不是直接的信息内容，而是人们觉得那种内容给现实提供证据/归因于现实的程度，也就是说，所感到的有效性或正确性）直接反映了这一反应符合内群体共识（也就是规范）的程度，以及某种反应的“主观”规范方面——也就是一个人应该这样行动的感受，正如来自感到的正确性一样。我们假定，顺从和“群体压力”反映的并不是来自于某个内群体的“规范的”影响，而是来自于某个心理外群体——一个人并不期望与这些人保持一致——的“反规范的”影响（counter-normative influence)。除了是影响的结果之外，社会规范也是影响的基础：当某种反应代表了某些共同的、一致的反应——这是与内群体自我类别刻板化地联系一起的——并且也参与其中时，这种反应就是具有说服性的，进而人们就会认为它是有效的、正确的、有力量的（也就是说，具有信息价值)，这转而又会导致人们认为它是合适的、受到称许的、所期望的，是一个人应该相信或去做的某件事情（也就是说，在主观规定的意义上是规范的)。

因此，作为对他人内群体或外群体成员身份的反应（以及决定因素)，这一理论统一了影响的规范方面和信息方面，并且把对于规范的私下接受和公开顺从结合在了一起。这一理论也解释和重新解释了顺从领域中其他主要的经验性概括——利用了几方面的价值：（1）全体一致、多数人一致与社会支持；（2）参照群体成员身份；（3）反应的公开—私下维度；（4）不确定性与“刺激模糊性”，以及（5）相对的能力与正确性（参见 Allen，1965，1975，以及 Allen & Wilder)。

因而，假设 18 解释了社会共识对于影响过程的证实过了的影响。但是，和费斯廷格（1950，1954）的分析不同的是，这一假设并没有把共识性确认和社会现实检验的作用限定在物理现实检验很难或不可能的环境当中。此外，和凯利（1967）的理论不同的是，该假设也提出，导致对于共同反应的外部归因的并不是抽象意义上的一致，而只是有关内群体自我类别的成员的一致。人们往往会更多地顺从于参照群体成员，他们与这些人相互依赖，或相似，或受到这些人的吸引。依据这些变量所表明的知觉者与刺激背景的相似性，我们可以解释这一研究发现（例如，在某些目标上相互依赖的人往往会在某个问题上具有相同的看法，因而应该更有可能达成一致）。同样地，公开场合代表了“共同的社会场域”，在这种场合当中，不论是社会一致还是刺激一致都增加到最大程度，而且非常明显。如果考虑到这一点，我们就能理解到，为什么顺从会更多地发生在公开场合而不是私下场合了。因此，尽管我们可以赞同传统的分析，即对于外群体规范的公开顺从可能代表了纯粹的顺从，我们所做出的独特预测却是，当人们公开做出反应时，内群体规范可能会更具有说服性，并会导致更大的内化；而通过引起个体差异知觉，私人化效应可能会还原为他人影响。在增加对于影响的易感性上，假设19是与“刺激模糊性”和不确定性的影响相一致的。但是，正如我们所讨论的，它把前者解释和重新定义为了“没有规范”（normlessness）——在刺激出现而现成的规范反应又难以获得时，不确定性就产生了，因而很可能会与其他人不一致。

假设22解释了群内的相对影响，它总结了大量资料。这些资料表明，不论是对于具备了更加有能力、有吸引力、受欢迎、有才能、成功、可靠、自信等特征的个人来说，还是对于被认为具备了这些特征的个人来说，他们都要比其他人更加有影响，而且也更加不受他人的影响。但是，这一假设是从过去、现在和预期的相对支持当中获得这些“个体”差异的。正如同某种共识观点更具有说服性一样，某些群体成员也要比其他成员更具有说服性，因为他们的反应更好地包含了那种一致性。这种思想摆脱了这种无根据的假设，即一致性要么是全部要么是什么也没有（内群体一致性的程度是一个变量——它很容易通过元对比率来进行计量——这表明，完全一致只存在于某个极端）；同时，这种思想也开始表明了一致确认的过程是如何与领导及少数人影响相一致的。

对于把群体极化看成群内影响的正常情况，而且从概念上统一了社会顺从与群体极化的现象，假设22也提供了很好的理论基础。这就是我们所挑选出来的问题，它详细说明了所提出的社会影响假设的有效性，并证实了上面提出来的某些观点。在下一节，我们要提供基本的分析——说明它是如何从自我归类论当中而来的——在第七章，我们将进行一下总结，并与研究背景和有关资料详细结合在一起（同样参见Wetherell，1983；Wetherell et al.，1985）。应该认识到的是，这里所概述的理论分析的数量结构只与有关群体凝聚力与人际吸引的早期讨论有关，例如，当它们涉及社会影响时。

第四节　对于群体极化的解释

我们可以利用对于群体极化现象的几个回顾（比如，Lamm & Myers，1978；Myers & Lamm，1976）。人们通常把群体极化定义为这样一种倾向，即在群体讨论（或一些有关的操作）之后，在朝向最初偏好的一极上，群体成员在某些维度上的平均反应要比他们最初个人反应的平均水平变得更为极端。但是问题在于，关于群内影响的传统顺从概念［来自于Allport（1924）、Sherif（1936）以及Asch（1956）的工作，但未必是他们自己的理论］认为，在形成某种群体共识或群体规范上，成员应该往往聚合在他们最初个人所持有的判断的平均水平上。因此，有关极化的理论已开始寻找一些不同于社会顺从的过程来解释这种效应。

然而，在对于社会影响的这些过程——例如社会比较或说服性信息的交流——的某些重要的修正过的概念化当中，研究者仍然寻求一些解释（我们将在第七章进行回顾）；而当代的分析通常只是强调这些（似乎）形成对照的方法当中的一个或几个。在经历了20多年的研究之后（自从Stoner以来，1961），尽管这两种方法都获得了某些经验支持，但似乎没有哪一种方法可以做出完全令人满意的解释。一个主要的疏忽就是，人们未能提供统一的分析——这种分析会表明，社会顺从（在聚合在群体的前测均值的意义上）和群体极化的现象怎样在理论上整合在一起，因而人们可以提前详细说明任何一种情况应该发生的情境。

这里采取的另一种方法就是（Turner & Oakes，1986；Wetherell et al.，1985）：对于社会顺从（社会影响）重新进行概念化，因而可以显示出，在不同的情境下，它是如何既包含了在均值上的聚合，又包含了在均值上的极化。正如贯穿全书所强调的，“顺从”这个术语并像绵羊一样没有盲目服从的意思，而只是指出了人们转向某些共同的社会规范的过程。

在对于群体极化的自我归类分析当中，有三个部分：(1) 内群体类别刻板特征和原型特征的性质；(2) 参照信息影响的过程，以及 (3) 作为社会参照系的功能，对于内群体反应的相对原型性的变化。

一、社会类别的刻板特征和原型特征

假设 7.1 所指的是，决定类别形成的基本认知原则是元对比原则。它来自于这条原则，即当社会比较的任何特定维度要比其他一些维度与更高的元对比率（MCR）联系在一起（或产生出更高的元对比率）时，这个维度就更可能成为对于内群体和外群体的特定分类的刻板特征。例如，人们既可以按照政治态度对南非的黑人和白人进行比较，也可以按照对待艺术或宗教或吃肉的态度来对他们进行比较。当前一项比较要比后一项比较在感到的内群体—外群体差异与感到的群内差异之间有更高的对比时，那么人们就会更多采用前一项当中的刻板特征（也就是政治态度）来对黑人/白人进行分类（通常来说，对于每个群体，人们都会给其贴上适当的极端标签。比如，对于黑人来说，是激进的或左翼的；而对于白人来说，则是保守的或右翼的）。

同样地，任何一个内群体成员的原型性就是他或她作为整个群体的某些刻板特征的例证或典型的程度——我们同样可以依靠元对比原则来对此进行定义和操作化。在一个或更多有关的比较维度（也就是有关的刻板维度）上，如果我们用人们在这个内群体成员和外群体成员之间所感到的均值差异除以人们在这个内群体成员和其他内群体成员之间所感到的均值差异，就可以得出 MCR 值。MCR 值越大的话，那么那个成员（在那些维度上）就更加有可能成为整个内群体类别的原型，对于特定的内群体或外群体成员来说，当同其他的内群体成员或外群体成员相比时，如果这种原型性比率越高的话，那么他或她的相对原型性就会越高。

关于这里所定义的原型性，我们需要强调的一点是，尽管它往往会随着群内相似性和群际差异性的增加而增加，但是它并不是与这些关系中的任何一个孤立地或另外地联系在一起的，而是与它们之间的交互作用联系在一起的。因而，最符合原型的成员（只是指适当的符合原型的成员）未必与其他内群体成员极其相似/最少不同［我们定义为平均类别内立场（mean intra-class position）。也就是，按照定义，使群体成员之间的差异减到最低程度的立场］，因为与原型不太相符的成员可能会更不同于对照的外群体（我们将会在下面详细说明）。

个体的相对原型性也会随着比较维度及所属类别的变化而变化。个体的所属类别同样会随着所选择的参照系及比较维度的变化而变化。但是，这些现象是相对的和依具体情况而定的，而不是绝对的、稳定的或不变的。同样，与罗斯（1978）观点不同的是，我们认为，这些类别并不完全是由“原型”或“最佳范本”来定义的——相反的情况同样存在，即原型是由这些特定的类别来定义的，它转而又具有所选择的有关比较维度的作用。

二、参照信息影响

简单来说，有关参照信息影响的理论是指这种思想：我们往往把定义了某些显著的内群体身份的刻板特征看成是规范的，并且符合这些特征。基本的假定就是，反应的信息价值、人们对于它的信息内容所感知到的有效性，与人们认为它作为内群体规范（公识）的典型程度在主观上是一样的。人们提出，聚合于前测均值和极化这两者都代表了对内群体规范——这种规范包含在有关的刻板特征或群体的立场当中——的顺从。

正如我们所理解到的，这个理论基于两个基本的观念。首先，在对某些刺激做出反应时，在被认为与任务有关的方面，一个人只期望与被归类为与自己相似或相同的其他人一致；当与被归类为与自己不同的外群体成员不一致时，人们体会不到主观压力，因为他们的差异说明了这种不一致，以及其中所暗示的他们的错误。其次，人们往往会把共同的或一致的反应从外部归因于公共的、客观的世界，因而会认为这些反应是**客观上所**要求的、是适当的或必需的；也就是说，这些反应在客观上是有效的。内群体成员共同的、一致的反应具有“说服性”；也就是说，这些反应的有效性是从内部强制的，因为它们包含了可以说明它们的现实（在共享时，只是作为对于现实的“共同基础”的有效反映时，它们才是可以解释的）。从心理上，人们会把共同的世界体验为真实的客观世界。（至少对于内群体成员来说，情况就是这样；在这种情况下，知觉者基本上会受到重视。对于不同意的另一种解释是，共同的行为是对外群体的大贬低。）

因为内群体成员对于某些刺激的刻板反应是达成共识的立场——这种立场显示了群内的一致性以及与外群体成员的分歧——因而，按照定义，它也是规范的立场。此外，某种反应越规范，人们就越会期望或认为内群体成员要与此一致；因而，与此同样的是，当内群体成员符合现有共识的原型时，人们就会觉得他们的反应或多或少是有效的。人们往往会认为，最符合原型的反应（论据、观点、成员等）——也就是最能代表和表明内群体成员的一致性——是最正确的和最有价值的：它包含了人们在特定环境下（最）规范的反应。我们可以做出这样的假定：在群内讨论当中，觉得自己不太正确的成员会向更为正确的方向转变；但是没有相反的倾向存在，即觉得自己更为正确的成员会受到不太正确的成员的说服。因而，我们可以做出这种假设，相对影响会受到所感知到的成员的相对原型性的调控；而群体内相互一致的压力则会导致聚合在最符合原型的成员那里。所有内群体成员的最初反应对于定义原型都有所贡献，但是依据符合原型的程度，不同内群体成员似乎具有不同的影响。所以，对于刻板内群体立场的顺从是指聚合在最符合原型的成员那里。

三、反应的相对原型性与社会参照系

从上面的定义当中，我们接下来要说的就是，反应的相对原型性会随着社会比较参照系的变化而变化。可以说明的是，不管最符合原型的立场是与内群体均值一致还是不同，它都是由内群体反应的最初分布与包含这种参照系的全部反应库之间的关系所决定的。

首先，我们需要注意到的是，在极化研究当中所使用的反应维度（无论哪种类型，比如态度量表、概率估计、个人知觉判断等）总是社会比较的某个维度，它是不同的人对于相同刺激的真实的或想象的反应的相对排序。事实上，它是对于适合于特定行为的心理上显著的社会参照系的符号表征或操作化。它详细说明（而且往往定义）了其他人的（文化上或情境上适合的）各种不同的反应，不论是被试还是研究者都会把被试的反应与其进行比较。因而，参照维度提供了可比较的他人的反应的信息；而且，事实上，当内群体反应的参照维度和最初分布并不是相同时，它还直接说明了外群体成员的反应（内群体成员没有认可的量表值）。“外群体”未必处于对立的一极；在特定的情境下，我们可以把它定义为包含了任何不属于内群体的心理上相关的其他人。因此，我们可以把内群体反应与参照维度之间的关系作为一种启发性操作，来测量被试（内群体成员）所感到的群内差异与群际差异。或者也可以这么说，所提供的参照系引起他们产生了这些知觉。

其次，对于由参照系维度所代表、内群体成员所知觉的反应分布形式，我们需要做出一个简化的假设。一个似乎非常符合等距量表（equal interval scale）思想的假设就是，在每个量表值上，大约相同数量的人会有相应的看法。这是在这里获得的假设（其他假设也是可能的，而且在某些情境下可能更加合适）。为了计算，我们把内群体成员没有做出反应的立场看成是外群体成员的反应（因为 MCR 值是基于所感到的平均差异，绝对数量并不重要）。现在，根据他们的量表立场，我们可以直接计算所感知到的内群体成员的相对原型性。例如，在下面的 7 点量表上，A、B 和 C 表示的都是内群体反应；而按照定义，其余的 4 个量表值可以看成是外群体反应：

O	O	A	B	C	O	O
−3	−2	−1	0	+1	+2	+3

使用上面的公式，B 明显是最符合原型的成员，因为对比 B 来说，元对比率是 2.5/1=2.5（即用 B 和外群体成员之间的平均差异除以 B 和内群体成员之间的平均差异），但是对于 A 和 C 来说，元对比率只是 2.5/1.5=1.67。"外群体"未必是一个群体；正如这个例子当中一样，从定义内群体的视角来看，我们可以把具有相反立场的所有外群体都看成是一个单位。

现在，当任何量表值与量表中点值之间的距离增加时，在那种值与其他值之间的平均差异一定就会增加。结果可以表明，对于内群体反应的任何初始分布来说，当均值偏离量表的中点而朝向某一极时，那么人们对于靠近或更进一步远离那一极的成员所感到的原型上的差异就会增加（有利于更为极端的成员）。例如，在反应（或人）的分布高于均值等于量表中点的情境下，A 和 C 同样符合原型——由于对称，对于这两人来说，平均的群内差异和群际差异是一样的。然而，如果 A、B 和 C 像下面一样朝向一个一极移动时：

O	O	O	A	B	C	D
−3	−2	−1	0	+1	+2	+3

那么，按照定义，对于 A 和 C 来说，平均群内差异（1.5）仍然是一样的，但是 C 的平均群际差异要大于 A（现在，对于 A 来说比率是 2.25/1.5=1.5；对于 B 来说是 2.75/1=2.75；而对于 C 来说则是 3.25/1.5=2.17）。B 在群体均值上的反应仍然最符合原型的立场；但是重要的一点在于，现在人们往往会认为，更加极端的那些反应往往要比温和的反应更加符合原型。

一般来说，情况通常是这样的：当初始均值与量表的心理中点之间的差异增加时，更加极端的反应要越过不太极端的反应而增加相对原型性，而且最符合原型的反应要比平均反应更为极端。实际上，不论是在没有内群体成员持有平均立场的情况下，还是在内群体反应的分布不对称的情况下，原型都不同于平均水平。事实上，在极端反应上获得相对原型性，在概念上等同于朝向某种不对称分布的倾向。因此，一般的概率关系就是：当均值——中点之间的不一致增加时，与温和的那些反应相比，极端反应的相对原型性就会更大，内群体反应就更可能分布不均匀，而最符合原型的那些反应会不同于均值。

当然，在任何个别的情况下，内群体反应的特定结构都会决定原型是否不同于均值。例如，在下面的量表上：

O	A	B	C	D	O	O
−3	−2	−1	0	+1	+2	+3

不过，围绕着均值（−0.5）的内群体反应的对称分布在 B 的−1 那里产生了更加极端的原型（对于 A、B、C 和 D 来说，他们各自的 MCRs 值分别是 A=1.67、B=2.26、C=2 以及 D=1.17），因为没有个人实际上会持有−0.5 的平均立场。

不对称分布的一个例子如下：

O	O	O	A	O	B	C	D
−3	−2	−1	0	+1	+2		+3

在这种情境下，尽管 B 持有+2 的平均立场，但 C 和 D 还是要比 B 更符合原型（对于 A、B、C 和 D 来说，MCRs 值分别为 A=1.75/2.66=0.66；B=3.25/1.33=2.44；C=D=4.25/1.33=3.19）。这个例子说明了，当内群体的观点接近某一极时，除了群际差异之外，群内差异的增加是如何提高了更加极端的立场的相对原型性的。

需要强调的是，我们提出的一般心理原则与产生的特定数值假定无关；参照维度反映了人们在量表上的均匀分布；它与包含了参照系的这些反应的正态分布（normal distribution）或双峰式分布（bimodal distribution）同样是一致的。重要的一点在于，当某个群体接近有关参照系的极端时，与温和的成员相比，极端成员的群内相似性和群际差异性就会增加，这就会使得他们更符合原型。事实上，从直觉上我们就可以相对容易地领会到这一点，因为这种分析是与我们对于社会或政治极化的日常意识相一致的——例如，当人们说某个政党对立的左派和右派，或某个机构的改革派和保守派“极化”时，这就意味着它们彼此对立的观点变得更加极端。

总之，我们假设：(1) 不论是顺从（聚合于前测均值）还是极化都代表了聚合于最符合原型的内群体立场上；(2) 极化、去极化或顺从的出现完全取决于原型是否比前测均值更极端、更不极端或与之相一致；(3) 在前测均值与原型之间任何不一致的程度和方向都取决于人们所感知到的这样一种关系，也就是在最初的内群体反应分布与显著的参照系所使用的全部反应库之间的关系。原型立场往往与内群体反应的最初前测均值一致；而后者往往又与显著判断或参照维度的心理中点一致，但往往要比相同方向的均值更加极端，因而均值更加不同于中点。

这项分析获得了一些独特的观点：对于某个群体共同的认同是极化的一个前提；极化的内容和方向取决于决定了有关外群体—内群体类别的形成和显著性的一些因素；极化不只是一个“样本”效应（参见第七章），而是特定群体内的一个影响效应，它代表了对于极化了的内群体规范的顺从；在聚合于前测均值和极化的意义上，“顺从”表示了同样顺从于内群体规范的过程，而它的出现并不取决于判断是不是事实性的、物理性的还是评价性的，而只是取决于内群体的最初反应分布与社会参照系之间的关系；原则上（实际上，存在一些方法问题和其他问题），对于某个特定群体来说，如果对于它的前测均值与最符合原型的立场之间不一致的程度进行定量分析的话，我们就可以直接预测它的极化程度。

这种观点值得发展，即对于自然发挥功能的群体（它们都可以用实验方法来检验）来说，在检验其中的某些预期上还存在实际的方法问题。我们的分析说明了，参照信息影响的过程如何直接导致了对于某些情境下极化的预测。它表明，为什么最为规范的立场有时候反而会超出平均水平而产生极化。然而，在所有这些情况下，被试聚合于符合原型的立场上的预期要取决于这个背景假定，即群体内相互影响的情况是最好的。考虑到群体成员聚合，我们已试图解释那种聚合的终点是如何可能发生变化的。我们已把群内聚合的决定因素确定为：认同有关内群体类别的程度（在有关维度上对群体成员所感知到的相似性）、对于刺激情境所感知到的相似性、成员对于他们反应的正确性的主观不确定性，以及达成一致对于群体的重要性。

在任何特定的群体当中，这些因素很少是最理想的，因而完全一致和最大极化通常是不可能的。由于在有关的背景变量上缺少控制，似乎存在某种程度的态度惯性（attitudinal inertia）。在某个互动的群体之内进行特定的预测时，一个相关问题就是，顺从于极化了的内群体规范只是减少一致压力的一条途径。其他一些办法也只不过减少了造成一致压力的其他因素，比如，停止认同极化了的内群体成员或整个内群体、说服自己的问题还没有重要到足以改变自己的意见，等等。当群体包含持有强烈反对意见的人时，这种效应就特别有可能出现。当群体成员事实上只是不移动或不是移动得非常快时，它往往会产生像是聚合于均值上的效应。

对于相对原型性的知觉来说，社会影响的基本决定因素同样具有意义。某种反应的说服性很少基于像反应维度这种个别的比较形式（尽管我们的分析已经强调了这样一种形式，因为我们认为，它最终是基本的形式）。例如，下面这些因素都可能会对说服性产生某些影响：在内群体成员身份的有关刻板特征上，某位成员被看成符合原型的程度；或在过去被证明是正确的程度；或作为领导被某些社会机构合法化的程度。在这里，我们还要注意到，内群体成员之间在所感知到的相对能力（领导、正确性、自信、信心等）上的有关背景差异往往会提高或削弱所预测到的极化，这取决于这些差异与成员的反应在符合立即的内群体共识原型上的差异是正面联系在一起，还是没有联系在一起。

这确定了人们在对不同群体进行预测时的一种普遍的误差来源，因为在这种情况下，人们并不能控制成员之间的个体差异。更多的问题会与社会认同的程度、顺从以及累犯（recidivism）有关。对于聚合或极化的特定预测假定，人们认同特定的讨论群体，他们会在其中发现自己。他们可能这样做，但是要在一个比认识到的更高的抽象层次上。例如，大学生被试可能会把他们相应的内群体类别定义为“学生”、“年轻人”、“激进分子”等。某个特征被看成符合特定讨论群体的原型，但它可能并不被看成符合更高层次认同的原型；而且，事实上，这些不同的更高程度的认同可能具有相反规范的特征。一个美国大学生的讨论群体刚才对于越南战争可能还是相对“强硬的”，但是如果面对学生社团或整个年轻人的不同观点时，他们可能就会极化到更为“稳健的”立场上；或者当他们把自己定义为“美国爱国者”时，他们就会变得甚至更加强硬（比较一下 Eiser & Stroebe，1972）。转变的方向取决于内群体认同——实际上，这在特定环境下是非常显著的——的内容和程度。我们可以进行一些有趣的预测：在相同的问题上，同样一批人会在相反的方向上产生极化，这取决于认同的程度以及相应的参照系（比如，“自由派/保守派”相对于“自由派/激进派”）。

另外一点是，在个人后测时，被试往往会恢复到某些更加习惯的特性或参照系上；而在产生了某种程度的“累犯”的讨论群体当中，这种情况就不是那么显著。考虑到缺乏认同，在后测时产生某种程度的“累犯”可能同样是达成群体共识时的一个服从成分。然而，即使讨论群体相当于某个心理外群体，而且被试只是在行为上顺从，人们往往还是根据原型来预测那个外群体的规范；而且我们可以预期，累犯的程度会在群体之间保持相对稳定。因而，在群体共识和后测之间往往还存在着某种积极的关系。

第五节　小　结

极化代表了对于社会影响的信息依赖论的直接挑战。这一理论解释了社会规范作为人际过程的形成，在这一过程中，个人会交流他们自己的有关信息；人们隐含地做出假定，社会规范会聚合于个人立场的平均水平上。这一理论同样表明，群体形成既是对于信息的相互影响的结果，也是共同规范的产生的结果。群体并不是一个独特的社会心理过程，也不是任何独特的理论实体，而只是一个方便的描述性术语，用以总结在其他事情当中人际影响的关系和结果。作为个体成员的立场的简单平均，社会规范的观念非常符合这一个体主义的论点，即群体是个体的结合。从行为上看，这些个体被他们的相互关系所改变了；但从心理上看，这些人并没有被他们的相互关系所改变。

然而，自从勒朋以来，极化现象已表明，群体过程会产生独特的、自发的规范性倾向，而这是作为成员的个人特性的派生物所无法说明的。使人们进入群体当中似乎给他们的个人观点“增加”了某些东西，这导致了极端化——似乎以某种令人困惑的方式，成员之间的关系受到他们在群体当中成员身份的调控，产生了与部分总和不同的具有“整体特性”的社会规范。毫无疑问，个体主义的捍卫者奥尔波特是把社会顺从报告和解释为相互人际聚合的第一位现代研究者；而极化的最初术语“风险转移”以及有关的解释——这里暗指这样一些概念：责任扩散、个人调节和自我控制的丧失以及去个体化——又可以直接追溯到群体心理学研究者勒朋和麦独孤的思想那里去。因而，极化是个体和群体关系的替代元理论的试验场；对于社会影响的主流理论来说，它始终是一个难题（尽管人们努力从纯粹信息的角度来解释它，参见第七章）。

按照这些考虑，自我归类分析的含义是显然的。我们假定，社会影响是心理上独特的群内过程，而不是人际过程；除了结果之外，共同的内群体成员身份及有关的规范也是相互影响的前提。我们提出的理论在性质上是互动主义的，把社会规范和价值看成是群体形成的自发（也就是不可约的）特征。最符合原型的（规范的、有价值的）立场并不是内群体反应的总和或平均，也不是持有那种立场的成员的某种个人特征。它是一种更高秩序的类别特征，反映了所有成员的观点；而且事实上，也反映了它们之间的相似性与差异性，以及他们与其他人的关系。符合原型的成员在“整个”群体当中的成员身份会影响到他们在群体当中的说服性、所感到的能力、领导能力、对于他们的信息所感到的有效性，等等。原型立场是社会关系在与代表它们的（归类、比较等）的心理过程的互动中所产生的结果。我们完全接受下面这种观点：在心理上，作为群体成员的行为不同于依照一个人的个人自我的行为；因为这种行为代表了依照自己的某种社会类别的行为，以及处于更高抽象水平上的他人。

第五章 社会认同与群体凝聚力*

第一节 引 言

从对比相互依赖论和自我归类论（也分别称为社会凝聚力模型和社会认同模型，Turner，1982）的视角出发，这一章着眼于心理群体形成与群体凝聚力之间的关系。传统上，在社会心理学中，人们一向用凝聚力这个概念把社会群体描述为一个心理实体，并逐渐等同于凝聚力这一概念。但这是值得争论的。此外，实际上群体凝聚力几乎完全就是指人际吸引，而且实际上已经还原到人际吸引。其结果就是与人际吸引过程截然不同的、作为理论实体的群体不见了。这方面尤其如此。因为正如我们将要看到的，与通常所知相比，在更为广泛的分析中，人们已经把人际吸引完全概念化为导致群体归属的过程。

在元理论批评的背景下，我们清楚说明了这种方法的局限性；我们也提出了自我归类论的另外一种含义——即心理群体形成/社会认同是与

---

* 本章的作者是迈克尔·霍格（Michael A. Hogg）。

吸引截然不同的过程；作为一种特殊的**群内**吸引（基于共同社会类别成员身份的显著性），群体凝聚力不同于人际吸引；而且基本的因果方向（但从经验上看，并不是唯一的方向）是从内群认同到吸引，而不是相反。本章后面的部分会介绍一系列实验研究——这些研究主要涉及社会认同与群体凝聚力之间的关系，并探讨自我归类过程在心理群体形成中的作用。

第二节　群体凝聚力：关于社会群体的传统观点

20 世纪 40 年代，社会心理学处于对小群体功能动力学兴趣激增的时期（参见 Cartwright，1979；Festinger，1980；Marrow，1969）。因而人们需要一个术语来描述群体的本质属性，从而把群体与只是个体的集合区分开来：这一术语不仅能涵盖客观上看得见的现象，也能涵盖主观上所体验到的与某个群体有关的亲密感、团体精神、“我们感”（we-ness）、团结、统一等。“群体凝聚力”这一术语就是用于这一目的（例如，French，1941；Lewin，1952）。随着费斯廷格及其同事对这一术语进行系统科学的概念化，它很快就成为小群体行为分析中的基础概念——直到现在，人们也没有明显放弃它的这一作用（参见 Blumberg，Hare，Kent & Davies，1983；Kellerman，1981）。

人们把群体凝聚力定义为，“将成员系于群体的各种力量之和”（Festinger，1950，第 274 页）或“将成员系于群体的全部力量场域”（Festinger et al.，1950，第 164 页）。人们一般认为，群体凝聚力是由群体及其成员的吸引力、群体调控目标——这些目标对成员来说很重要——的程度所决定的。人们把整个群体的凝聚力定义为作用于所有个体成员的各种力量的平均程度。这一分析的背景就是勒温（1948，1952）的场论：凝聚力的**群体**特性、群体似乎沿着一个“从散漫的‘大众’到紧密的单位”的维度而变化的方式（Lewin，1948，第 84 页），都是由凝聚力的**个体—心理**特性所相互决定的。其中后者被看成是个体“生活空间”（life space）的心理表征（psychological representation）——在这个生活空间中，充满了个体在群体中所产生的吸引和排斥的力量。

尽管群体凝聚力的概念允许和鼓励不同的操作化（例如，Festinger et al.，1950；Lewin，1952），然而它还是不可抵抗地被操作化为而且在理论上被确定为单个群体成员之间的吸引，也就是人际吸引。不管是在早期的研究中（例如，Back，1951；Berkowitz，1954；Downing，1958；Newcomb，1953，Pepitone & Reichling，1955；Schachter，Ellertson，McBride & Gregory，1951），还是在更近期的研究中（例如，Knowles & Brickner，1981；Nixon，1976；Wolf，1979）中，这一点都非常明显；而且综述文章也详尽证明了这一点。从所有实用的目的出发，凝聚力只是指人际吸引（参见 Cartwright，1968；Hogg，1985a；Lott & Lott，1965；McGrath & Kravitz，1982；Turner，1982，1984；Zander，1979）。人际吸引是“把群体成员联系在一起的‘黏合剂’”（Schachter et al.，1951，第 229 页），因此也是群体归属的必要条件。正如邦纳（Bonner，1959，第 66 页）所说，“如果成员之间没有哪怕最小的吸引力产生，群体就根本无法存在。”对于群体凝聚力概念的这种快速限制一直伴随着它在勒温场论中的同样快速和彻底的放弃。

因而，保留下来的认识就是，个体的集合除非相互之间产生某种程度的吸引，否则就不能称其为一个群体；而且这种吸引越强烈，群体就越具有“凝聚力”。因此，群体行为的产生取决于人际吸引的情感动力，而吸引的决定因素又成为心理群体形成的前提。

群体凝聚力这种说法包含了关于社会群体的一种独特模型，即“社会凝聚力”（social cohesion）模型（Hogg，1985a；Turner，1982，1984）。这个模型把群体比作一个分子，人们就是其中的原子，彼此之间的原子能促成人际吸引（例如，Kellerman，1981；Raven & Rubin，1983，第 405 页）。这代表了社会科学中广泛的、详细论证的一种趋势。也就是采用物理学或生物学的比喻来作为社会过程的模型（参见 Kellerman，1981；Pepitone，1981）。社会凝聚力模型从人际吸引的“原子间”力量的出现，一直追踪到决定喜欢的多种因素（例如，实现共同目标的合作性相互依赖、态度的相似性、空间的接近性、共同命运，共同的威胁/共同的敌人、受到对方喜欢或赞赏、吸引人的人格特质、在完成群体任务上的成功等）：人们一般认为，通过某些直接或间接的“强化”过程或对个人需要的满足，喜欢便会产生吸引。一个人被“值得的”人所吸引或喜欢这种人是理所当然的。这里所谓“值得的”是指某种行为、态度、个人特质，它们满足了某种需要（欲望、动力、动机等）。于是可以说，人们聚在一起组成群体，无论有意还是无意，在某种程度上他们具有能够相互满足的需要。在这种意义上，他们彼此**依赖**。

因而，正如第二章所说明的，基本假设是人们彼此依赖（未必是排外的依赖）以满足他们一个或多个需要；而且从他们的联系中获得或期望获得满足。正因如此，他们会产生相互吸引的感觉，并因而形成了群体。在相互依赖是联系的关键这一点上，某些理论家要比其他理论家看得更为清楚。尽管如此，格式塔学派的假设——群体的“整体性”尽管可能是非常不同的部分（即成员），但它仍然反映了那些部分的相互依赖——还是获得了广泛的接受。理论家之间的差异主要集中在这些方面，包括相互依赖如何显明、所强调的是相互依赖的那些前提和方面以及人际吸引是否明确起到直接的作用。尽管某位研究者没有提到群体形成中人际吸引的重要性，而是强调人们之间的相互依赖和其他关系，但是他们对于相互依赖的作用的理解还是经常暗含着这种观点。为了证实这些观点，我们来简单回顾一下关于群体的一些重要观点。

一般来说，关于群体的理论可以划分为两大阵营——分别强调吸引的基础是明显的人与人之间的相互依赖（例如，Lewin，Sherif & Deutsch）；或者强调吸引的基础是人与人之间的相似性（例如，Festinger，1954）。勒温（1936，1948，1952）介绍了关于社会群体的一种有影响的定义，这一定义把社会群体看成是一群个体的集合，这些个体相互依赖，形成了一种动力系统：“群体的本质并不是其成员之间的相似或差异，而是他们的相互依赖。群体的特点在于它是一个‘动力的整体’”（1948，第 84 页）。凝聚力（作为在群体之内吸引的相互力量）也被看成是群体的基本属性（例如，1952，第 162 页），因而相互依赖和凝聚力会产生共变，而且这两方面都与需要满足有关：需要满足是相互依赖的动机，而且相互越依赖，需要满足就越大，群体凝聚力就越强。

谢里夫（1967，1969）认为，在追求共同目标——不可能由个体独自完成——的过程中，合作性相互依赖会形成明确的群体结构（即角色关系和共同的行为规范）。群体是从合作性相互依赖和客观社会结构的角度来定义的，而这正是群体区别于个体集合之处。然而，从心理上说，至关重要的过程是重复的积极的个体之间的互动：群体形成“从相互无关联的个体之间的互动到角色地位关系和规范的稳定化”（Sherif，1969，第132页）中继续下去。通过合作性互动而获得的相互需要满足把积极的效价渗透到群体成员中，因而使群体具有吸引力，并鼓励成员继续留在群体之中。谢里夫（1967）指出，群体形成不只是自发的个人友谊的产生，而且他还说明了由合作性互动发展而来的群体内吸引如何可以推翻这种友谊。不过，尽管如此，他的理论仍然建立在这种隐含的观点上，即个体成员之间相互吸引——群体因此产生凝聚——从他们通过个体间互动作出贡献的程度到自己目标的实现。

除了把重点放在目标而不是活动上之外，多伊奇（1949a，1973）的分析非常相似，其语言也直接来自勒温的场论。只能通过个体（“实体”）的合作来达成的目标是“促进性相互依赖”，而且“一个实体会获得正的效价……（变得富有吸引力）……如果这个实体是被视为与需求满足促进性联系在一起的话”（Deutsch，1949a，第138页）。也就是说，一个个体会“接受、喜欢或者回报”（第138页）另一位个体的行为——这一行为会促进性达成相互依赖的目标，而且这转而会扩大对这位行动者的喜欢（参见第146页）。很清楚，个体的促进性相互依赖会通过需要满足而产生他们之间的吸引。因此，也很清楚的是，人际吸引是群体作为心理实体的核心要素，因为心理群体由个体组成，这些个体“感到自己正在寻求促进性相互依赖的目标”。而且，它的凝聚力是由“所感到的目标所具有的促进性相互依赖的强度以及……所感到的相互依赖的程度”所决定的（第150页）。基本的思想是，人际吸引是造成群体归属的心理力量，它的出现可以追溯到相互需求满足，这种相互需求满足是通过合作而实现的，而合作则是为了促进性实现相互依赖的目标。

勒温研究相互依赖和人际吸引的方法具有模糊之处（谢里夫的方法也一样）。卡特赖特和赞德（1968）的观点充分反映了这一点。一方面，对于群体作为相互依赖的成员的动态系统的强调，强烈表明了存在着作为整体的群体的属性——例如凝聚力——这些是不能仅仅简化为人际关系的。但是，另一方面，这里包含了一个理论缺陷，即不能很好解释为什么群体吸引可以由任何过程产生，而不是归根结底以人际吸引来产生。因此，卡特赖特和赞德支持群体相互依赖论，他们对凝聚力作用的认识也很清楚，而且试图把这一倾向限制在用人际吸引来单独确定凝聚力上。但是，尽管有非常详细的处理方法，并没有明确的迹象表明他们提出了另外的过程。

社会交换取向（Homans，1961；Kelley & Thibaut，1978；Secord & Backman，1964；Thibaut & Kelley，1959）的特点是强调社会关系的代价/利益方面。它们把互动简化为回报和付出的交易；而且只是提出，互动以及由此而来的群体继续到了回报超过付出的程度。凝聚力被认为是群体的核心特性，其强弱“会随着归属于群体而体验到的回报的增大而增大”（Thibaut & Kelley，1959，第 114 页）。但是，因为采用的是对偶的分析单位，凝聚力实际上是建立在人际回报上的人际吸引。西科德和巴克曼（Secord & Backman，1964）也把凝聚力表明相互的人际吸引说得更为清楚。

仍然强调人际回报和付出，但是分析明确是以强化论（reinforcement theory）为基础来进行的是洛特夫妇的研究（Lott，1961；Lott & Lott，1961，1965）。调控目标达成或以其他方式回报的互动，会具有强化作用并因此产生人际吸引。因此，人们把凝聚力界定为“从群体成员中相互积极态度的数量和强度推断出的群体特性”（Lott，1961，第 279 页）。

人际相互依赖也是公平论（equity theory）的核心（Berkowitz & Walster，1976）。这一取向从个体之间“公平的”（也就是公平的、公正的等）相互依赖的角度来定义群体：对于不公正的知觉会产生修复的压力或相互依赖的终止——在这种情境下，群体实际上就解散了。该理论同样假定，公平的相互依赖产生人际吸引，这种吸引会起到产生群体凝聚力的作用。

与迄今为止讨论的方法不同，费斯廷格和海德（Heider）则提供了另一些理论范例。这些理论强调了人们之间态度和价值观的相似性在吸引和群体形成中所起的作用。费斯廷格的社会比较论（social comparison theory，1950，1954；Festinger et al.，1950；参见 Suls and Miller，1977）指出，人们与他人交往是为了确认他们的意见、态度和信念。如果我们不能获得检验或评价我们的信念、能力等的生理的、非社会的方法的话，我们就会借助于同相对相似的他人进行比较。与他人的一致——即他们与我们在态度等方面的相似——让我们对自己观点的正确性抱有信心，因而满足了我们的一个基本需求，即评价自己/知道自己是正确的。因为相似他人是有益的——因为他们满足了信息需要——我们因此为他们所吸引并与他们交往。这种观点已经成为人际吸引研究的基石（例如 Byrne，1971）。费斯廷格对此表述得非常清楚，我们是与其他个体进行比较，而不是与群体进行比较；而且相互的人际吸引反映了共同的态度，这是群体形成的基础［Schachter（1959）扩展了这一理论，包括了情绪］。

海德（1958）的理论建立在认知平衡的原理上，该原理假定在有机体内有在不同认知之间寻求平衡的需要。他提出，个体之间积极的情感关系（即喜欢他人）和积极的团体关系（在一起的感受、一体感、相互关联、与他人一致）往往相配。因而，人际吸引和处于同一群体之中是分不开的。海德的理论与其他学者有些不同，他把与相似他人的吸引看做是伴随着认知一致性的基本需要而来的；而且他暗示了群体成员身份不仅反映了人际吸引，而且也可能直接产生人际吸引。然而，纽科姆（Newcomb，1968）则与此相反。在应用认知平衡概念时，他指出，喜欢更可能导致积极的团体关系，而不是相反。

最后，社会影响论（social impact theory，Latanè，1981；Latanè

& Nida，1980）详细说明了在群体中决定对可能成员的影响——即增加服从、群体归属和凝聚力——的因素，并提出：（1）群体规模——身边存在的他人的数量越大，群体的影响就越大；（2）直接性——个体在时间和空间上与他人越接近，影响就越大；（3）来源的强度——群体特性及成员对可能成员具有吸引力。前两个因素似乎与社会互动有关；而后一个因素似乎与人际吸引有关。因而，这一理论似乎隐含地建立在关于群体的人际相互依赖模型上。

在本小节，我们已说明了人际吸引是如何作为有关社会群体的一系列表面不同的概念化的基础的。目前对于社会群体的定义（正如可以在大部分当代社会心理学教科书中所看到的）混合使用了上述这些理论的各种成分。本质上，群体是数量上比较少的个体面对面的集合，这些个体互相作用以完成某项任务或实现共同目标。成员们彼此喜欢，而且具有互相尊重的角色关系，这种角色关系来自于群体内的结构区分——它是在实现群体目标的过程中发展出来的。连续互动的结果是作为群体成员的身份意识。然而，群体心理形成的基本过程及群体凝聚力的程度还是人际吸引。

第三节　群体凝聚力：理论与经验的局限性

群体凝聚力概念的理论局限性来自于它所代表的理论类型。把被当作群体特性的东西简化为人际吸引过程、把群体形成的决定因素简化为人际关系的前提，这两者都削弱了群体凝聚力这一概念及群体本身独立的理论地位（对比一下 Albert，1953；Eisman，1959）。关于群内凝聚力（intragroup cohesiveness）的研究逐渐消失在对于不同现象的研究之中。此外，对于个体与群体之间关系的“分子”比喻的采用，以及把这种比喻具体化的倾向（例如，Kellerman，1981），这两者往往都模糊了这一点：即与分子内的原子不同的是，处于群体之内的人是可以在心理上把整体包含在他们自身之内的，也就是说，他们可以在认知上想象出群体，而且按照那种认知表征来行动（参见第一章）。

在斯坦纳（Steiner，1974）的呼吁中，他精确阐明了这一问题，即作为一个理论上独特实体的群体的消失："社会心理学中的群体到底发生了什么?"他后来又接着发问："被不停吹嘘的群体复兴到底发生了什么?"（同样参见 Smith & White，1983）这一问题的出现也可归结于卡特赖特（1979）、费斯廷格（1980）、佩皮通（Pepitone，1981）以及特里安迪斯（Triandis，1977）的实用的和意识形态方面的考虑。社会学取向的社会心理学家（例如，Heine，1971）对于这种说法深表怀疑，即实验社会心理学已经把社会群体的复杂性、多样性及历史重要性简化为个人之间的彼此喜欢。对此，我们无须惊讶。

为了记住这一元理论批评，我们可以在这里列举一些更具体的理论缺陷。如果坚持"分子"模型的话，那我们就必然会采用社会测量法作为首选方法（Moreno，1934），以找出群体中谁喜欢谁，并最终达到作为整体的群体的凝聚力。这一方法有许多局限性（Golembiewski，1962），其中最有关的大概就在于它是单一维度的（A. I. Cohen，1981；Hare，1962），也就是说，它无法在性质上区分社会测量法是作为友谊的指标，还是作为群体成员之间相互吸引的指标（Hagstrom & Selvin，1965；Scott，1965）。我们也可以把同样的批评指向对于贝尔斯（Bales）的（1950）"互动过程分析"（interaction process analysis）方法——这一方法研究小群体中的沟通模式——的使用。"互动过程分析"这一方法强调的是由一个人指向另一个人的沟通的**数量**——这种沟通是从类别的角度进行的，而这些类别又是建立在任务管理功能和社会—情绪反应的效价的基础之上的——但是它并不能对群内关系和人际关系做出任何质性的区分。

第二个问题是，我们不能给凝聚力选择一个唯一的概念定义以使其可操作化。正如费斯廷格及其同事最初所定义的，这一概念包含了许多不同的吸引的来源（直到群体的威信、它的任务、成员的特性，等等）；而且原则上，这一概念会有助于形成许多同样有效的操作化，而后来的研究并没有揭示出这些操作化之间存在显著的关联（Bovard，1951；Eisman，1959；Jackson，1959；Ramuz Nienhuis & Van Bergen，1960)。按照某个定义具有凝聚力的群体，在另一个定义上可能并不具有凝聚力。因为没有一个操作化定义可以涵盖群体凝聚力的所有方面，人际吸引最多成为一个不完整的或部分的解释（对比一下 Gross & Martin，1952)。

第三个是动力问题，或者说是群体形成的动机问题：为什么要加入某个群体？我们经常可以看到的观点是，加入某个群体的后果是“牺牲了个人自由”（例如，Gergen & Gergen，1981)。这一观点表明，群体压制了个体性（individuality)；而个体性要优越于群体行为、与群体行为对立而且发生于群体行为之前。如果真是这样的话，那人们为什么还要加入群体？正如我们所看到的，这个问题的答案通常是为了满足需要——从特定目标到假定的对于联系（Watson & Johnson，1972)、强化、认同（Knowles，1982）以及信息确认的基本驱力。这里，我们要提到的第一点是，这些需要本身表示的是人们获得群体成员身份的“理由”（reasons)（尽管没人怀疑它的有效性）而不是“起因”（causes)：它并没有直接说明心理群体形成的因果**过程**。正如前几节所讨论的，潜在的过程是人际吸引——它是把人们结合成一个群体的力量。

需要提到的第二点是，个体的需要、目的、目标、态度、信仰等，所有这些很大程度上都是从社会获得的认知建构。因此，尽管它们可能充分担当了归属的动机，这里很重要的一点是，我们必须考虑到，它们是由一个人的群体成员身份所决定的（例如，基督徒具有共同的信念，因为他们同为基督徒。同样，因为他们具有同样的信念，所以他们成了基督徒)。在强调像信念/态度的相似性或共同的目标这些因素作为群体形成的基础时，传统取向似乎通常乞求信仰、态度和目标等的来源问题，因而这些相似性的来源就处于首位了。只要群体成员身份（在最广泛的意义上）决定了人们之间的相似性，那么他们也决定了人与人之间的联系以及凝聚力的变化，而不只是纯粹个人动机和需要的影响。

第四个问题——也许是把凝聚力当作人际吸引所导致的最为严重的问题——就是群体规模。人们发展出凝聚力这一概念是为了讨论某种类型的群体，即数量上较小的面对面的任务导向的群体。因此，这是属于小群体动力学（small group dynamics）领域的问题。但是，尽管大多数研究者因而限定了这一概念的应用范围，还是有一些研究者不太谨慎，因此给人造成的印象就是，人际吸引是实验社会心理学对于群体——这些群体与规模无关——的解释。

在精确说明小群体动力学和凝聚力的因素上，只是根据成员的数量来定义群体也会造成一些严重的问题（对比一下 A. I. Cohen，1981）。例如，尽管确信 10 人以下是个小群体而 30 人以上是个大群体，但是肖（1976，1981）却仍然主张具有凝聚力的 25 人群体是个小群体，而一个没有凝聚力的 15 人群体不是个小群体。因此从“小”这个词里，我们应该读出“凝聚”的含义，但我们失去了对于社会凝聚力模型的适用范围的独立判断标准。

解决这一困境的明智方法就是要承认，个体之间相互的面对面互动（按照定义，这个现象不仅受到时间和空间的限制，同时也受到成员数量的限制）会引起或许唯一依赖于这些条件的行为；但与此同时，我们也要认识到，或许还有独立于这些特定环境的其他一些过程，这些过程也是产生独特的群体行为的原因。人际吸引或许在分析小群体现象时比较适当，但是作为对于大批观众、集群、国家，或任何群体——在这些群体中，所有成员之间产生人际吸引是不可能的——的一种解释，人际吸引显然是不充分的。

作为人际吸引的凝聚力只不过重新描述了群体内的人际关系，这些群体要小到足以允许产生人际互动，而不是真正产生群内现象。这一点可以从以下现象推论出来：即（在小群体范围内）增加群体规模会降低作为整体的群体的凝聚力。随着群体扩大，结构上的分割就开始出现了，亚群体和朋友圈子也随之产生，这尽管会使亚群体内部的凝聚力增强，但却减弱了群体整体或平均的凝聚力（Gerard & Hoyt，1974；Kinney，1953；Porter & Lawler，1968）。扩大群体规模导致了结构上的细分，而且按照推测凝聚力也会减弱。这是因为要在所有群体成员之间建立个人关系变得越来越困难了。

但是，按照拉塔纳（Latanè）的社会影响论（1981），群体规模的扩大也被认为会增大群体对于个人的影响，并加强了成员对于群体规范的遵守。因而，我们认为，在某些条件下，扩大群体规模会明显减弱凝聚力；但在其他条件下，扩大群体规模则会增加一致性。这里，决定性的因素可能在于，群体归属是否反映了面对面人际关系的频率和难易程度——他们可能在某些小群体中紧密联系在一起，但是他们不能做到彼此平等。

第五个困难同样源自于区分开小群体和大群体的努力。普通的区分是一方面在群体之间做出区分；另一方面在“类别”和“角色”之间做出区分。在这里，类别一般是指大范围的联系，例如国籍、性别，或宗教信仰；而角色一般是指个体在群体中的位置，例如领导、爱说闲话的人、爱开玩笑的人等。但是，人们也用角色来表示小群体在大范围群体（例如，性别、种族、阶层、教育程度）中的位置。这里的含义就是，通过参照（在理论上普遍不精确的参照）行为角色的概念，在具有面对面关系的个体的小的特别集合的功能上，小群体动力学对于大范围类别的成员身份和群际关系产生了冲击。因而，人们简化了社会凝聚力模型，把相当不同而且无法整合在一起的两套概念给歪曲了；而社会认同模型则会根据同一种认同过程的复杂性（例如，处于不同抽象水平的认同、随参照系而变化的认同、重叠或彼此交叉的认同，等等）来对行为进行解释。

尽管存在这些理论上的局限性，群体凝聚力这个概念还是相对完好无损地保存了下来——无疑，这是因为这个概念大体上被证明有用的。在群体成员身份的影响和归属这一意义上，为了总结所假定的人际吸引（例如，Lott & Lott，1965）和群体“凝聚力”之间的经验性关系，我们需要一些术语。有证据表明，一般来说，小群体当中个体之间的吸引会增加他们的生产力（Schachter et al.，1951）和绩效（Goodacre，1951）、增加对于群体规范的遵守（Festinger et al.，1950）、提高士气和工作满意度（Exline，1957；Gross，1954）、有利于群体内的沟通、加固群际障碍（Knowles & Brickner，1981）、减少群体内的敌意并把这种敌意指向外群体（Pepitone & Reichling，1955），并提高了安全感和自尊。

然而，仍旧存在不少经验上的证据，表明人际吸引及它的前提与群体的“凝聚力”之间并没有人们所期待的关系。例如，如果人与人之间的接近和互动越过了情感表达的群际边界（emotionally charged intergroup boundary），那么它们也许并不会增加凝聚力（Grundlach，1956）。在被迫交往（forced affiliation）的情境下，这就更不用说了（Festinger，1953）。当态度相似性越过明显的内群体—外群体区分而发生时，它可能会引起反感和漠视，而不是通常的吸引（Byrne & Wong，1962；Brown & Turner，1981）；而且它只可能在共同类别的成员身份的范围之内引起吸引（Kandel，1978；Turner，1982；对比一下 Allen & Wilder，1975）。此外，索尔（Sole）等人（1975）也发现，只有当与他人的相似性强烈到足以产生共同类别的成员身份时，利他性助人（altruistic helping）才会出现；利他性助人并不是因为产生了对对方的喜欢的功能。研究也发现，即使是人们之间的合作关系和行为，如果是发生在不能减弱现存的内群体—外群体区分的显著性的情境下的话，那么它们也不足以产生社会凝聚力（Brewer & Silver，1978；Doise Csepeli，Dann，Gouge，Larsen & Ostell，1972，参见 Turner，1981b，一篇文献综述）。人际吸引论的一个基本预测是，与单个群体成员的到场相联系的奖赏（例如，群体的成功、群际竞争的胜利）应该会增加“群体性”（groupness）的程度。但是，实际上，有大量资料表明，情况实际上并不是这样。例如，群体的失败有时候反而会增强群体的凝聚力（Lott & Lott，1965；Turner et al.，1984）——这一结果与大多数历史事实符合。特纳等人（1984）的研究表明，在某些条件下，失败和挫折也可以增强群体凝聚力，即使成员是根据他们的群体成员身份从内部来来解释这些结果。在回顾有关群际合作和竞争对于社会态度的影响的资料时，特纳（1981b）和沃切尔（Worchel，1985）得出这样的结论，即这些变量可能并不是通过直接影响人际关系和情感而起这么大的作用的（例如，正如 Sherifs 的夏令营研究当中所假定的那样）；它们可能是通过定义或重新定义群体之间的认知边界才起这么大的作用的（同样参见 Brewer，1979）。最后，在第二章已讨论的资料表明，社会归类本身就会足以引起群体行为；而人际吸引（以及通常的人际关系和有吸引力的个人特征）并不会必然产生群体凝聚力。

这些不一致的资料以及社会归类研究，所有都特别有力地表明，在群体归属和凝聚力的发展过程中，起到重要作用的是自我归类的社会—认知过程和社会认同过程，而不是积极的人际态度和个体之间的情感关系。然而，传统的最简群体实验确实没有直接涉及这一问题。在本章下面的内容中，我们会简单总结一下自我归类分析对于群体凝聚力概念的主要意义；同时描述一系列最初的经验性研究。

第四节　群体形成的自我归类分析与凝聚力

自我归类分析主要以认知的术语把社会群体重新概念化为“个体的集合，这些个体认识到自己是同一社会类别的成员”（Tajfel & Turner，1986，第 15 页），这些个体从社会类别的角度定义、描述和评价自己，而且把内群体的行为规范应用于自己身上。群体在个体成员的心目中从认知上表现出来，并在这个意义上作为社会认同过程而存在。

人们把自我归类的过程描述为包括自我的社会归类（通常伴随着某些文化上的常规标签，比如“黑人/白人”）的形成和内化，以及作为产生群体行为的社会认同的功能。正如对于物理对象以及其他人的归类在一些被认为与归类有关的维度上会导致对类别内相似性和类别间差异性的知觉加强一样（Doise，1978；Eiser & Stroebe，1972；Tajfel，1981a），对于自我的归类也具有这种效应：自我会被他人根据内群体刻板印象（ingroup stereotype）来知觉，而这种刻板印象可以被看成是根据可评价的地位、声望、情感体验、需要、目标、行为和态度规范以及人格或行为特质来操作的（Turner，1982）。因此，自我归类导致了刻板自我知觉及去个性化，以及对内群体规范行为的坚持和表达。

在第三章，我们已经解释了去个人化是如何产生内群体凝聚力的——在群体成员之间相互吸引的意义上。共同的内群体—外群体归类的显著增加了内群体成员之间相互感到的认同，以及他们感到的与外群成员的差异性。这种根据积极评价的内群体类别（这里有一个假定，即自我类别一般来说——但不总是——积极的）而相互感到的相似性导致了内群体成员之间相互积极的评价，以及同时不喜欢评价较低的外群体成员的倾向。去个人化把积极的自我情感扩展到内群体自我类别中其他模式化上相同的成员身上。

内群成员之间的这种吸引形式表示，严格意义上的凝聚力是**群内**吸引而不是**人际**吸引（参见 Hogg & Abrams，写本书时该书正在准备出版）。自我归类分析的要点是，内群体凝聚力是与人际吸引相区别的不同现象，正如一般来说群体行为是与人际关系相区别的不同现象一样。后者反映了在凸显个人认同而非社会认同的条件下，根据他人特有的特征及个体差异而对他人的反应。

因此，社会认同模型与社会凝聚力模型根本不同。它主张（1）群体形成的过程不能简化为凝聚力的发展，但是包含了明显的社会认同过程；（2）社会吸引有不同的形式，特别是人际喜好不同于群体凝聚力；（3）群体凝聚力是群体成员身份和社会认同的一种新兴属性，也就是说它实际上是内群体认同的结果而不是基础。不过，很多假定的人际吸引的经验性先决条件（例如，接近、相似性、共同命运）仍旧被看做在群体形成中具有重要作用，但是，它们已被重新解释为导致了类别形成或提高了某些内群体类别的清晰性和显著性。

为了总结这一节的内容，这里需要强调的是，社会认同论不只解释了社会归类本身在群体形成和凝聚力上的作用，而且还避开了上面所列举的社会凝聚力模型的许多理论限制，例如群体规模的问题。在这一问题上，这两种取向可以形成明显对照。

社会凝聚力模型宣称，当个体的集合（他们在数量上必须要少，而且要参加相互的互动）到达了表现一批群体行为——例如，协调互动、遵守规范、相互吸引等——的程度时，它就变成了群体。群体边界是由空间上在一起的那些个体建立起来的，而与群体行为的形式相悖的那些特定内容则是由成员相应的特定属性来决定的。大型的、适合于类别的行为——也就是说，发源于“群体”的行为内容，其边界完全不同于特定的小群体——一般被标定为“角色”行为并被排除在凝聚力表达之外，或被看成由于人际态度的相似性而产生的喜欢的原因。群体形成的心理过程——个体成员心理上变得“依附于”群体的过程——是由个体和其他群体成员之间相互吸引的联系纽带的发展而产生的：成员之间的吸引、凝聚力和群体在理论上是一致的。

在社会认同论看来，当个体的集合——对人数并没有任何理论上的限制——到达了从共同内群体类别的角度行动的程度时，它就变成了群体。根据那些参与者特别表现出来的共同特性以及这一集合体独特的存在目的，我们可以确定行为的内容；但是行为的内容同样可以由比特别表现出来的集合体的人数多得多的人群特性来决定，例如，由社会所确定的种族或性别的特性。因此，同一房间里的五个人，如果是根据他们所共有的大型类别的成员身份（例如种族、性别或宗教信仰）来行动的话，那么在这种情境下他们就构成了一个群体。正如根据这一五人的特殊集合（朋友圈子、实验中的决策小组，等等）所具有的规范和明确的特征而构成一个群体一样。根据相关类别，人们在自我归类的基础上形成了心理群体（不管是小的、特别的、面对面的、短时存在的实验群体；还是大的、分布广的、由文化而产生的社会类别）。群体凝聚力是个体之间的吸引，它受到人们在群体中共同成员身份的调控。群体凝聚力是群体形成程度的征兆；在理论上，它是与基于不同个体特质的喜欢不同的过程。在对于自我和他人的知觉当中，群体凝聚力反映了包含范围更广的参照系，它也反映了在自我归类的更高抽象水平上增加的显著性。

第五节　社会认同和吸引：经验研究

上面提到的自我归类论的第一个主要假设就是，心理群体形成与内群体成员之间的吸引之间是有根本差异的。在这里，心理群体形成是从内群体—外群体区分的角度而被概念化为一个自我归类的过程。以下报告的第一项研究就是为了检验这一观点。为了决定对于群体行为的效应，该研究独立操控被试的社会归类和社会吸引。这里有一些来自最简群体范式的相关数据，但是这些研究并不能直接改变吸引；它们是从其他变量推断吸引的。

特纳等人（1983）使用最简群体范式（大体上基于 Billig & Tajfel 的设计，1973）来用实验方法比较在产生群体行为时，社会归类本身与人际吸引的效应——当被试在分配点数时所使用的分配策略（尤其是内群体偏私和群际歧视）受到监控时。这里的假设是，群体行为及因此而来的内隐的群体形成，主要是归类的作用，而不是吸引的作用。

被试（80 名学生，年龄在 15 岁到 18 岁之间）被告知这个实验是关于决策的。他们首先完成一项“人际偏好”任务，该任务包括连续观看 10 对不同的照片，这些照片拍摄的是其他与他们一样参加实验的学生。被试要私下里从每对照片中选出一张他们偏好的人。

实验共有四个单独的部分。被试被告知，在接下来的实验（非归类的情境）中，他们已被分派了 40 到 49 或 50 到 59 的个人编号——在这个情境中，匿名是至关重要的——或被告知，在接下来的实验（归类的情境）中，他们要被分成两个不同的群体，“A”组或者“B”组（相应的编号是，A 组是从 40 到 49；B 组是从 50 到 59）。在这两种处理中，各有一半的被试被告知他们的编号（或群体成员身份）是由掷硬币的方式随机选出的（随机情境）。另一半被试则被告知他们的编号（或群体成员身份）是由人际偏好任务的信息所决定的。比如，编号在 40～49（或归类情境中的群体 A）的学生是“大体来说你所喜欢的人”；而编号在 50～59（或归类情境中的群体 B）的那些学生是“剩下的那些人”（标准或情感情境，在这种情境下，编号或群体成员身份的分配表面上是按照情感标准来划分的）——出于伦理原因，那些“不受人喜欢的人”没有明确标注。因此在这个实验中，自变量是被试的编号（40～49 对应 50～59）、编号分配的标准（随机对应情感）以及在此基础上的归类与否（非归类对应明确被归类为A组和B组）。在全部实验设计中，被试都会受到操纵，每10名被试随机分派到这8种情境当中。

被试的主要任务是为不同配对的匿名个体（其中一个的编号总是与被试的相同，即在40～49或50～59内；而另一个总是不同）在一系列分配“矩阵”中分配点数。这种矩阵与比利希（Billig）和泰弗尔（1973）以及大多数最简群体研究当中使用过的完全相同。每个矩阵中有13对盒子，其中含有一定量的点数，被试需要做的就是圈出一个来代表他/她的选择。把矩阵加总起来，就表示出被试所使用的特定分配策略；把个人彼此之间有关联或不关联作为这些策略的“拉动力”来测量。在这项研究中，这些策略主要包括四种。它们分别是公平（fairness，F）；寻求接受者的“最大共同利益”（maximum joint profit）而不管谁得到最多（MJP）；寻求“最大内群体利益”（maximum ingroup profit）或给予自己编号相同的那个人的点数最大（MIP），以及使两个接受者所得点数之间的差异最大，以便让与自己编号相同的那个人获利最大（MD）。研究假设，偏爱自己的群体/相似他人（MIP和MD）的内群体偏私或区别是群体形成的可靠而又典型的表示。特纳（1978）以及特纳等人（1979）更详细地描述了这些矩阵和策略。

在点数分配任务之后，被试完成了一份简单的问卷。问卷结果表明，他们没有意识到研究的真实意图，而且实验的操作是有效的：被试在归类的情境下要比非归类的情境下更加意识到自己的群体成员身份；在情感情境下，比起50～59组，40～49组的人更多受到人际吸引的影响（而在随机情境中二者则无差异）。而且，正如实验前预料的，研究发现，被试在点数分配任务上的反应反映了两种相对没有关联的显著社会取向，即对于内群体/相似他人的偏好和对于外群体/不相似他人的歧视，以及合作和公平。其中前面的倾向（对内群体形成的测量）是描述被试反应的差异的主要维度。

社会凝聚力模型预期，被试会偏好有吸引力的他人，也就是说，在情感情境下，编号是40～49的人会偏好相似的他人；而编号是50～59的那些人会偏好不相似的他人（与归类变量无关）。在随机情境中偏好应该没有差异，因为编号并不表示人们的偏好。因而，根据人们自己的编号而定的群体形成应该只发生于认为自己公认有吸引力的那些被试当中。自我归类论也预测，非归类但有吸引力的被试也会表现为一个群体：按照这一理论（参见第三章），个人会倾向于假定自己喜欢的是与自己相似的那些人，自己与他们持有同样的类别成员身份（这是喜欢的基础）。争论之处还在于，因为人们一般倾向于把自己定义为受人喜欢的人，他们认为比起没有吸引力的被试来说，自己与被描述为有吸引力的被试更相像，这是合情合理的。但是，自我归类分析与之不同的预测在于，一旦明确划分成内群体和外群体，被试就会更加偏爱他们自己社会类别中的成员，即便这种归类与个人偏好明显无关（随机/归类的情境）；或者把被试与没有吸引力的个体分为同一组（情感/归类/50～59组的情境）。因此，就导致了对共同类别成员身份的知觉来说，社会吸引就是群体形成的充分基础；但是，就算不存在成员之间的吸引，明确的归类依然是群体形成的充分基础。

总结这些结果，分析表明：

1. 在明确随机分派的基础上（随机/非归类的控制情境），人际的相似性和差异性（从编号的角度）没有产生多少对相似他人的偏爱，或者说没有区别。

2. 不论是受人喜欢的（40～49组）还是不受人喜欢的（50～59组）的两组非归类个体（情感/非归类的情境）都偏好具有吸引力的他人（即编号在40～49组的接受者）。

3. 不论是以什么作为基础的社会归类——是与有吸引力的他人，没有吸引力的他人，还是偶然选择的他人——相比非归类（非归类的情境），（归类的情境）都会增加对相似他人的偏好。

4. 不受人喜欢的群体的成员（情感/归类/50～59组的情境）表现出了与受人喜欢的群体的成员（情感/归类/40～49组的情境）一样多的内群体偏私；而且这两组成员比随机组成的群体（随机/归类的情境）表现出更多的区别对待。

因此，在非归类的情境下，这些结果与社会凝聚论和社会认同论这两者都吻合——没有明确归类的社会吸引导致了群体形成——但是，在归类的情境下，只有社会认同论与这些结果吻合——除了和有吸引力的个体分类在一起之外，和没有吸引力的个体也分类在一起，以及与人际偏好无关的方式，这些都会导致群体形成。有趣的是，人们对于积极群体的认同并不比消极群体高。更为惊人的是，不论不受喜欢的、非归类的个体有多偏爱受喜欢的他人，但是一旦他们被归类为不受喜欢的群体，他们就会与受喜欢的群体成员一样表现出同样的内群体偏私。人们可以认同消极区分的群体。这一明显的事实表明，在把自己实际上确定为某个群体成员（这可能是个客观的且无法回避的认识）与想要成为某个群体成员之间作一下区别，这一点可能是有用的：人们有时可能会认同自己宁愿不是其中成员的某些群体。我们可以做出假定，或许可能与这个实验一致的是，这些群体的成员会具有强烈的动机来重新评价他们的类别，以寻求积极的社会认同。

这里，我们要详细介绍的第二个实验（Hogg & Turner，1985a）。这一实验的目的同样是为了搞清楚社会归类和社会吸引在群体形成当中的作用。在上一项研究当中，研究者把处于情感情境下的被试确定为大家**一致达成共识的**有吸引力的人或无吸引力的人。因而，除了操纵群内态度外，研究者也操纵了群际态度。例如，50～59 组的被试不仅知道他们应该倾向于讨厌彼此，还知道他们应该喜欢 40～49 组的人。在接下来的研究当中，研究者试图在不受群际关系影响的人们之间引起相互喜好或不喜欢。他们采取了这样一种方式，这种方式并不去暗示受喜欢的和不受喜欢的人的共同特征，因为这可能会成为归类的内在基础（然而，在后者这方面，这几乎肯定不会成功的）。在实验中，研究者也采用了一系列更为全面的方法来测量群体形成。

在实验当中，72 名大学生被随机分配到六种情境下。这 6 种实验情境是按照两个自变量的操作来划分的。这两个自变量分别是社会归类的类型（非归类的情境、随机的归类情境、标准的归类情境）与社会吸引的类型（喜欢与自己个人编号相似的他人、不喜欢与自己个人编号相似的他人）。研究者告诉被试，实验是用来研究人格和决策的；研究者也告诉被试，在整个实验过程中，他们都会用个人编号来加以识别。在非归类的情境当中，被试相信，自己的个人编号是根据他们在实验的前测阶段完成的一份冗长的"人格和友谊选择"问卷的结果来分配的。

实验的指导语是这样的："大体上来说，持有30～39编号的任何人很可能会喜欢（好相处）持有30～39编号的任何其他人；只要有机会，他们就可能和这些人成为好朋友。而大体上来说，持有40～49编号的任何人很可能会不喜欢（不好相处）持有40～49编号的任何其他人；他们不可能和这些人成为朋友。"在这里，研究者并没有给出其他信息。因为考虑到持有30～39编号的人与持有40～49编号的人之间的情感关系，他们也强调在这里不做出任何假定。

在随机的归类情境下，研究者告诉被试，通过掷硬币他们被分成了两个群体（个人编号为30～39的人分入X群体；个人编号为40～49的人分入Y群体）。但是，在实验的前测部分，信息顺带表明，处于X群体的成员往往会彼此喜欢，而处于Y群体的成员则相反，往往会相互讨厌对方。在标准的归类情境下，研究者强调，人际喜欢或不喜欢是被分配到X群体或Y群体的明确标准，也就是说，倾向于相互喜欢的那些人会明确被分配到一起，从而组成X群体；而倾向于相互不喜欢的那些人则会被分配到一起，从而组成Y群体。

与上一项研究中一样，被试要完成相同的矩阵，分配点数给编号30～39和40～49的人。接下来，他们还要填写一份问卷，其中包含了大量有关"行为意向"（例如，合作、利他）、"情感反应"（例如，喜欢、信任）的项目，以及对于自我和他人的感知和评价（例如，自尊、相似性）。研究者分析了被试对于这些项目的反应与他们的点数分配策略之间的相关系数，结果显示了一个明显的行为维度，这个维度可以肯定被归因为对与自己具有相似编号的他人的内群体认同程度。因此，这样共变的行为包括了内群体偏私/群际区别、对相似性的知觉、受到内群体成员的吸引以及与内群体成员合作的意向、不喜欢外群体成员、对与外群体成员不相似的知觉以及与外群体成员的竞争意向。

因此，被试要面对他们应该相互喜欢或相互不喜欢的人。他们要么没有被归类为群体、要么被随机归类为群体、要么按照他们相互喜欢或不喜欢被明确归类为群体。再有，社会凝聚力模型预测，被试只是认同（正如上面反应维度所操作化的那样）他们喜欢的人；归类在此并没有起作用。社会认同模型则预期，人们之间共同的相互吸引会产生相互似的假定以及共同的类别成员身份，因而也同样预测了喜欢情境下的群体形成。但是，这个模型同时也预测了社会归类的作用。

事实上，在认同/群体归属维度上获得的主要结果是自变量之间交互作用的结果：在非归类的情境下，被试更加认同他们喜欢的人而不是不喜欢的人；在标准归类的情境下，这一结果更为突出；但是在随机归类的情境下，结果却往往**相反**（也就是说，随机归类的被试并不是偏向他们喜欢的人超过他们不喜欢的他人；实际上，在某些测量标准下，他们更加认同自己不喜欢的人而不是喜欢的人）。因而，也许毫不令人惊讶的是，对于类别内部相互喜欢和不喜欢的操作会比变化的一致程度产生更大的影响，甚至当不受喜欢的人也可能仍然具有某种程度的相应的内群体吸引力时。这些数据最重要的特征在于，它们开始说明了人际吸引和群内吸引之间的区别。在标准的归类情境下，人们对于喜欢的人和不喜欢的人的反应都得到了**增强**——既朝向更大的接受，也朝向更大的拒绝——这一事实暗示了一个归类—去个性化的过程：他人是根据整个类别的特征、好或坏来做出反应的，因而这里存在着对于类别的积极性（positivity）和消极性（negativity）的刻板化加强（stereotypical accentuation）。相比于简单的相互喜欢或不喜欢，标准归类的**额外**作用显然是类别成员身份的确定性特征的功能，因而也不能简化为人际态度。另一方面，随机归类的被试不但在相互不喜欢的情境下表现得像群体成员那样——因为他们知道，相对于共同的类别成员身份来说，他们的情感关系是次要的——而且他们独自的或者说无关联的相互不喜欢似乎都会促使他们产生**更为强烈**的群体归属（似乎是为此做出补偿一样）。因而，在对自己进行归类的基础上——他们知道，这种归类与他们的个人友谊倾向和不喜欢倾向并不一致——这些被试似乎可以很好地进行表现和感受。

剩下的问题就是，作为标准归类的功能，对于不受喜欢的人的增加的拒绝的这一发现，是否暗示着，说到底吸引还是群体形成的必要条件？这种推论是与随机归类情境的结果相矛盾的。另一种可能的解释一定与特纳、萨契戴夫（Sachdev）以及霍格的研究中所做出的区分有关。他们这项研究区分了内群体认同——在接受某些自我确定的社会类别并以此来行动这一意义上——和对某些群体的积极评价或想要成为某些群体的一员的愿望。这些被试似乎正拒绝他们的群体成员身份，声称他们并不属于这个群体。但不合逻辑的是，正是他们强力的拒绝表示了他们正在按照强加的内群体成员身份来行动，并由此产生了更为强烈的相互不喜欢。因而，在这里记住两件事情或许是合理的：第一，在这种情境下所产生的群内吸引与认同之间的人为敌对状态（这并不是说，实际生活中并没有提供类似的实例）表明，他们的行为之下潜藏着某种认同冲突，而不是简单地接受或不接受这种群体成员身份。第二，这些冲突能够产生的事实证实了，在概念上区分开自我归类和社会吸引还是有用的。

第三项研究（Hogg & Turner，1985b）更加系统化地检查了人际吸引和群内吸引之间的区别。该研究试图检验这一观点，即只有在与某些共同特征、某些相互相似性——这些可以作为内群体—外群体归类的基础——联系在一起或有所暗示的情况下，社会吸引才成为产生群体行为的充分条件。当他人拥有积极的但很个别的独特特质，即只是**本身**具有吸引力但并不具有任何明显的共同特质时，群体归属也并不会明显。

在一项完备的析因试验设计（factorial design）中，该研究共操作了三个自变量——被试以内隐或外显的归类分入群体、个人对他人的喜欢或不喜欢、对于内群体—外群体成员共同的积极的或消极的区分——这样就一共形成了八种实验条件。研究采用了一种最简群体范式，并告知被试，他们所参加的是关于对他人印象的形成和认知储存的研究。72名年龄在16到17岁之间的学生被随机分派到各个实验条件当中。他们要么是通过分配20～29或30～39的编号被暗中归类到各个群体当中（非归类的情境）；要么是通过群体标签和与群体成员身份一致的编号的方式被明确分入到各个群体（归类的情境）中。之后，被试要花一些时间学习一本小册子。这本小册子依据三种人格特质的结合——表面上是从被试对前一周所填写的人格问卷的回答中获得的——描述了 4 名其他内群体成员和 5 名外群体成员。通过学习这本小册子，被试就可以形成对于内群体成员和外群体成员的印象了。这些人格描述都是研究者精心建构出来的，用以操作其他两个自变量：内群体成员和外群体成员都是根据独特的特质的结合来描述的，要么是一个不受喜欢的特质和两个受喜欢特质的结合（个人喜欢的情境），要么是一个受喜欢特质和两个不受喜欢特质的结合（个人不喜欢的情境）。同时，要么是内群体成员共有某个积极特质而外群体成员共有某个消极特质；要么就是相反。在这种情况下，根据群体内部共有的某些特质，内群体和外群体各自既在积极的方面有所不同，同时也在消极的方面有所不同。因而，人们就可以在内群体与外群体之间分别做出积极的区分或消极的区分（内群体情境下刻板化和去个性化的积极独特性或消极独特性）。

接下来，正如之前一样，被试完成了最简群体的点数分配任务。然后，被试又填写了一份问卷，该问卷评估与群体有关的行为（对内群体与外群体总体上的相似性、喜欢和偏好的评估）、人际行为（对内群体和外群体进行相同的评估，但针对所选的个人特征）和自尊。这两种评估反映了对群体行为和人际行为之间的区别进行操作化的尝试（在后面的分析中，我们会发现，这种尝试基本上是成功的）——内群体偏私、群体评估和偏好代表了前者（群体行为）；而公平、人际评估和偏好则代表了后者（人际行为）。研究预测，当明确归类的内群体与外群体形成积极的区分，而且这种区分并不受成员的个人吸引力的影响时，群体形成或与群体有关的行为就会首先发生。相对来说，与群体有关的行为在决定人际态度上要更为重要。

实验结果大体支持了这些预测。有证据表明，实验成功操作了自变量。在其他结果中，研究也发现，当面对内群体当中具有积极特性的其他人时，明确被归类的被试往往会表现出偏好内群体的不同群际行为；而个人受喜爱变量往往会影响人际态度而不是群际态度。也就是说，不论被试的群体成员身份如何，他们对受喜欢的他人往往会表现出积极的倾向，但这对于他们的群体行为没有任何影响。这些结果与群体形成只不过是人际吸引的观点不相吻合：该观点只预测了对于个人受喜好程度的效果。受喜好程度的获得效果只在人际测量中才会出现。这一事实强调了如下的观点，即有关群体凝聚力的人际吸引说往往只是重新描述了人际行为，但它却没有涉及关系——这些关系是由于群体成员身份而得以形成的——在性质上有所不同的方面。这些结果支持了这种观点，即人们之间自我确定的认知元对比决定了群体形成。这种元对比要么是以明确指定的类别成员身份的形式出现；要么是以内隐的类别信息——这些类别信息往往包含在非常刻板化的相似性和差异性当中——的形式出现。在这种情况下，重要的是要认识到，内群体成员的积极独特性——正如这里所操作化的——确实不会影响到成员的整体吸引力，它只是指那种吸引力的某个元素是否会在群体之内所共享，以及群体之间是否具有差异（也就是说，它表明了，在符合自尊的方向上，某个特质是否会与高的元对比率联系在一起）。

到目前为止，我们所报告的这些研究都在寻求论证，社会归类可以独立于社会吸引而产生群体行为。也就是说，群体形成也可以和无吸引力的他人或随机分配的他人一起表现出来。上面描述的后一项研究更加直接地探讨了自我刻板化和去个性化的过程。人们假设，通过这个过程，自我归类会产生出集体行为和群体内的凝聚力。因此，这就与这种预测有了关联，即凝聚力是群体形成的结果而不是原因。

霍格和特纳（1985c）独立操控了被试的性别变量以及性别类别的情境显著性（低显著性或高显著性）。他们假设，如果性别类别的情境显著性高的话，人们就会根据共同的性别类别成员身份把特殊的个人行为（也就是说，行为的个体差异）转换成单一的集体行为。而且，从适合于有关人群的性别关系的性质当中，以及在特定的实验情景当中，人们都可以预测出这一行为的特定形式和内容。

为了进行无组织的和自发的竞争性人际（同一性别内）或**群际**（不同性别之间）辩论，研究者把被试（74 名男性大学生和 66 名女性大学生）分配到单一性别的两人小组当中（性别类别成员身份的显著性低），或是两男两女的四人混合性别的群体当中（性别类别成员身份的显著性高）。在低显著性情境的两人小组当中，实验呈现的内容涉及辩论风格的个体差异，每组成员都持有对立的观点。在高显著性情境当中，实验呈现的内容涉及辩论风格的性别差异，每个群体的辩论题目当中都有性别内的一致和性别间的不一致。在低显著性情境当中，性别从未被提及；但在高显著性情境当中，性别则不断被提到。因此，通过明确提到类别成员身份、把被试当作他们性别的代表、在前者当中引起强烈的群际元对比（把性别之间的高差异与性别内部的低差异相比）并在后者当中引起强烈的人际元对比（把人们之间和性别内部的高差异与性别内部的低差异相比），性别分类成员身份在群体当中就要比在两人小组当中变得更为显著。从理论上看，这种操作显著性的程序是与第三章中的假设 6（第六章提供了更为细致的分析）相一致的；从经验上看，这一程序也是以前面的研究作为基础的（例如，Doise & Sinclair，1973；Van Knippenberg，Pruyn & Wilke，1982）。

在实际上进行了争论之后，被试完成了一份问卷。该问卷得出了被试在有关性别—刻板化维度（sex-stereotypical dimensions）——这些维度选自（以初步资料为基础）贝姆（Bem，1974）的性别角色调查表（sex-role inventory）——上的自我评估。根据性别（被试觉得他们在讨论当中表现得像典型男性或女性的程度）、自尊以及对对手的喜欢，问卷当中也有一些问题测量了自我定义。接下来就是一系列严格的最简群体点数分配矩阵。

在早先进行的前测部分当中，研究者诱导出了被试自己关于他们性别的**个别的、依具体情境而定的**（也就是说，在二人或群体辩论情境当中，他们认为自己性别的典型成员应该如何表现——这由实验情境来决定）刻板印象；研究者也获得了被试对这些维度的自我评估。在研究当中，研究者采用这些个人刻板维度来测量刻板印象；因而就被试自己对他们性别的个人刻板印象来说，研究者可以测量得到他们在自我评估上的变化（尽管分析也确定，他们也往往拥有一些固有的社会刻板印象）。

分析表明，显著性操纵具有预测效果。处于高显著性情境下的被试要比处于低显著性情境下的被试把自己更多定义为自己性别当中的典型成员；而且也往往更多地根据特质——他们个人认为，这些特质定义了自己的性别类别——来对自己进行刻板化。后一种发现非常有趣地随性别而变化：处于高显著性情境下的男性往往既在积极的项目上又在消极的项目上更多地刻板化自己，但他们在中性的项目上则较少地刻板化自己；但处于高显著性情境下的女性则往往是在积极的项目上和中性的项目上更多地刻板化自己，但她们在消极的项目上却较少地刻板化自己。在女性当中，显著性同样会产生内群体偏私和不喜欢异性性别；但是在男性当中，结果则正好相反。因此，男性似乎对自己抱有矛盾的看法，他们愿意表现出内群体偏爱；而女性则似乎依照传统表现出更多的种族中心主义和区别。显著性提高了男性的自尊但是却降低了女性的自尊。在这一事实中，我们或许可以发现有关这些结果模式的一条线索。这或许是因为，在我们的社会当中，在这种情境下把自己确定为一位男性会提供积极的社会认同，并因而降低了确认个体的积极独特性和差别的需要。然而，对于女性来说，情况则正好相反。无论如何，重要之处在于，性别类别成员身份的显著性影响了与相应的自我归类一致的自我知觉和自我评价；它也引起了行为和态度上的性别差异——而这些差异又可以归因于两方面，一是在社会当中群体之间真实的地位和的权力差异，一是个人对于这些群际关系的合理性和稳定性的主观信念（比较一下 Kramerae，1981；Tajfel & Turner，1985）。

性别类别成员身份的显著性实际上似乎改变了这些被试的讲话风格。这一事实进一步强调了这个结论的重要性。霍格（1985）提供了辩论的录音带摘录来给男性和女性判断，并由此得出结论，比起在两人小组当中，在群体中的男性和女性都采用了更为男性化的讲话风格。这一效应在女性讲话者当中表现得更为显著。这一发现也是与贾尔斯（1984）的言语调节论（speech accommodation theory）相一致的。这一理论从两个角度（群际背景；与情境中的社会认同有关的自我呈现动机的操作）解释了人们在面对面交流中言语风格的改变。

第六节 小 结

本章提出，对于社会心理学当中心理群体形成的主要处理取决于群体凝聚力的概念；而实际上，群体凝聚力几乎完全是指人际吸引，即个体之间偶然的吸引，而没有经过任何共同群体成员身份的调控。人们认为，这种吸引来自于他人满足自己需要的能力。这种观点已受到了批评，而对于群体凝聚力的自我归类分析则成为另一种可能的解释。自我归类分析提出，群体形成并不能简化为社会吸引——从根本上说，它是一种自我归类过程；人际吸引不同于群内吸引；从理论上说，群体凝聚力基本上是群体归属的表现而非起因。人们之间的社会吸引并不是群体形成的必要条件。但是，当与共同的社会认同知觉联系在一起、包含了这种知觉或往往引起了这种知觉时，这种社会吸引就可能成为群体形成的充分条件。

前面描述过的经验研究检查了吸引和认同之间的关系。前三项研究（Turner et al.，1983；Hogg & Turner，1985a，1985b）都表明，在成员之间缺乏吸引或者甚至成员之间相互不喜欢的情况下，社会归类都会成为群体形成的充分条件。前两项研究表明，如果没有进入到群体之内的明确归类，吸引同样引起产生群体行为。社会凝聚力模型可以解释后一个结果，但是无法解释前一个结果；而社会认同论在这两方面却都是一致的（有很多证据支持了这种论点，即人们往往把与自己相似的人描述为具有吸引力的人）。第三项研究证实，吸引在这方面的重要作用不只是与个人是否在个人方面受人喜欢或某种情感过程有关，而是与对共同的类别成员身份和特性的知觉有关。第二项研究和第三项研究都为产生对他人的评价性反应——这种反应建立在群体成员身份的基础上，不受作为个人的吸引力的影响——提供了依据。这些资料表明，人们可以采用另一种方法来总结吸引在群体形成当中的起因作用。这种方法提出，群内吸引或群体凝聚力——也就是说，不论是在经验上还是在操作上，吸引都是与认同意识不可分的——增强了群体归属；而个人独特的或不同的特性——不论多有吸引力——则削弱了群体归属。当然，这不仅是概念上的要点，也是经验上的要点。

最后一项研究（Hogg & Turner，1985c）表明，提高社会类别成员身份的显著性确实增加了自我刻板化和自我定义，产生了与那些类别在社会中的内容和意义相一致的态度和行为，并因此提供了对于去个性化过程——人们假设，这一过程是由群体成员身份而来的群体凝聚力的基础——的支持。

本章描述的这些研究的共同目的是从传统的群体凝聚力概念出发，理清楚自我归类论的理论和经验意义。正是出于这一原因，在实验层次上把对吸引的操作化和对认同的操作化对立起来是很有必要的。因而，我们不应该忘记的是，除了是关于群体形成的理论之外，自我归类论实际上也是关于吸引的一种理论。自我归类论基本上表明了，这两个过程（群体形成/吸引）是紧密相连的——事实上，从理论的角度来看，在某种意义上，为他人所吸引只是认同的评价方面而已。从这一角来度看，迄今为止的研究几乎没有提出任何可供验证的新假设出来。例如，既然可以对这些变量进行另一种概念化，我们就有必要重新检验关于喜欢的需求满足论的证据——人们默认接受了这些证据中的大多数。同样，因为社会参照系的变化改变了自我类别的抽象水平并修改了内群体成员的相对原型性（参见第三章、第四章和第七章），这些变化本身就预测了人们的情境吸引力的改变。这些改变会成为证据来反对这些广为接受的观点，即吸引力是一种人格特质或吸引力是人际过程的产物。这些参照系效应某些资料是一致的，但还是需要系统地加以论证。

第六章　社会类别的显著性*

第一节　引　言

本章讨论了一些情境和过程，这些情境和过程可以增加特定内群体—外群体归类的显著性。很明显，理解显著性的决定因素对于自我归类论的发展和启发式价值来说非常重要；但与此同时，这也并不是由该理论的产生而形成的新的研究课题。对于社会群体成员身份显著性的影响和决定因素的研究具有相当长的传统，至少可以一直追溯到1947年，当时费斯廷格在《人类关系》（*Human Relations*）这份杂志的创刊号上发表了关于宗教认同的显著性的一篇论文。因而，这个领域具有相当丰富的经验储备可以利用；但不幸的是，在理论上几乎没有进展。通过发展有关社会群体成员身份显著性的假设——这一假设在自我归类论的背景下整合了过去的研究，我们自己的工作致力于调整那种在理论上几乎没有进展状态。

这种情况使我们适合采用稍微不同的方法来研究显著性问题，而不

* 本章的作者是佩内洛普·奥克斯（Penelope J. Oakes）。

是采用已有的方法。自我归类论的核心假定是这样一种观点，即自我概念是随着抽象水平或相对包含度的变化而变化的。抽象的显著水平决定了自我知觉的内容，这转而又会决定社会行为的形式。这并不是说某些特殊的、不寻常的状况——这种状况使得人们的知觉和认知从对于人格和个人差异的惯常关注上转移开来，而开始关注作为群体行为基础的“其他一些东西”——占据了上风；而是社会知觉和认知在它们运作的抽象水平上表现出某种**普遍**的变化。因而，社会类别和群体成员身份的显著性就成为社会知觉当中的一个普通问题，与和个人知觉和印象形成相关联的那些问题相比毫无特殊性。因此，研究问题就相应地变成了“基本的”问题——是什么决定了社会知觉的显著水平？——而不是更为专门的问题，“是什么使社会群体成员身份变得显著？”——这一问题是在群体理论和研究的范围之内解决的。

因此，除了有关群体成员身份显著性研究的传统之外，理解显著性的决定因素的尝试也涉及了有关知觉（Bruner，1957）和社会知觉（Heider，1958）的理论，读者发现这一点不应该觉得奇怪。尤其是，这里所提出的显著性假设采用了布鲁纳（1957）的一篇经典论文当中的某些思想。这篇论文叫做“关于知觉准备”（On Perceptual Readiness），是关于知觉中归类的功能的。在发展那种假设时，我们开始意识到，在布鲁纳研究知觉的方法和海德（1958）有关归因过程的最初概念之间具有某些惊人的相似之处。在我们研究社会类别显著性的方法和归因理论家预测社会知觉内容的尝试之间存在着理论上和经验上的联系，而这种联系的发展就是由这种相似性所推动的。

我们首先简要概括有关社会群体成员身份显著性的累积研究，接下来描述布鲁纳的假设，并根据所回顾的研究，描述此假设在社会知觉当中社会类别的显著性方面的应用。然后，我们会发展出归因的视角，并描述我们自己的研究——我们设计这些研究是为了检验一般的显著性假设以及这一假设在归因方面的含义。

然而，在继续进行之前，我们有必要简要说明一下我们对于“显著性”这一术语的定义。关于“刺激显著性”（stimulus salience）有很多新的讨论（例如，Higgins & King，1980；Taylor & Fiske，1978），因此避免在此术语的不同用法之间可能出现的混淆是非常重要的。我们认为，显著的群体成员身份在心理上会起到这样的作用，即增加了一个人在那种群体中的成员身份对于知觉和行为的影响；以及/或者增加了另一个人作为群体成员的认同对于人们对他的印象以及因此产生的对他的行为的影响（例如，Brewer，1979，318～319 页；Hamilton，1979，第 59 页；Kramer & Brewer，1984；Turner，1982，第 36 页；Wilder & Shapiro，1984）。显著性这一术语并不是用来指刺激物的某些“吸引注意力”的特性（例如，Taylor & Fiske，1978）。在这种注意力优先（attentional prepotency）的意义上，刺激显著性可能会作为群体成员身份的心理显著性的先决条件而发挥作用（Taylor，Fiske，Etcoff & Ruderman，1978），但这是一个经验问题，而且保持这两种思想之间的区别是非常重要的。在本章，群体成员身份的显著性是指它目前的心理意义，而不是相关线索的知觉显著程度。

第二节　对以往有关社会群体成员身份显著性研究的总结

有关群体成员身份显著性的研究已经历了三个相当不同的阶段：20 世纪 40 年代晚期和 50 年代，人们在这方面已有了相当多的理论兴趣和研究活动；到了 20 世纪 60 年代和 70 年代早期，人们在这方面的理论兴趣明显下降，但研究活动仍零星地、相当独立地进行着；而从 20 世纪 70 年代一直到现在，人们在这方面又重新开始了理论上以及经验上与之相协调的努力。

早期在显著性问题上的兴趣反映了人们对于群体以及群体成员身份的关注，这种关注表现了社会心理学这门学科刚开始时的一些特征。认识到了群体在社会和心理这两方面的现实性之后，某些研究者强调，群体成员身份可能会对社会行为产生决定性影响；因而，他们对于显著性问题给予了更多的注意（例如，Festinger，1947；Hartley，1951；Lewin，1935；Newcomb，1951）。早期研究集中于宗教群体成员身份，并通过查特斯（Charters）和纽科姆（1952）所提出的有关群体成员身份的“清晰暗示”（vivid reminders）来操作显著性。通过像开放的和公开的群体认同这样一些程序，被试明确知道自己从属于某个特定群体；或者被告知他们正在作为群体的代表参与这项研究（Charters & Newcomb，1952；Festinger，1947；Kelley，1955；Lambert，Libman & Poser，1960）。因变量包括内群体偏爱以及对于内群体规范的服从。这些研究一方面提供了有力的证据，表明了显著性现象的有效性——随着被试群体成员身份意识的增加，他们的个人社会态度和行为确实发生了改变——同时这些研究还揭示出显著性现象的复杂性，因为即使相对强烈的显著性操作也不总会产生内群体偏爱以及对于内群体规范增加的服从；或者也可以这样说，那些效应不是这么简单就可以预测出来的。正如凯利（Kelley，1955，第 286 页）所提到的，“清晰暗示”的这些效应或许取决于与其他一些因素的互动，例如群体认同的强度或相关群体规范的特定内容。

在这一早期阶段集中于宗教群体成员身份当中有一个例外，就是布鲁纳和珀尔马特（Perlmutter，1957）的研究。他们的研究着眼于国家认同。研究验证了他们的假设，即社会归类在“比较的背景”下（也就是说，当两个或多个类别同时出现时，不是实际发生的就是象征性地）要比在不允许或不鼓励群际比较的情境下（同样参见 Bochner & Ohsako，1977；Bochner & Perks，1971；Doise，Deschamps & Meyer，1978；Wilder & Shapiro，1984）变得更加显著。从 20 世纪 60 年代和 70 年代早期积累下来的研究发现当中所得到的主要经验性归纳都建立在这一基础之上。几个不同方面的证据结合起来表明，群际比较所产生的对比越强烈，内群体认同往往就会变得越显著。另一种提出这种观点的方式就是，某种归类的相对“独立性和清晰性”（separateness and clarity）（Rosch，1978）——也就是说，人们觉得个人在类别之间不同的程度以及在类别之内相似的程度——确实是与它的显著性联系在一起的。不管独立性和清晰性的变化是逐渐的还是突然的，它们都会影响显著性。也就是说，它既作为“状态”变量起作用，又作为“特质”变量起作用。

支持这种归纳的证据来自于三种主要来源。第一种来源是有关群际竞争和合作对于内群体认同显著性的影响的研究。在竞争（或一般而言的敌对和冲突）和增加的显著性之间，以及合作和减少的显著性之间，这种看起来似是而非且通常是假定的关系就显得非常直截了当了。然而，实际的发现却是，竞争确实可靠地增加了显著性（例如，Myers，1962；Ryne & Kahn，1975），但是合作却并不总是降低了显著性。实际上，合作当中的内群体成员身份可以像竞争当中的外群体相遇一样显著（Brewer & Silver，1978；Doise et al.，1972；Rabbie & Wilkens，1971）。人们已经确定，竞争和合作可能提高或减少有关类别的独立性和清晰性的程度就是决定这些各种发现的一般机制（Brewer，1979；Dion，1979；Turner，1981b；Worchel，1979）。敌对或明确竞争的元素明显增加了这些类别的独立性，并因而可靠地增加了显著性；而只有当能够维持群际区别意识的其他因素不存在时，合作才会降低显著性。沃切尔的想象实验（Worchel，Andreoli & Folger，1977；Worchel，Axsom，Ferris，Samaha & Schweitzer，1978）清楚地说明了这一点。例如，在1978年的研究当中，四人小组参加了合作性的群际互动。其中要么参加的两个群体都穿实验室的白外套；要么一组穿白外套一组穿红外套。穿着相似性的一个主要效应表明，当两个群体都穿同样颜色的外套时，群际合作会产生更为强烈的群际吸引。也有一些交互效应表明，群体穿着不同会对群际吸引产生抑制作用。因而，群体之间明确的物理差异维持了类别的独立性和清晰性，减轻了合作的潜在效应。

独立性和清晰性对于显著性影响的第二种证据来自对于“集体”对“个体”群际相遇的研究。杜瓦斯（Doise）及其同事进行了几项研究，这些研究比较了两种不同的相遇。其中一种是，两个群体当中每个群体都有两名或多名成员相遇（“集体”相遇）；另外一种是，两个群体当中各只有一名代表相遇（“个体”相遇）。可靠的发现是，集体情境下的群体成员身份要比个体情境下更加显著（例如，Doise & Sinclair，1973；Doise & Weinberger，1973；同样参见 Dustin & Davis，1970；McKillip，DiMiceli & Leubke，1977）。杜瓦斯（1978）把这种个体相遇和集体相遇情境之间的差异解释为是与归类的认知作用联系在一起的“聚合效应”（convergence effect）（Tajfel，1959，1969b）的结果。在个体相遇时，类别界限变得模糊起来，因为两位参与者彼此聚合在一起。而在集体相遇时，聚合发生于群体内部，并强调了类别之间的差异。杜瓦斯进一步提出，在集体相遇的情境下，是对类别内相似性的知觉产生了群内聚合而不是群体之间的聚合。在个体相遇的情境下，所涉及的两位参与者可以以任何方式把他们自己看成是相同的或不同的；而在集体相遇的情境下，对于两个群体内共同身份的意识产生了作用，“使得归类过程瞄准了一些明显确定的维度，这些维度是与所代表的两种成员身份联系在一起的”（Doise，1978，199～201 页）。因此，为了增加群际区别，两个群体必须提供至少两名代表，显著性也就会由此产生（参见 Doise & Girourd，由 Doise 所报告，1978，199～201 页）。

第三种证据来自于几项研究。这些研究更为直接地涉及了独立性和清晰性与类别显著性之间的关系。把独立性和清晰性作为一个特质变量，巴斯和伯特尼（Buss & Portnoy，1967）发现，当在俄罗斯和美国之间进行比较时，美国被试的国家认同要比在加拿大和美国之间进行比较时更加显著。他们总结道“参照群体和比较群体之间的差别越大……个体作为参照群体一员的感觉就越强烈；更确切地说，群体认同就更加显著”（1967，第 108 页）。布朗（Brown）和特纳（1979）、汉斯莱和杜瓦尔（Hensley & Duval，1976）、克雷默和布鲁尔（1984）、索尔等人（1975）的研究，以及怀尔德（Wilder，1978，1981；Wilder & Thompson，1980）让人印象深刻的一系列研究指出，在某种归类的相对清晰性上的背景变化是与显著性的变化正向联系在一起的。怀尔德的一般假设是，群体成员的“个体化”可能模糊群体边界，并因而减少群体成员身份的显著性（例如，Wilder，1981，第 235 页）。在两个实验当中（1978），他将被试分入不同的群体，然后创造了一种情境。在这种情境当中，为了完成某项任务，被试需要从外群体那里获得额外的信息。外群体要么是完全合作，要么是完全不合作，要么是在这两种方式当中部分合作。在部分合作/群体的情境下，内群体从外群体的一半成员那里获得了帮助，这些外群体成员是作为一个整体来行动的。另一方面，在部分合作/个体的情境下，内群体同样从外群体的一半成员那里获得了帮助，但这些外群体成员是明确作为个体来行动的。主要的因变量测量尺度是在最简群体范式当中使用过的奖赏矩阵。正如所预测的，在完全不合作的情境下，被试最偏爱他们自己的群体；在完全合作的情境下，被试最不偏爱他们自己的群体。在这两种极端之间，在部分合作的**个体**的情境下，被试要比当部分帮助来自于次级**群体**时明显表现出较少的内群体偏私。

总之，有相当多的证据表明，类别（逐渐的和/或突然的）独立性和清晰性与其显著性有积极相关。人们通常把类别之间的差异程度看做是类别的独特性（Buss & Portnoy，1967；Tajfel，1972a；Tajfel & Turner，1979）。为了避免混淆上述经验性概括和研究显著性的有影响的方法——这种方法是从近期兴起的有关独特性假设的理论兴趣当中产生的，罗斯采用了“独立性和清晰性”这一对等的术语（McGuire，McGuire，Child & Fujioka，1978；Taylor et al.，1978）。在这里，独特性是指在特定背景当中某种刺激数量上的相对罕见、稀有或新奇性；刺激越新奇或罕见，人们就越视为独特（例如，Taylor，1981，第94页）。从有关物体知觉的研究当中，人们得出这种假定，即新奇、独特的刺激具有引起注意的固有的、自动的能力（McGuire et al.，1978，第512页；Taylor & Fiske，1978，第280页）。如果把这种观点应用于社会类别成员身份，人们就会产生这种假设，即当类别成员身份的线索当中包含新奇刺激的时候，它就会自动引起注意，并使相关的成员身份变得显著。因此，一般来说，我们可以作出这种假设，即**数量上少的**类别成员身份应该特殊显著。与多数群体相比，少数群体的人数越少，少数（而不是多数）群体的成员身份就越显著。更进一步说，我们提出，决定少数群体显著性的心理机制是某种知觉倾向——把知觉者的注意指向新奇的刺激——的自动功能。这种说法也相符目前有关社会行为的信息加工解释的趋势。

作为对于社会群体成员身份显著性的最新和最具影响的假设，我们首先是从独特性假设的角度来努力理解显著性问题的（Oakes，1983；Oakes & Turner，1986，正在准备出版）。接下来，我们应该简单总结一下这一假设的主要观点，并略述我们自己所做的实验当中的一个（Oakes & Turner，1986）。我们需要注意的第一点是，作为社会类别成员身份显著性的预测物，人们对于背景独特件可靠的经验性支持令人惊异得少。从对于相关研究（例如，Dion et al.，1978；Etzkowitz，1971；Moscovici & Paicheler，1978）的调查中，我们没有明显发现在数量上的少数状态和显著性——如果指向新奇的自动知觉倾向调控了少数效应的话——之间存在某种坚固且积极的关系。麦圭尔（McGuire）和泰勒（Taylor）研究了新奇对于种族（McGuire et al.，1978）和性别（McGuire，McGuire & Winton，1979；Taylor et al.，1978）类别成员身份显著性的影响，他们的结果与独特性假设一致，但也可以进行似是而非的其他解释（细节参见 Oakes & Turner，1986，正在准备出版）。泰勒等人（1978）对于性别类别成员身份显著性进行了研究，我们自己的实验探究了对于这些结果的另外一种解释。泰勒等人把刺激群体的性别组成分为 7 种情境，从 6 名男性或 6 名女性的单一性别群体，通过中间比例一直到“单独的”情境，即 1 名男性和 5 名女性，或 1 名女性和 5 名男性。被试在几个因变量——这几个因变量包括了每位成员对于性别刻板印象维度的评价——上评价刺激群体，用某个刺激个体的性别类别成员身份的相对独特性与其显著性之间的积极关系作为一个主要预测指标。在刻板印象的测量上，这种预测并没有获得支持；但是在自变量上的测量结果却与这种预测一致。对于群体当中的每位成员，被试都被问到“如果这个人似乎在群体当中扮演了任何特殊的角色，如果确实如此的话，那么那种角色是（开放式）”（Taylor et al.，1978，第 786 页）。为了避免产生性别刻板印象，对被试的回答隐藏了编号。对于比例中线性趋势的检验显示了边际显著效应（marginally significant effects，$p<0.09$）。这表明，性别类型化的角色被归于男性和女性刺激个体越多，在群体当中与他们同性别的其他成员就越少。

对于这个结果的另一种解释着眼于所涉及的特定问卷项目。被试被问到“这个人在群体当中是否扮演任何**特殊的**角色”。对于被确定为特殊的角色来说，它需要与由其他群体成员所扮演的角色明显不同——做其他所有人都做过的事情称不上特殊。因此，实际上，被试是被要求把在考虑当中的这个个体与群体当中的所有其他人区别开来。对于一位单独的男性来说，性别明显是一种区别特征；因此刻板化的男性行为就会被当作是一种“特殊的”贡献。同样，在单独的女性情境当中，刻板化的女性行为也会显得尤其特殊。换句话说，是任务要求（回答“特殊角色”的问题）而不是指向新奇刺激的知觉倾向造成了泰勒等人的研究结果。

在一项使用了磁带同步幻灯片（tape-slide）呈现的实验当中，人们研究了这种可能性。实验当中所采用的方法与泰勒等人的设计类似，其中目标男性刺激个体的性别类别成员身份的独特性在五种情境当中会发生变化（也就是说，由群体中 1 名男性/5 名女性的组成，再通过中间比例的组成，最后变化到 5 名男性/1 名女性的组成）。另外，研究者也操作了一个简单任务变量。一半的被试被要求关注并描述一名男性目标（“个体”的任务导向）；而另一半被试则被要求描述刺激群体当中的所有成员（“集体”的任务导向）。实验预测，个体的任务导向会引起独特性和显著性之间的积极关系；而独特的男性认同则会把目标与群体中的其他成员区分开来，而这种区分方法则与泰勒等人确定个体特殊性的方法相同。另一方面，实验也预期，在平衡的 3 男/3 女刺激群体的情境下，集体任务的被试最依赖性别归类；因为在这些情境下，对于他们所要描述的所有个体来说，他们之间的区别最大。

实验支持了如下假设，即任务变量对于目标的性别类别成员身份的显著性具有显著的作用。说得明确些就是，对于集体任务导向的情境来说，预测得到了确认（在 3 男/3 女的刺激群体当中，刻板印象最大）；同时，对于个体任务导向的情境来说，当他的性别类别成员身份最为明显时，以及当他的性别类别成员成分最不明显时（在 1 名男性/5 名女性以及 1 名女性/5 名男性的刺激群体情境当中），被试会从极其男性刻板化的角度来描述目标——这一点与所预测的一样。总之，没有任何证据表明有集中于区别性类别成员身份的自动倾向存在。

这一领域研究的第二个显著特征是，它未能处理数量含义上的“少数群体”和社会文化含义上的“少数群体”之间的重要区别（Tajfel，1981a）。确实，这两种概念之间没有明确的区分，因而在解释结果时就会造成某些困难；而且更为有趣的是，这会把我们引导到数量上的独特性和社会文化上的独特性之间类似的差异上。

泰弗尔（1981a）曾提到，在主观社会文化少数状态的发展过程当中，“知觉到的把共有的群体成员与他人分开的边界的清晰性”（第314页）是至关重要的一个因素。因此，在社会文化上的少数/多数归类是与高程度的独立性和清晰性联系在一起的；因为他们的社会重要性，丰富且极化的刻板印象就产生了。在许多情况下，人们可能表面上把某些东西看成是数量上少数群体的独特性对于显著性的作用，但它们可能实际上取决于所涉及的归类在社会文化上的独特性（独立性和清晰性）。白人当中的一个黑人（或反过来）可能会“突出出来”并引起注意，但这是因为社会重要性以及由此知觉到的种族归类的独立性和清晰性，而不是因为知觉到的新奇的重要性。

最后，有关独特性偏爱——作为决定群体成员身份显著性的一个机制——的主要元理论问题就是，它并没有试图把显著性和其所发生的社会背景的现实性联系在一起。不管个体的实际行为以及那种行为对于知觉者的意义或重要性如何，如果某种特定的类别成员身份是新奇的话，那么人们就会自动认为它会变得是显著。显然，那种显著性，以及它对于知觉者的行为所产生的影响，可能完全是不合适的。这样的话，决定独特性假设的假定往往就否认了对于群体行为的知觉的有效性和适应性：它只是反复无常的知觉偏差的产物，而不是在功能上与社会背景的现实性、个体在那种背景当中的行为以及知觉者当前的目标和动机联系在一起的（参见 Sherif，1951）。正是对于独特性假设这方面的失望，我们才采用了布鲁纳的明确的功能方法，来研究知觉当中归类的显著性。

然而，在继续讨论布鲁纳的观点之前，从关于群体成员身份显著性研究的回顾当中，我们有最后一点需要阐明。迄今为止，我们一直专注于社会归类的认知—结构方面，以及按照相似性和差异性作为基础对于个体的分组。但是，我们很少注意人们是在什么特定的维度上知觉相似性和差异性的，也就是说，社会类别的内容或意义。尽管不论是在对于结果的操纵还是在对于结果的解释当中，显著性研究的先驱都对于社会类别的内容给予了很多强调（例如，Festinger，1947，76～77 页；Herman & Schild，1960；Kelley，1955），但没有多少后续研究，不管是直接地还是间接地，考虑过类别内容对于显著性的影响。只有博伊诺斯基（Boyanowsky）和艾伦（Allen，1973）的一篇论文是个明显的例外。在这篇论文中，他们报告了两项实验，这些实验表明了内容对于种族身份显著性的影响。博伊诺斯基和艾伦感兴趣的是，当不正确的或不受欢迎的白人多数群体受到黑人的支持时，抱有偏见的白人被试是否会不太服从这一群体。他们发现，当人们做出的判断并没有触及规范——在抱有偏见的被试看来，这些规范确定了黑人和白人之间的区别——的时候，服从确实降低了。

然而，当判断涉及“对于认同内群体来说不可缺少的”（第 413 页）主张时，偏见高的那些被试宁愿服从不受欢迎的白人多数群体，也不愿同意黑人支持者的意见。也就是说，他们是以种族为基础来行动的，而不是以人际相似性为基础来行动的。

由于显著性研究者对于类别的内容注意不足，因而造成类别内容影响显著性的证据相对缺乏，但这并不是说这个变量不重要。确实，我们自己的研究证实了类别内容在显著性过程当中所起到的重要作用；现在该是我们转向这个研究的理论背景的时候了。

第三节　作为“可接近性×相符”产物的类别显著性

在描述我们的显著性假设之前，我们需要做出两个精确的假定（基于自我归类论)，这两个假定可以成为我们研究显著性问题的方法的基础。第一，我们假定了群体和群体行为的社会和心理现实性——社会群体确实存在；个体确实认同于社会群体，也就是说，把自己看成群体成员；而且他们确实表现得像群体成员一样，而不是作为某些特定情境下的个体。由此出发，我们可以接下来假定，在某些环境下，人们根据特定的内群体/外群体归类来知觉自己和他人，这是完全合适而且确实是非常适应的行为（Turner，1985；Vinacke，1957)。这提高了特定的内群体/外群体类别的显著性，以及那种显著性的背景之间存在**功能性**关系的可能性。例如，在合适的条件下（考虑到他们所处情境的情况，以及他们在那种情境当中的目标和动机)，人们往往会把自己和他人看成特定社会类别的成员。

在自我归类论中，类别及其背景之间的这种功能性关系是隐含着的（例如，Turner，1985，93～94页)；而且实际上是由归类过程的研究者通常假定出来的（例如，Bruner，1957；Rosch，1978；Tajfel，1972a，1980)。因而，以上这些观点可能似乎并不需要再作说明。然而，正如我们所看到的，独特性假设把显著性看成是某种自动偏差（automatic bias）的产物；而引起偏差的因素可能与那种归类（特定线索的相对新奇）当时的社会和心理关联完全无关。因此，考虑到独特性这一假设的受欢迎程度，我们从开始就需要把功能性假定阐释清楚。此外，在社会类别成员身份显著性的功能视角与布鲁纳（1957）对于知觉中归类分析的基础假定之间存在着某种一致性。正是由于这种一致性的存在，我们才采用了他的一般显著性假设，以对我们自己更为明确的问题进行因果分析。

在“关于知觉准备”这篇论文当中，布鲁纳尤其清楚提出了研究一般知觉特别是归类过程的功能性方法。对他来说，归类是知觉不可剥夺的方面，它通过自身的引导、命令、简化的能力服务于知觉者。归类的基本作用是尽可能对现实产生精确的和真实的表征；同时让那种表征远离现有的无关枝节，而朝向对当时的目的来说相关和重要的方面。考虑到现实总是过于复杂而难以全面“把握”，归类有助于确保我们知道了我们自己应该知道的东西。

归类是如何做到这些的？布鲁纳给出的答案是在任何特定背景下决定归类过程的互动假设。他认为，按照某种类别“捕获”某种刺激取决于那种类别的相对“可接近性”——这种可接近性存在于知觉者的全部储备之内——与“相符”——这种相符是指刺激输入和存储的类别规范之间符合的程度——之间的互动。可接近性是指某种特定类别要激活时的相对“准备”状态。类别的可接近性越高，需要调用相关归类的刺激输入就越少；被知觉为与类别规范一致的刺激特征的范围就越宽，其他也符合刺激输入但可接近性低的类别被掩盖的可能性就越大。布鲁纳所讨论到的可接近性的两个主要决定因素是：知觉者当时的任务、目标和目的，以及在知觉者当时的环境当中所出现的特定类型的目标或事件的可能性。在我急着去某处且正站在出租汽车站时，我的“出租车”类别就尤其具有可接近性。同时，可接近性从而保证了知觉是适当选择的，它调整了归类以适应正在变化的动机和环境加诸其上的要求；而相符——实际的刺激特征与类别规范之间的匹配——则把可接近性与现实紧紧联系在一起。不管我有多“准备”看到一辆出租车，但是直到具有至少某些必不可少的特征的某个物体出现之前，我都不会表露出来。布鲁纳提出，一般来说，当两种可接近性相同的类别出现时，最符合刺激输入的那种类别会变得显著；而当两种相符程度相同的类别出现时，更可接近的那种类别会变得显著。

为了使布鲁纳的一般假设更适合我们感兴趣的特定问题——在社会、内群体/外群体的抽象水平上特定归类的显著性——我们需要把他的可接近性和相符的概念与社会归类的功能联系在一起。我们的任务是（1）详细说明决定社会类别的相对可接近性的因素（这使得知觉者更容易使用某个社会归类，而不是其他归类）；（2）把两种情境区别开来。在其中一种情境下，人们把特定的社会归类知觉为符合刺激输入；而在另外一种情境下，人们则把特定的社会归类知觉为不符合刺激输入。我们自己的研究，以及本章的其余部分，将更多关注于相符的情境而不是可接近性的决定条件。然而，我们还是从对于社会类别的相对可接近性的简短讨论开始。

一、社会类别的相对可接近性

笼统来说，相对可接近性相当直接地转换到了社会领域当中。在特定社会归类要激活的潜在准备过程中，不论是背景还是知觉者都会发生一些变化。布鲁纳所说的相对可接近性的两个主要决定因素，即现有目标和环境，同样适用于社会归类。被试的任务导向可以影响社会归类，这方面有一些证据（Oakes & Turner，1986；参见 C. E. Cohen，1981，在人格研究中的类似结论）；在早期，人们对于群体成员身份显著性进行了生动的暗示操作，我们可以把这些看成是一些尝试，通过这些尝试，人们可以改变有关归类的针对情境的相对可接近性。

某些近期研究已经确定，信息加工因素可能会影响类别或"建构"的可接近性（Higgins & King，1980；Wyer & Srull，1980）。例如，希金斯（Higgins）和金（King）给布鲁纳的可接近性的决定因素增加了一些新的因素，包括近因（recency）和激活、"显著性"（也就是说，突出和受注意的独特性）以及与其他可接近的建构之间的关系。这些因素可能明显影响了所储存的建构的相对可接近性（Higgins，Rholes & Jones，1977）；但是，正如是社会建构而不单纯是认知建构一样，就对可能决定其相对可接近性的因素所产生的影响来说，社会类别也具有某些与众不同的特性和功能（Tajfel，1972a，1981a）。这些社会类别在自我概念当中所起到的作用表明，对于某个人来说，某种特定群体成员身份对于他的自我定义的相对中心性或重要性是其相对可接近性的重要决定因素（例如，Boyanowsky & Allen，1973）。与此密切相关的一点就是，某种特定内群体/外群体归类当时的情绪或价值也可能会影响到其相对可接近性（Tajfel，1972a，Tajfel & Wilkes，1964）。在某种文化当中，对于文化之内的某些群体来说，或者对于某些个别的群体成员来说，这种效应可能都非常明显。因而，黑人/白人这一归类在南非是长期可接近的。在其他一些国家，相比于不是那么涉及有关种族关系的政见（反对种族隔离的群体成员，或法西斯政党的成员）的其他群体，涉及这种政见的群体可能更可接近。而且，具有种族偏见的人——不管是黑人还是白人——都要比没有偏见的人更加可接近。我们在这里可以提出，这些各种各样的因素很可能是相对社会类别可接近性的主要决定因素（Tajfel，1980）。未来的显著性研究要致力于把我们对这一点——即这些因素是如何影响相对可接近性的——的理解给予系统化，这可能更为有益。

二、刺激输入何时符合社会类别？

正如我们已提到的，在布鲁纳的假设当中，相符的概念把归类过程与现实结合在了一起。它考虑到了这样一种事实，即类别代表了现实世界的恒定性和同现性（co-occurrences）（Rosch，1978）；当类别在知觉领域当中出现时，它们就会受到激活来理解那些恒定性。（可接近性考虑到了两个方面。一是知觉者注意的能力；二是在任何时间，知觉者对于可知觉的最合适的某些恒定性的兴趣。）在确定社会类别的相符时，人们的任务是精确说明与归类的内群体/外群体水平相应的社会恒定性的特征。我们在这里提出这样的假设，人们往往把类别之间知觉到的差异性和类别之内知觉到的相似性最大化，因而社会类别的相符也包含了最大化的程度。作为把这种想法操作化的一种途径，我们可以把相符看做是在人们（或他们的行为）之间观察到的相似性和差异性被知觉为与社会类别的区分联系在一起的程度（Tajfel，1969b）。因而，在把一群人归类（例如，男性/女性、黑人/白人、英国人/美国人）的众多可能方法当中，最合适的是这样一种归类，在这种归类当中，人们在个体特征、所表达的态度、行为等方面所观察到的相似性和特殊性之间相关最高。

对于相符的这种定义与第三章所描述过的元对比原则直接联系在一起——在特定的参照系内，当人们认为这些刺激之间的差异（在相关的比较维度上）小于这些刺激的集合与其他类别的刺激之间的差异时，他们就更有可能把这些刺激归类为一个实体。元对比率——即知觉到的类别间差异与类别内差异的比率——相当于类别成员身份与观察到的相似性和差异性之间的（双数列）相关的程度：那种相关越高，比较的元对比率就越高。正如第三章所提到的，对于归类过程的几种主要理论分析都强调了这种观点，即类别内的相似性和类别间的差异性是归类的基础。

尤其是，罗斯（1978）引进了概率论的"线索有效性"（cue validity）概念。这个概念描述了某种类别的确定属性为类别成员所共有，但并没有被其他类别的成员所共享的的程度："当某个特定线索 x 与特定类别 y 联系在一起的频率上升时，线索 x 作为类别 y 的预测指标（y/x 的情境概率）的有效性就增加了；当线索 x 与 y 之外的其他类别联系在一起的频率上升时，线索 x 作为类别 y 的预测指标的有效性就减少了……我们可以这样定义整个类别的线索有效性，即把它看成是这个类别的所有特征当中适合于该类别的线索有效性的总和。根据定义，与具有较低线索有效性的类别相比，具有高线索有效性的类别与其他类别之间的区别更多"（1978，30—31 页）。罗斯注意到，具有高线索有效性的类别可以用最少的认知努力来提供最多的信息，因为它们让知觉者从"类别特性的线索"（Bruner，1957）当中迅速且有把握地离开，而不用担心错误识别的风险。特沃斯基提出了有关相似性的特征匹配理论当中的"诊断性准则"（diagnosticity principle）（1977；Tversky & Gati，1978）；坎贝尔提出了作为"知觉实体"（perceived entitativity）基础的"共同命运系数"（coefficient of common fate）（1958）；泰弗尔（1969b，1972a）则根据连续特性与不连续特性之间的相关对归类进行了讨论。他们所有人都强调了在类别之间做出明确区别的重要性。此外，正如我们上面所看到的，从有关群体成员身份显著性的过去研究当中，我们可以得到的经验性概括就是，社会类别的相对独立性和清晰性与其显著性是紧密相连的；而独立性和清晰性只是描述人们的行为和分成社会类别之间相关程度的方法而已。因此，我们可以这样认为，有两种因素确定了相符的情境。一种因素是在可以确认为同一类别的成员个体之间所知觉到的相似性的程度；一种因素是在可以确认为不同类别的成员的个体之间所知觉到的差异性的程度。上面所提到的这种假设既存在理论方面的基础，也存在经验方面的基础。

但是，这只是相符的认知结构方面；定义必须同时考虑到内群体/外群体归类的行为内容或社会含义。例如，把一个人知觉为“英国人”，确实不仅是把他或她确定为与他人相似或不同；它还在特定的、标准化的合适维度上确定了相似性和差异性。内群体/外群体归类代表了相似性和差异性的方向，以及其特定的行为上和标准化的内容。所以，根据确定性维度的内容并与这种内容相一致，具有社会意义的相似性和差异性就与类别相符了。因此，为了更为精确地定义社会类别的相符，它应该包含在人们（或他们的行为）之间所观察到的相似性和差异性的程度；这种程度也被看成以与刻板印象相一致的方式和社会类别的区分相关。

这里应该强调的是，使刺激输入与某种社会类别相符是针对于情境的。我们并不讨论这种情况，即在某种长期的、没有背景的意义上，特定的社会类别是否或多或少与态度上或行为上的差异非常相关；我们也并没有暗示，特定的态度或行为总是被知觉为与某个特定类别的规范联系在一起。相反，人们所知觉到的**结构性相符**（structural fit）总是取决于对于类别——对于个人来说，在类别之内具有差异——和当时在考虑中的行为之间差异的对比。同样地，在某种特定特征或行为与某种特定类别之间的**规范性相符**（normative fit）取决于正在做出的群际比较和背景：在某种背景下与某种类别成员身份规范化相关联的东西在另外一种背景下可能并无关联；或与不同的类别成员身份相关联。这一点非常重要，因为社会归类的一个主要特征就在于，它的对象可以改变自己：在不同的情境下，人们可以做出不同的反应；可用的归类“线索”不断改变；而且那些线索当时的含义也是变化的。但是，和罗斯（1978）的观点有所不同，我们认为，“基本的”、极其有用的且增进知识的（并因此而显著）的归类水平是取决于背景而变化的，而不是固定不变的。

下面我们总结一下本节内容。我们假设，社会类别的显著性取决于它的相对可接近性与刺激输入与类别规范之间相符的互动。社会类别的相符包含结构性的成分和标准化的成分：（1）在人们（或他们的行为）

之间所观察到的相似性和差异性被认为与社会类别的划分有关（也就是说，元对比率更高）；（2）这种相关发生在包含归类的标准化内容的维度上，而且处于与归类的标准化内容一致的方向上。如果可接近性相同，那么这样一种归类——使观察到的相似性和差异性与类别成员身份之间的标准化一致性相关最大化——会变得更为显著。

在讨论检验了这个显著性假设的研究之前，我们有必要从归因的视角来简单考察一下显著性问题。

第四节 群体成员身份显著性与归因

归因理论的基础来自于海德对于知觉基本过程的终身兴趣（Heider，1983）。正如在《人际关系心理学》（*The Psychology of Interpersonal Relations*，1958）一书中所概括的，海德研究知觉的归因方法与布鲁纳的归类分析共有某些主要特征。首先，这两位理论家都把知觉看成是某些已知的基本恒定性对于独特的、可能无穷的表面事件的参照；在布鲁纳的分析当中是类别，在海德的分析当中是“倾向性特征”（dispositional property）。其次，这两种理论都把对于基本恒定性的这种知觉参照看成是心理功能的本质的、不可分割的方面。布鲁纳认为“所有的知觉体验都必然是归类过程的最终产物”（1957，第124页）；而海德最近评论说“归因是我们对于环境的认知的一部分。无论你何时认识你所处的环境，你都会发现归因在出现”（Harvey，Ickes & Kidd，1976，第18页）。这两种理论第三个紧密相连的共同假设是，归类/归因赋予知觉以意义（这就是为什么这两种理论都起到如此重要的作用）。布鲁纳评论道：“无论感知到什么……从一系列组成它的知觉对象当中获得它的‘意义’。”（1957，第124页）用海德的话说就是，“环境的恒定性……给人们所经验到的东西赋予意义，而这些意义是作为环境的现实而沉淀下来的，而人们然后又会对于那种环境做出反应。”（Heider，1958，第81页）

因此，对于布鲁纳和海德两人来说，被知觉到的对象的意义或特性取决于这个对象所涉及的特定恒定性。因而，如果我们要对知觉具有正确的理解，那么对于那种参照过程的预测是绝对必要的。正如我们已经看到的，布鲁纳为此提出了他的"可接近性×相符"假设，而我们已能够将它用于预测社会、内群体/外群体水平的恒定性的参照。有关归因过程的研究又如何与这种分析相吻合?

其他一些理论家详细说明了归因的情境。从海德的影响广泛的洞见当中，这些理论家试图提出一些更易处理的、更容易产生假设的阐述(Jones & Davis，1965；Kelley，1967)。这不可避免地涉及注意范围的某些缩减；而且海德的一个重要思想——在后来的理论发展当中，这一思想占据着重要的位置——就在于他区分开了"个人"归因和"环境"归因。特别是，凯利的阐述直接集中于个体/环境的二分法（person/environment dichotomy)。他的"ANOVA"模型试图详细说明个人对于某个刺激的反应会在何种情境下归因于"关于这个刺激的某些事情"(外在归因)，而不是"关于这个人的某些事情"(内在归因)，或者是环境因素。这个模型概述了现在为大家所熟悉的3种标准，关于偶然分配的决定就是基于这些标准：区别性、一致性以及共同反应。在麦克阿瑟(McArthur，1972）的实验当中，他的这些预测一般都得到了验证，并自此获得了很多研究的支持（参见 Kelley & Michela，1980)。一般来说，某个人对于某个实体（这个喜剧演员）的反应（例如，John 嘲笑这个喜剧演员）在下面这三种情境下都会被归因于这个实体（这个喜剧演员）而不是这个人（John)：区别性情境（John 不会嘲笑任何其他的喜剧演员)、一致性情境（John 过去总是嘲笑这个喜剧演员）以及共同反应情境（几乎听到这个喜剧演员的每个人都会嘲笑他)。另一方面，当反应是非区别性的、一致性的以及非共同反应的时候，个人归因就会出现。不一致的反应通常被归因于它们发生于其中的特定环境。

有趣的是，为了现在的目的，为了处理集体的、共同的行为，凯利把共同反应变量概念化了。在他的理论当中，共同反应是要么全有要么全无的（Lalljee，1981)。要么就是全部赞成（也就是说，至少隐含地，越过社会类别的边界），要么就是行动者与其他每个人都不同。第一种情况下的结论是，外在世界的某些不变特性必定造成了这种共同反应（实体归因）；第二种情况下的结论是，行动者的某些个人人格必定使他或她偏离了这种共同反应。因为**集体**一致和不一致的情境、集体相似性和差异性的情境，这两者在凯利的理论当中都没有起重要作用；个人归因的可能性也没有起重要作用。

某些归因理论家质疑了凯利所阐明的共同反应变量的重要性（Nisbett & Borgida，1975；Nisbett，Borgida，Crandall & Reed，1976；参见 Kassin，1979）。然而，它所包含的基本假设——即只有特殊的行为是经过深思熟虑的、具有内在动机的，因而可以归因于个人；而共同的行为必定是受到外在约束的——还是获得了广泛的接受。卡辛（Kassin，1979）把它描述为凯利理论的假定当中“直观上更具有吸引力的一个”（第 1 966 页）。在琼斯和戴维斯（Jones & Davis）发展自海德思想的“对应推论”（correspondent inference）当中，同样的假设也以不同的方式呈现了出来。他们的理论集中于海德二分法的“个人”方面，试图说明以特定行为基础的特定的、稳定的、特殊的人格特征的归因问题。非常简要地说，这个理论的主要组成部分是某种行为的非共同效应（non-common effects）（也就是说，那些效应产生于这种行为——由行为者做主，而不是由其他任何事物所产生）及其假定的社会称许性。

这个理论假设，当某种行为所产生的非共同效应的数量及其一般社会称许性都很低时，知觉者可能会做出最大的“对应推论”；也就是说，从某个行为者的行为当中，人们可以对于他的人格做出最确定的归因。在这个说明当中，这是社会称许性或“预期效价”（expected valence）变量的作用有效地把个人归因限制在特殊行为上；受到社会称许以及由此而来的社会共同的行为确实不会引起个人归因。在琼斯和麦吉利斯（McGillis，1976）对于这个理论的精心说明当中，取代了之前的一般社会称许性变量的特定先验概率包括了基于类别的期望，这种期望来源于知觉者对于与特定类别成员身份有关的规范的知识。这里假定，规范性行为——不管是受到期待的还是共同的——并不能提供关于行为者的信息，因而不能产生个人归因。

考虑到琼斯及其同事在把**人格**特征归因于个体上表现出明确的兴趣，这些假定是完全有效的和适当的。然而，问题在于，凯利的理论给任何其他类型的个人归因的可能性并没有留出余地。实际上，归因理论的基本区别就在于对于事件的个人（人格）解释和环境解释。“人”只是依据个人人格作为偶然实体时才存在。当然，这是与我们自己的假定——在自我归类论中详细说明过的，关于“人”是什么的假定——直接相反的。我们在第三章曾假设过，在特定的情境下，自我知觉和/或他人知觉（以及随后的行为）是指类别的社会的、内群体/外群体水平，而不是个人的、个别的水平。现在，我们可以进一步做出这样的假设，即同样的情境会产生**归因于作为社会类别成员的人**，而不是归因于人格（或外在因素）——性质上截然不同的一种个人归因类型（或水平）。

这绝不是第一次对于个人主义的谴责对准了归因理论（参见 Hewstone，1983）。最近的研究已开始表明，社会类别成员身份（例如，Hewstone，Jaspars & Lalljee，1982）以及更加一般的社会变量（Miller，1984）这两者对于我们解释自己以及他人行为的方式都会产生影响。现在的假设把这种“社会化”的努力延伸到了归因理论的领域，把后者作为社会知觉的基本理论，而不是在解释时更加特别地关注外在努力的一种理论（参见 Eiser，1983）。这里所提出的建议是，我们不但可以把社会类别成员身份看成是对于归因过程的一种**影响**，而且可以**把他们本身看成归因**。作为一种独特的“倾向性特征”，社会类别成员身份是与人们态度和行为当中的**社会或集体**恒定性相关联，由此知觉参照得以实现。把人们知觉为社会群体（不同于其他社会群体）是为了根据他们共同的、集体的、社会的特征来解释他们的行为，而不是根据个人的人格来解释他们的行为；但是，虽然如此，它还是归因于内在的心理（社会心理）原因。

第五节　关于显著性和归因的两个实验

本节描述了两个实验（Oakes & Turner，1987），这两个实验用于检验上述有关显著性分析的主要方面——假设的刺激输入与某种社会归类之间相符的情境，以及显著性和归因于社会类别成员身份之间的联系。

第一个实验研究的是性别类别成员身份的显著性，同时操作了相符的认知结构方面——行为和性别类别成员身份之间的相关程度——同时保持标准化或内容要素的稳定。我们的假设是，当行为与性别类别相关时，性别类别成员身份显著性和归因会达到最大化。

被试观看了一份磁带同步幻灯片的呈现。在这一呈现当中，由六人组成的刺激群体正讨论与性别有关的话题（Kogan & Wallach，1964；选择困境项目涉及“M 先生”和“T 小姐”计划的婚姻）。实验设计操作了两个自变量：刺激群体要么由 3 名男性和 3 名女性组成（非单独情境），要么由 1 名男性和 5 名女性组成（单独情境）；有关话题的一致模式也分两种情况：要么是 3 对 3（不同意情境），要么是 1 对 5（偏离情境）。因而，在非单独/不同意的情境下以及单独/偏离的情境下，人们所观察到的行为和性别类别之间的相关达到最大（3 名男性与 3 名女性意见不一致；或 1 名男性与 5 名女性意见不一致）。在非单独/偏离的情境下以及单独/不同意的情境下，要么是 1 名男性与剩下的 2 名男性和 3 名女性（这 3 名女性意见一致）意见不一致；要么是 2 名女性和 1 名男性与 3 名女性意见不一致。因变量是被试对于 1 名男性刺激个体所表达的意见的归因（情境/人格/性别类别），这名男性在所有情境当中都出现。此外，因变量还包括被试在性别刻板印象形容词量表（sex-stereotyped adjective scales）上对于那个目标的描述。实验预测，在相关联的非单独/不同意的情境和单独/偏离的情境下，人们对于性别类别成员身份的归因以及男性刻板印象会最强；而对于人格的归因会最弱。

在非单独/不同意的情境下（3 名男性对 3 名女性），这种预测得到了证实，即此情境产生了最强的对于目标的男性身份的归因，最弱的对于他的人格的归因，以及对于他的最符合男性刻板印象的描述。要注意的是，在类别成员身份和人格归因之间的反向关系支持了自我归类论的这一假定，即“在自我归类的某种水平上的显著性与其他水平上的显著性之间存在着功能上的对抗”（参见第三章）。

但是，在单独/偏离的情境下（1 名男性对 5 名女性），这种预测只得到了微弱的证实：相比于非单独/偏离的情境，对于目标的男性身份的归因显著增加了；但是与单独/不同意的情境相比并没什么差别。而且，在性别刻板印象形容词量表上，目标男性实际上被描述为最为“女性化的”。这似乎表明，尽管在实验中努力控制，标准化因素还是对结果产生了影响。在话题讨论中，目标男性总提到支持 M 先生和 T 小姐的婚姻。在缺乏直接的证据——即其他男性也会同意他的观点（与非单独/不同意的情境一样），但是性别和态度之间的相关使得性别类别成为评价他的态度的显著基础——时，人们可能会把他的亲婚姻决策看成是反刻板印象的，是女性化的。换句话说，在目标和女性与特定话题之间的意见不一致似乎使性别类别变得显著了；但这是以它现有的内容与刺激个体的行为不一致的方式呈现的（“比起女性，男性通常对于婚姻并不太感兴趣”，参见 Douvan & Adelson，1966；Leonard，1980），这就强调了对于目标的知觉并不同于他的男性类别成员身份，而是一种与刻板印象相反的知觉（参见 Etzkowit，1971）。

从这种解释出发，第二项实验研究系统地操作了相符的结构化方面和标准化方面。实验假设，在行为和类别之间的结构化和标准化相符都很高的情境下，人们对于类别成员身份的归因以及类别成员身份的显著性会达到最大化。通过对这条假设——即类别成员身份归因是指内在的而不是外在的因果恒定性；但它同时又可以与对于个体人格特征的归因（正如前一项研究中所提出的这两者之间的反向关系）明确区别开来——的明确检验，这项研究也仔细考察了社会类别归因与传统的内在的（个人的）/外在的（实体、情境的）两分法之间的关系。最后，这项实验创造了应该引起三种归因——实体、类别成员身份以及人格——的情境。

这个实验感兴趣的是艺术系或理科系大学生的类别成员身份。被试（理科学生）观看由 6 人组成的群体的录像。录像里的群体表面上是由 3 名艺术系的学生和 3 名理科系的学生组成的。录像中 6 名学生在讨论他们对于大学生活的态度。根据初步研究所确定的对于艺术/科学系类别的刻板印象，这两个群体可以明显区分开来。人们认为，艺术学生对于他们的大学教育持有轻率和偏激的看法；而理科学生则被看做是尽责的和职业导向的。标准化相符依靠目标刺激个体——一位艺术学生，要么与艺术系刻板印象一致，要么不一致——所表达出来的特定态度来进行操作。在刺激群体之内的一致模式——也就是说，态度与艺术/理科类别相关的程度——构成了对结构性相符的操作。实验中存在三种同意的情境：一致同意（所有 6 名刺激个体都同意）、不同意（3 名艺术学生持一种意见；而 3 名理科学生持相反意见）以及偏离（作为目标的艺术学生不同意其他 5 名刺激个体的意见）。在完全因素设计下，这项实验操作了一致性和同意这两个变量，因而共产生了六种实验情境。例如，在不一致/不同意的情境下，3 名艺术学生持有与刻板印象相反的观点（赞成理科学生的看法）来反对 3 名理科学生（他们赞成艺术学生的看法）。

在这项实验当中，主要的因变量是被试对于目标态度的归因。有三种归因衡量。第一种测量要求被试做出一个一般人对实体的归因，以解释为什么目标表达出那种态度（“与目标的为人有关”对“此情形的客观事实”)。第二种测量是评价目标的人格和艺术系成员身份的相对影响（“如果目标的为人是产生这种态度的原因的话，那么她的什么特征更为重要?”……“与目标的人格有关”对“与目标是艺术学生的事实有关”)。第三种测量是询问被试他们认为“其他艺术学生的存在”对于他们的意见表达会产生多大影响。在实验当中，个人/实体与人格/系别成员身份项目对于整个刺激群体都要重复。

实验预测，在一致同意的情境下，最强烈的实体归因（也就是说，归因于“此情形的客观事实”）会发生；在这种情境下，实体（讨论题目）从在场的个体当中引起了一致的反应。在这里，一致性变量不会产生作用。在一致/不同意的情境下，最强烈的类别成员身份归因会发生；在这种情境下，相符的结构化和标准化方面会达到最大化。在不一致/偏离的情境下，人格归因会发生；在这种情境下，目标的行为既是独特的（比起群体中的其他人来），而且是与他作为艺术学生的认同反标准化的（Jones & McGillis，1976）。

换句话说，后面两种情境都会预期到在初始的、一般的量表上会产生朝向“个人”一极的归因，但是因而也会预期到在第二种人格/系别测量上会产生出有分歧的结果。如果后一种预期是真的话，那么就验证了这个假设，即类别成员身份归因涉及的是个体方面而不是外在的偶然因素；但是，虽然如此，类别成员身份归因还是可以与人格归因明显区分开来的。

在此实验当中，“其他艺术学生的在场”测量是为了检验这种观点，即所感到的这个目标的内群体同伴成员的影响会随着艺术/理科归类的显著性的增加而增加。怀尔德（1978）提出了与这个预期一致的一些结果。他检查了对于某位行为者赞同或不赞同他人的归因，这其中行为者要么是与他人归类为一组，要么是以一群互不相干个体的一员的姿态出现。研究预测并发现到，当行为者赞同的对象是他处于的群体而不是没有归类的个体集合时，他们会做出“他人在场”的强烈归因。以这个假定——即共同的行为取决于外在的规范化压力，而不是由认同于内群体——为基础，怀尔德把这个结果看成是群体行为的外在归因的证据（参见 Wilder，1981，220～222 页）。对于作为个别人的行为者来说，“其他人”（包括其他内群体成员）当然是“外在的”。然而，依照自我归类论，我们可以认为，他们对于行为者的影响受到了社会群体成员身份（及有关规范）的共同内化或行为者对此的认同的调控，而不是基于任何外在压力的过程。既然这样，除了其他内群体成员——他们与目标表现相似——的简单在场之外，所感到的共同内群体认同的显著性应该也会影响到归因于其他内群体成员的在场。通过比较一致/不同意的情境下，一致同意的情境下以及不一致/不同意的情境下归因于“其他艺术学生的在场”的强度，现在这个实验提供了验证这样一种假设的机会。实验预测，在一致/不同意的情境下，这种归因会最为强烈（在这种情境下，艺术/理科类别应该最具有显著性）。

艺术/理科类别的显著性同样是由所感到的相似性和吸引的测量来

进行评估的。实验者要求被试回答，他们认为目标“在她的一般信念，态度，价值观等方面”与其他艺术学生以及与理科学生如何相似，他们认为目标与每一个群体会如何相处。研究预期，在一致/不同意的情境下，这两种类别之间的区别最大（也就是说，与其他艺术学生最相似并为他们所吸引；而与理科学生则完全相反）；而在不一致/偏离的情境下，它们之间的区别最小。

下面这些结果强烈支持了我们的预测：在一致同意的情境之下，实体归因最强；在一致/不同意的情境下，类别成员身份归因最强；而在不一致/偏离的情境下，人格归因最强。在一致/不同意的情境下，被试认为，其他艺术学生的在场最为显著地影响了目标；而且群内和群际相似性和吸引的测量结果也表明，在这种情境下，艺术/理科类别之间的区别最大（更加细节化的说明参见 Oakes & Turner，1987）。

这些实验结果提供了有利的证据，即在认知结构与规范相符的情境下（除了它们之间的交互作用，这两个变量都产生了作用），社会类别会变得显著（正如在类别成员身份归因以及类别区别的程度当中所反映出来的）；类别成员身份代表了第三种归因，不同于实体的解释和人格的解释。此外，很显然，人格和类别成员身份这两种归因都与个体的某个方面有关，而不是与外在因素有关。后面的假设同样获得了一项有趣的发现的某些间接支持，即在一致/不同意的情境之下，被试对于目标人物的印象要比任何其他的情境下好很多。如果人们认为，目标是经由这种情境下的某些外在压力而顺从于内群体规范的话，那么她确实会造成有点不利的印象；而且在不一致/偏离的情境下，她会获得最有利的评价，因为她抵抗了这种压力并坚持了自己的意见。但是实际上，在后面的情境下，她获得了最不好的评价。

总之，这里概述的两项实验结果充分支持了这些主要假设。这里有两个问题突出了出来，需要更多的经验性注意。首先，现在，我们已更好地理解了决定社会类别相符的情境，那么接下来研究需要致力于所假设的可接近性与相符之间的交互作用。其次，我们必须要研究交互作用假设对于自我知觉当中类别成员身份的显著性的适用性。霍格和特纳

(1985c，参见第五章）提供了一些证据，说明了在性别显著的情境下，自我知觉当中的性别刻板印象会增加。在上面所报告的第二项实验中，被试确实在艺术系和理科系刻板印象形容词量表上提供了自我描述。尽管实验提供了自我刻板化的显著证据，但是这种证据确实没有以任何直接的方式上遵循对于刺激个体的刻板印象（参见 Oakes & Turner，1987)。一项更近的研究试图致力于自我—显著性问题，该研究涉及了澳大利亚学生的国家认同（Oakes & Davidson，1986)。这项研究又一次产生了非常显著的自我刻板化以及某些证据，即在最符合国家类别、尤其是最标准化符合的情境下，自我刻板化会有所提高。有趣的是，这实验同样证明了，在高显著性的情境下，被试的自尊也会上升（参见 Dion et al.，1978；Hogg & Turner，1987；Oakes & Turner，1980)。显然，在**自我归类论**的背景下，这个问题是一个核心问题。迄今为止，实验结果都是支持性的，而不是相反。但是，在未来一段时间内，对于这个领域当中假设的检验依然会占据优先地位。

第六节　小　结

这一章提出了有关社会类别成员身份显著性的交互作用假设，某些独特的预测就由此而来，并为新的研究所证实。尽管还有更多需要解决的问题，我们提出，这里所概述的方法代表了一种理论上精确和经验上有希望的预测显著性问题——在社会认同研究当中，这一问题已受到了多年的注意——的解决办法（例如，Brown & Turner，1981，第 42 页；Stephenson，1981，192～193 页；Turner，1982，第 36 页)。

所报告的研究发现也接受了作为那种假设的基础的功能观点。人们已提出，考虑到群体的现实性以及个体对于群体的认同，应该会有这种情境存在，在这种情境当中，基于群体的（对于自己以及他人）的知觉完全是适当的（而且不是功能失调的过度简化和对于个体独特性的歪曲)。为了支持这种推理，这项研究指出，作为解释特定背景下个体行为的方法，社会类别的情境显著性确实是与其适当性相当协调的：当这些刺激个体在行为上表现出集体的、在规范上一致和在社会上系统的统一时，他们的类别成员身份确实会变得十分显著。我们可以并不过分地说，这时候他们**实际上**表现得如同社会群体。也就是说，这些被试对于刺激个体作为群体成员的知觉是完全有效的；或者，正如布鲁纳（1957）所提出的，"诚实的"。因而，和通行的观点——即把个体知觉为群体成员（刻板化）是社会心理层面上的错误、偏差、错觉和不合理的表现（例如，参见 Ashmore & DelBoca，1981，28～29 页）——形成对照的是，现在的分析则稳固建立在这种观点的基础上，即在现实世界当中确实存在与抽象的社会水平相应的行为，显著性过程不仅反映了这种水平，还帮助其成为可能。

第七章　社会认同与群体极化*

第一节　引　言

本章继续讨论自我归类论在社会影响领域中的应用，重新详细考察群体极化的现象。正如我们所看到的，在群体互动和讨论中，当主要意见走向极端时，人们就会认为群体产生了极化：如同极化分子，群体成员在他们已经趋向的方向上会变得更加团结。更加准确地说，人们通常把群体极化定义为如下的假设，即“在相同的方向上，加入群体后的平均反应往往要比加入群体前的平均反应更加极端”（Myers & Lamm, 1976，第 603 页）。

群体极化为什么会成为社会心理学中群体影响研究的重要议题，这方面有经验上和理论上的原因。极化效应并不是孤立的情况：对于许多讨论项目来说（比如引起争论的态度、赌博和冒险、伦理困境、个人知觉、模拟法庭决策，甚至对于模糊事实的问题），极化效应在实验室中都证明具有强烈的规律性和可靠性（参见以下综述：Lamm & Myers,

---

* 本章作者是玛格丽特·韦瑟雷尔（Margarets. Wetherell）。

1978；Myers & Lamm，1976）。另外，在实验室之外，极化效应也存在明显的证据。例如，里切尔（1984a，参见第八章）对于“暴乱”的描述就对这个过程提供了丰富的说明。

这样一种普遍现象的存在，需要研究者对此做出解释。意见和行为为什么会以这种方式强化？它们在直观上不应该这样明显。通过与伙伴讨论问题，人们为什么不会变得更温和一些或更折中一些？事实上，在早期关于群体影响的经验研究和理论中，人们在不同的任务上都发现了典型的折中效应（compromise effects），也就是说，人们的意见和行为会集中到加入群体前的平均反应上（Allport，1924；Sherif，1936）。这里假定，社会影响的功能主要是缓和平衡（Festinger，1950）。但是，近来关于极化的更多发现却并推翻了这个假定。尽管极化通常代表了观点的聚合（Singleton，1979），这却是一种**极端化的聚合**（extremized convergence）：有规律地偏离中间位置，或个体最初的、讨论前所持观点的平均值。因此，这种现象同样引起了批评性的理论问题。在当前对于群体影响的重新概念化的过程当中，人们必须既要说明聚合/折中效应，又要说明聚合/极化效应；并解释这两者分别会出现在什么情境下。

人们对于这些观点还会进行争论。这些观念就是，学者们当前所偏好的极化模型在这方面是不充分的；这些难题可以通过应用自我归类论而得到解决；人们会描述一批经验性研究来支持这种另外的思考方向。我们首先讨论实验室研究当中的某些方法论细节，然后再就极化研究的历史进行论述。

极化研究的历史相当奇怪，值得作为主流理论中遮蔽效应（blinker effect）的案例来加以研究。1961 年，斯托纳（Stoner）发现，如果给出选择困境（例如，为了一份令人兴奋的但不稳定的职位，A 先生是否应该放弃自己稳定但枯燥的工作）让被试来讨论的话，群体要比个人做出更加极端、更为冒险的决策。这个效应开始作为“风险转移”（risky shift）而为人所知，并迅速发展成为群体动力学当中最受欢迎的研究领域之一。在研究的第一阶段，人们往往把这些风险转移看成是群体互动效应——一般被概念化为缓和与折中——的一般规则的例外，研究集中在冒险的特殊性质上。尽管存在处于群体当中的被试在面对某些困境时同样会变得更加谨慎的证据（Brown，1965），但是这种倾向却还在继续。因而，对于某种特定范式的过分强调导致对于这个问题形成了误导的视角（Cartwright，1973）。1969 年，莫斯科维奇和扎瓦诺尼（Zavalloni）表明，群体引起的更加极端倾向的转变也会发生在更为一般化的态度项目中。"群体极化"这个术语获得了广泛的接受，因为显而易见的是，群体讨论在很多情况下会增强先前存在的趋势，并且不会受到选择困境和风险转移的限制。

典型的研究使用的是简单的"被试内"程序。在三个不同的阶段，研究者获得了同一个被试的反应，并把它们进行比较：(1) **前测**（pre-test），被试私下表达他们在这个（些）问题上的个人观点；(2) 在讨论（或某种相关的操作）发生之后，群体达成了**共识**（consensus）（如果不要求达成一致而且成员只是进行自由讨论，或者被试了解对方的观点但不进行讨论的话，极化也会发生，但通常是在更低的程度上，Cartwright，1971）；(3) **后测**（posttest），群体成员私下表达他们讨论后的个人观点。在所有三个实验阶段中，研究者使用了同样的反应量表。例如，一份测量对于某些说法的从"非常同意"到"非常不同意"的 7 点量表；或是在推荐某些行动之前，要求被试从 10 当中的 1（风险很大）到 10 当中的 9（小心谨慎）选择成功的概率。

当前测的均值与后测的均值（或群体一致意见）在与前测趋势一致的方向上（也就是说，朝向量表更近的一极）存在显著的差异时，研究者就会认为极化发生了。如果转变是发生在与前测趋势相反的方向上的话，这也是一种没有极化的极端情况，研究者把它定义为去极化（de-polarization）。

尽管人们对于极化的解释曾经非常多样化，近年来，这些解释往往明确划分为两种：说服性论据（persuasive arguments）或信息影响模型（informational influence model）；以及社会比较角度的解释。这些吸收了两种直观上似乎合理的观点，也就是，群体成员可能变得更加极端是因为 (1) 如果他们共有某种态度倾向，那么讨论中提出的任何新的和有说服力的材料往往都会反映出那种倾向；(2) 他们的自尊很可能与迎合看上去最具有社会称许性的观点有密切关系。与以上所回顾的这些解释一样明显的是，它们反映了第二章和第四章中所描述过的信息影响和规范影响的区别。尽管从经验性上看还算成功，但部分是由于这种知识传统，它们还是留下了一些悬而未决的重要问题。

第二节　说服性论据与社会比较

一、理论与经验资料

说服性论据分析主要是由伯恩斯坦（Burnstein）和维诺库尔（Vinokur）发展出来的（1973，1975，1977；Burnstein，1982；Vinokur，1971；Vinokur & Burnstein，1974，1978a）。他们提出，在前测阶段，被试回顾了所有他们所熟悉的，或他们可以回忆起的与话题有关的论据，并以此为基础做出决策。实际上，他们是从可能性材料的“文化库”（cultural pool）中找到他们所熟悉的论据。他们所找到的论据的平衡（“正面”“反面”材料的比例）及说服力（有效性、相关、细节不足）会决定被试意见的方向和极端程度。因为被试一般来自于相同的背景，并因此共同拥有同样的论据文化库，因此通常前测的结果会倾向于某一选项。

伯恩斯坦和维诺库尔主张，群体讨论会把这种倾向极化到这种程度，而且**只到这种程度**，即在论据的交换过程当中产生了新的说服性材料。他们提出，论据在群体成员当中经常是部分扩散。也就是说，一个人会记住两或三个正面论据；而另一个人会记住两或三个与刚才不同的正面论据，诸如此类。当成员考虑到这些新的、先前不熟悉的正面论据——这些论据会说服他们，如果接受那种观点的话，那就会是一种更加聪明的做法——的时候，那么经过讨论，这些说服性的、部分扩散的信息结合在一起就会引起极化。

论据实际上并不需要以这种方式扩散。伯恩斯坦和维诺库尔明确预测到，如果所有群体成员都找到完全相同的论据，那么就不会产生极化；同样地，如果讨论中提出来的大多数初始论据都持反对意见，那么这会使得之前持赞同意见的群体转向相反的观点。这些预测符合他们的一般主张，即极化确实取决于所接触到的信息标准。

然而，这里出现了一个问题。因为极化比起去极化来说要更加普遍，他们的解释只在一种情况下起作用，就是他们假定讨论中所提出的新的说服性论据更加可能偏向主要的而不是非主要的趋势。那么为什么会发生这种情况？伯恩斯坦和维诺库尔会提出，极化的材料而不是非去极化效应更有可能，因为前测倾向存在的绝对事实表明，人们会认为那些论据更方便或更容易从记忆当中提取出来。但是，这似乎并不足以完全说明新材料可能出现的那些情境。因为人们提取或提出以支持这种观点的许多论据不太可能为大家所共享（根据定义，这代表了少数派的观点），所以偏向非主流一极的新材料更可能出现；然而偏向主流一极的那些论据可能会为所有人所知。这样一些说法似乎也同样有道理。

我们可以理解到，说服性论据模型是非常强调认知的。意见转变看来相当理性，因为个人和群体就像信息处理机器运行，他们会计算资料的情形和原创性。在被内化或私下接受的意义上，人们会把态度改变看成是真实的，而不只是在公共场所对于群体的顺从。

与此相反，社会比较论者发展出了一套动机性的、基于情感的分析。他们认为，各种各样的自我表现策略是产生极化的原因。他们提出了几个模型，所有这些模型都包含了这个基本假定，即选择困境的一方（例如，有风险的或谨慎的选择）或态度的一极更具有社会称许性、有价值、受到赞扬，或与积极的特质联系在一起，例如比别人更有能力——因此出现了样本中的前测倾向以及对于风险转移的解释。

一种解释认为，个体在群体当中会变得更加极化，因为他们不仅重视更加极端的反应，而且他们“错误估计了”他们同伴可能的极端程度，并且发现其他人要比他们自己更加极端，因此他们需要通过意见转变来恢复失去的自尊（Levinger & Schneider，1969）。人们提出的另一种解释是，极端性会受到群体的奖赏，因为人们会认为这与能力有关（Jellison & Arkin，1977）；转变来自于这种情况，即彼此竞争的成员接受了最具有称许性的、最为极端的观点，因而他们可以在重要的方向上拉大与其他人之间的差距（Myers，Bruggink，Kersting & Schlosser，1980；Lamm & Myers，1978）。尽管存在这些较少的差别，社会比较论还是可以被看成一种一致的方法。这些次级理论具有一些共同的假定——即不管是自己看来还是他人看来，人们都要比他们的同伴对极端化和转变给予了更加积极的评价——并且或多或少荣辱与共。

在过去的10多年里，学者们已进行了很多研究来检验说服性论据和社会比较模型的这些核心假设。一般来说，根据证据的分量，持说服性论据的理论家似乎进展得更好。

我们现在总结一下以上内容。第一，他们模型的主要观点是：人们已经证明，在讨论中所提出的论据的正面/反面的平衡与意见转变之间存在着显著的相关（Ebbesen & Bowers，1974）；而且似乎无须怀疑的是，被试花时间交换了大量信息（Vinokur，Trope & Burnstein，1975）。论据的说服性等级也与转变高度相关；而且在这两者——一是在前测中考虑某个项目时（大概是从“文化库”当中提取的），被试可以记下的论据的平衡程度；一是前测的观点，对于那条项目，它通常会在所有样本当中获得——之间也存在某种关系（Vinokur & Burnstein，1974）。对于论据说明的局部扩散所导致的这些极化转变，维诺库尔和伯恩斯坦（1974）也一直试图建立起数学模型，而且确实与实际的转变相符合。在改变意见上，给被试读的新的说服性论据同样要比旧的说服性论据更加有效（Vinokur & Burnstein，1978a）。但是，在这里，一个明显的弱点在于，人们并不能直接表明，这是论据在讨论当中独自引起了极化，而不是与材料一贯相连的某些因素引起了极化（参见Pruitt，1971）。

对于社会比较论者来说，他们需要能够证明以下三点：（1）群体是朝向社会称许的/文化重视的方向上移动；（2）被试通常低估了其他人观点的极端程度；（3）仅仅显示他人的观点（社会比较的机会）就会产生转变。

在第一点上的证据是混合的。现有证据表明，随着风险转移的出现，越极端、越带有风险性质的反应就越会受到人们的称许，或越被看做理想的反应（Levinger & Schneider，1969）。但是，对于一般会产生谨慎的极化转变的项目来说，更为谨慎的反应并非如同极化取决于社会称许性时一样，受到人们一致的和有规律的称许（Fraser，1971）。拉姆（Lamm）、绍德（Schaude）以及特罗姆斯多夫（Trommsdorff）（1971）已经证明，在一个人自己最初的前测观点与受称许的反应（比方说有风险的）之间巨大的差异同样会产生巨大的极化效应。这种观点强烈支持了社会称许性。但是，其他研究（Vidmar，1974；Vinokur & Burnstein，1978b）已显示出（例如）对于类别广度判断（category width judgement）的极化；以及对于类似项目——在这些项目中，某种反应要比另一反应在文化上更具有社会称许性的观念是完全没意义的——的极化。此外，对于天真的被试（通过实验者同伴操作的群体或录音带给他们呈现了某种共识）来说，他们似乎也在同样的程度上顺从于那种共识，而不管这种共识是否符合社会所称许的立场（Baron，Dion，Baron & Miller，1971；Blascovich & Ginsburg，1974；Cecil，Chertkoff & Cummings，1970；Clark & Crockett，1971；Boberts & Castore，1972；例外见 Baron，Monson & Baron，1973）。这里，唯一可能的结论就是，社会称许性也许会激发极化转变，但这似乎并非必要的决定条件。

在另外两个方面，社会比较论的基础要稍微坚实一点。很多研究都发现，在前测中做出反应的人们会估计他们的同伴不如自己极端或极化（例如，St. Jean & Percival，1974）；因此某些（持中立意见者）一定做出了“错误估计”，当这种错误出现时，给他们提供了在讨论中表现得更加极端的理由。但是，以这种方式“犯错的”那些人未必是最为极化的（Lamm et al.，1971）。最后，在最后一点上，尽管在早期的努力——确定这种观点的充分性，即仅仅与他人的比较就可以产生意见转变——上还存在争论（Burnstein & Vinokur，1977），最近的一项实验（Cotton & Baron，1980）似乎最后证实了，仅仅显示其他人的观点——这是社会比较的最简情境——就足以引起意见的变化。

因此，这两种理论都获得了经验性的支持（虽然在社会比较论的情况下，某些主要的方面有点过于散乱）。但是，虽然人们强烈试图确定说服性论据解释的优先（参见 Burnstein & Vinokur，1977；以及 Sanders & Baron，1977)，僵局似乎还是不可避免地产生了。如果我们把 20 世纪 70 年代后期以来极化研究的快速衰落作为指标器的话，那么研究群体过程的社会心理学家们所达成的一致似乎是探讨了所有可能方向之后的结果，尽管并没有产生明显的解决方案。

这种观点是错误的。正如我们试图要说明的，有相当大的理论空间可供开拓。如果我们回到说服性论据和社会比较分析的理论基础，并且指出主要的未解决问题的话，这一点就会变得显而易见。

二、未解决的理论问题

这些问题属于几种不同的类别，但基本上可以归因于有关群体过程的基本假设，以及作为说服性论据和社会比较模型的基础的影响。我们可以把它们作为一系列特定的问题来处理。

是什么使说服性论据具有说服性? 根据伯恩斯坦和维诺库尔的观点，按照推测，人们在群体中会因为新的说服性论据而受到影响。但是，新的说服性论据的特征究竟是什么?

从操作上（当被试觉得论据是说服性的，那么它就是说服性的）到理论角度的认知上（论据的说服性取决于两方面，一是与它们所接触到的内部信息网络相联系的程度；一是内部信息网络的规模，Burnstein，1982)，我们都只能把伯恩斯坦和维诺库尔的标准描述为是初步的、绝对可变的。总的来说，在他们的理论陈述当中，他们提到了逻辑的性质(有效性和一致性)，缺乏细节或重复，以及创新性。

这里存在的问题不难说明。论据的性质，例如有效性、细节，甚至是创新性确实不是抽象存在的；或者用泰弗尔（1972b）的术语来说就是，不会存在于社会真空当中。来自一个人支持并认同的群体的信息与来自一个人强烈反对的竞争外群体的类似信息，人们知觉起来是相当不同的。正如社会心理学中很多不同研究所证实的，说服性取决于个体对于来源、情境和信息的知觉，以及个体自己最初的态度立场（Eiser & Stroebe，1972；McGuire，1985；McLachlan，1985）。通常，在不断的讨论当中，人们甚至可以断然重新定义某个论据的创新性。在心理学中，或多或少是老生常谈的一种情况就是，人们在不同背景下对信息会进行主动建构和再建构（参见 Zavalloni & Louis-Guerin，1979）。因此，伯恩斯坦和维诺库尔的理论所持的方向似乎非常离经叛道。极化研究的要点似乎在于，关于群体影响的任何可靠理论都无法避开对于论据说服性当中存在的社会背景变化的描述和解释。

拉姆和迈尔斯（Lamm & Myers，1978）提出，其他更为灵活的认知模型，例如安德森和格雷泽（Anderson & Graesser，1976）的信息整合方法，可以适用于一系列背景效应。尽管并没有系统地把这一方法应用于极化领域，但人们的观点似乎是说，个体会把各种信息结合起来。例如，除了伯恩斯坦和维诺库尔所强调的论据的性质（相关性、缺少细节、中肯性以及新奇性）之外，人们还会考虑论据是否与群体中的主要趋势相符合。此外，人们还会赋予这些信息以不同的权重。这样，人们就可以解释来源效应（信息来自何处），同样也可以解释没有多少内容的断言的说服效应，以及这样一种事实，即在讨论当中材料经常是以更加动态的方式提出来来，而不只是读出一系列论据（Lamm & Myers，1978）。

然而，关键争论在于，对于信息来源及其他效应的结合是否具有解释力。社会心理过程仍显得模糊。从认知上说，与没有受到支持的政治团体相比，个人所支持的政治团体的论据可能会把信息网络扩大到更大的范围；在某些场合下的信息可能要比其他场合下的信息——这些信息取决于与前测趋势的一致——更加具有说服性。但是我们仍然需要知道的是，信息加工为什么这样进行，影响到底如何取决于对参照群体的认识。

为什么某些极端会获得称许？显然，说服性定义是说服性论据理论当中核心的未解决问题。对于社会比较论来说，相同的问题在于解释为什么某些极端会获得称许。接下来我们看一下社会比较论的解释范例，以此来说明这个问题。

某些人把风险看做是具有社会称许性的；所以，当他们在选择困境上做出最初的前测反应时，他们通常会选择相对具有风险的选项。在群体中对于这个项目的讨论表明，这种对于风险的偏爱是成员们共有的。但是，为什么群体并不满足于这种一致？为什么他们现在没有聚合在前测反应的平均值上？为什么他们会发生极化并且变得更加冒险？

社会比较论者认为，之所以出现这种情况，是因为群体成员在他们自己当中相互竞争，从而最大程度地做出社会称许的选择；或是因为意见温和的那些人发现其他人比自己更为极端，因而他们也需要通过变得更加冒险而在获得社会称许性方面赶上其他人。换句话说，群体并不是因为它们造成了服从于某种折中立场的压力而改变成员的意见，而是因为群体提供了一种环境，在其中个人可以纠正自我形象维护当中出现的任何问题。之所以出现这些问题，是因为个人在讨论前还不清楚自己应该呈现给他人的称许性特征（风险）的程度。

这到底假定了什么？首先而且最重要的是，它假定了在激发意见变化的**群体背景之外**，还存在着某些社会/文化标准。群体成员并不满足于在他们观点的平均水平上，或在基于群体的规范水平上综合他们的意见，因为他们是被某些外在的标准所推动的（风险是受到社会重视的）。

这里存在许多经验性问题（Wetherell，1983），其中最具启发性的问题来自于上面所提到的这些同盟者或“假规范”（fake norm）研究。这项研究表明，如果研究者选出的被试与样本中的其他人一样，对于某些意见（比方说冒险）持有某种与相同的前测倾向，同时让他们他们也知道了解到群体的一致意见是主张谨慎的反应的一致意见，那么这些被试就会顺从群体的意见并转变到谨慎的立场上来。如果这种一致意见主张冒险，他们立场转移的程度也大致相同。但是，但如果对于冒险存在一个强烈很强的冒险的社会价值的话，那么他们为什么还他们要顺从于主张谨慎的群体一致意见？或许这是因为在这种情况下形成了一种隐含内在的群体压力（Myers & Lamm，1976，第 615 页）。但是，但如果这种压力在这些这种情况下都起作用的话，那么它难道不可能同样也成为持有冒险前测倾向的群体的动机吗？也就是说，被试或许并不是由他们对于某种外在社会价值的认识所推动的，而是由他们对于讨论群体的规范的认识所推动的。

如果进一步考虑的话，我们就可以看出这点的重要性。重要的区分开这两种分歧：一是在特定背景下提高了自尊的群体之间的分歧；一是普通的分歧（也就是说，在没有受到赞成的、受到负面评价的方向上具有差异）之间的差别。在持有温和冒险意见的群体当中怀有极端冒险立场的个体是在积极评价的方向上与群体存在分歧；这显然不是在群体视角下的偏离行为。但是，如果个体持有极端的谨慎立场，这几乎可以肯定是偏离的，而且自尊也不会以同样方式得到提升。因此，争取变得更加极端的这种竞赛可能并会不取决于文化价值观本身，而是取决于特定群体背景中明显存在的规范。

看上去某些极端通常并不会受到人们的称许，只有在成为讨论群体的趋势（规范）时，它们才具有称许性。如果确实如此的话，我们就必须对群体极化过程当中的群体规范形成及从众过程给予一些说明。

社会比较和说服性论据模型进入了类似的僵局。群体互动的特征似乎有可能成为影响的动力性推动力量，后者决定了什么是具有说服性的，什么是具有价值的。尽管存在一致性压力究竟如何单独引起极化的问题，但这两种理论都倾向于把群体讨论看成是一种中性的环境，最多产生某些“噪音”或随机效应。最重要的原因变量被看成来自于别处，要么是来自于个体的信息加工策略，要么是来自于个体维护和提高自尊的愿望。人们假定，个体的这些特质和状态是先于群体互动而存在的，并且在讨论过程当中相对保持不变。结果，人们几乎很少注意从群体过程自身当中产生的因素或心理状态。因此，在讨论的这一点上，追问如下的问题似乎是适当的。

群体过程起了什么作用？很少有研究关注这个问题，但破坏或提高群体归属感的这些因素确实影响了极化这一点还是依然很清楚的。福加斯（Forgas，1977）以及莫斯科维奇和欧塞尔（Lecuyer，1972）的研究表明，妨碍了群体互动的那些特征（某些空间和物理安排、服从程序规则）抑制了极化。另一方面，对于共同命运（common fate）的感受（Kogan & Carlson，1969）以及群内相似性（Moscovici & Zaleska，转引自 Zaleska，1978）会促进意见转变。另外，杜瓦斯（Doise，1969）的研究——斯金纳和斯蒂文森（Skinner & Stephenson，1981）重复验证过——表明，把竞争外群体隐含导入到考虑范围内（例如，在讨论他们自己的意见之前，一所建筑学校的学生被要求，先考虑一下另一所学校的学生可能有的意见）会增加极化。看起来，以说服性和新奇性论据所出现的比率或社会比较来解释这些发现都是有困难的。尽管在这个问题上还需要进一步研究，但是凝聚力、群体认同以及其他特定的群体效应牵涉到了极化当中，并处于群体影响的范围和决定之下，这一点并不会令人感到惊讶。这些研究强烈表明，极化是一种真正的受到群体调控的过程。

但是，同这种结论不同的是，在主要的评论当中，极化传统上一直被看成是某种样本效应（Lamm & Myers，1978；Myers & Lamm，1976）。这就是说，极化被看成是整个样本当中个体在讨论前和讨论后的反应相互对比的产物。人们并没有提出，极化同样可以在特定群体的水平上发生，是基于群体的效应（如果群体具有初始倾向的话，那么我们就可以预测，它会强化这种倾向）。很显然，“样本”极化和“群体”极化可能是联系在一起的，但是拉默尔和迈尔斯明确提出，“对于特定群体来说，讨论前的反应均值并不会预测群体内的变异会在特定项目上发生转移。”（1978，第 170 页）

这个结论建立在泰格和普鲁伊特（Teger & Pruitt，1967）完成的关于选择困境的相关研究的基础上。但是，这项研究当中似乎存在许多问题：主要是该研究假定，合适的衡量方式是风险转移的程度而不是符合最初的群体趋势的极化或转移（Wetherell，1983）。当弗雷泽（Fraser）、古奇（Gouge）和比利希三人一起（1971）研究这个问题时，他们发现，“随着讨论的进行，对于最初朝向意见的某一极（冒险或谨慎）的群体来说，它要有 6 倍的可能性更加同意更为极化的立场而不是不那么极化的立场”（第 21 页）。对于发展出真正基于群体的极化理论

(group-basd theory of polarization) 的努力来说，这是一个重要的发现，因为这证实了，极化与发生在特定群体当中的过程之间有密切关系。我们可以继续这个假定。但是，为了更完美，我们需要进行更多的相关研究来确认这一点。

极化的限制是什么？最后的问题涉及极化的边界——另一个关键的理论课题。在什么情境范围下，人们可以预测极化的发生？每个理论都根据自己的标准来定义这些限制，但没有一个能成功回答这个重要的实际问题。

社会比较论通常区分了两组项目。一组是事实项目，这些项目引入了精确参照系（朝向事实正确性的方向）；另一组是价值项目，这些项目进入了等级评价（反应会受到不同的评价），比如人们会关心与他人相比时自己的自我呈现（Baron，Sanders & Baron，1975，转引自 Lamm & Myers，1978；Baron & Roper，1976）。人们假定，极化是与后者联系在一起的。

尽管这种主张似乎合理，符合影响研究当中对于自然和社会环境之间判断的一般区分，但不幸的是，有证据表明，极化确实不会在事实判断开始的地方停止。正如我们已指出的，几项研究表明，对于模糊事实的讨论（例如，死海中的罪恶之地低于海平面有多少）会引起极化（Doise，1971b；Vidmar，1974；Vinokur & Burnstein，1978a）。群体互动似乎会把人们推向极端，而不管项目是事实性的还是评价性的。这进一步表明，人们不能把关于极化的这些模型建立在外在决定的社会评价上。

这些发现并没有过多涉及说服性论据者，他们会声称，只有在新的和具有说服性的论据出现在讨论中并被人们所共有时，极化才会产生。这与判断到底是事实性的还是评价性的没有多少关系。然而，目前尚不清楚的是，对于有关模糊事实的项目来说，为什么新的说服性材料会更可能从主流意见的一极那里产生出来，或在符合前测趋势的方向上产生出来？如果说服性论据的解释要令人信服的话，人们就必须做出进一步说明。

说服性论据论仍旧有一个更为严重的问题。如果极化基本上取决于论据交换的话，那么在讨论没有任何余地的情况下，极化就不会发生。但是，与这个假设相反，迈尔斯（1977，转引自 Lamm & Myers，1978）的研究表明，极化可以由于对幻灯片当中人物吸引力的判断而产生；而拜伦和罗珀（Roper，1976）则证明了，当赋予某种价值时（某种判断被描述为显示出了更高的智力），人们对于视错觉的判断也会产生极化。同样，我们也可以考虑一下像群体暴乱这样的行为极化，它似乎不需要讨论就可以发生。

伯恩斯坦和维诺库尔（1977）提出，在这些情况下仍旧包括讨论：例如，拜伦和罗珀研究当中的被试可能会想“我很聪明，聪明人通常会做出夸大的估计，所以……”（第 327 页）。然而，如果这是可以接受的话，那么新奇性和说服性的概念就会不可挽回地变得不清楚和模糊。任何心理状态似乎都被看成具有说服性和新奇性的论据。

未来的研究要着重于这个关于限制的问题，特别是当这一问题脱离实验室而进入应用领域时。极化与项目类型和评价背景有关吗？它是信息输入的问题，还是有其他什么标准存在？如果这看上去涉及了其他标准的话，那么到底是什么区分了极化的情境和非极化的情境；而且同样重要的是，随着时间的推移，讨论群体当中会发生什么？

第三节　群体极化的自我归类论

我们现在已厘清了解释极化现象的几个主要问题。这些问题大体上可以归结为两点：把群体过程合并在一起，例如详细说明了说服性的群体规范的形成；以及把群体影响产生聚合性极化的情境和没有极化的聚合情境区别开来。我们的论点在于，自我归类模型的发展（Turner & Oakes，1986；Wetherell et al.，1985）可以有助于解决这些基本问题。

从第四章开始，对于极化的自我归类解释就会为人们所熟悉，因为它来自于有关参照信息影响的理论，以及本书中所提出的有关群体行为的更为广泛的观点。现在，它可以在有关极化研究的过去和现在的脉络当中得以充实。

与其他途径形成对比的是，自我归类模型开始于如下事实：聚在一起形成群体的人会认识到他们共有的特征，以及把他们与其他群体区别开来的特征。人们假定，影响和说服是与这种知觉紧密联系在一起的。因此，我们提出，当人们觉得某种反应的信息价值或其“说服性”会成为某些内群体规范或共识的典型时，它就是完全相等的。

在很大程度上，什么样的行为或意见被看做是合适的和符合要求的，取决于人们在任何特定时间内作为其成员的那个群体。此外，群体内达成的共识程度越高，人们就越可能把群体的观点看做浓缩了对于世界的某些客观上正确的特征。当人们希望与其他人一致时，他们就会容易受到这些人的影响或劝说；如果他们觉得其他人是相同社会类别的成员（也就是说，与外群体成员对立的内群体）并因而成为合适的参照群体时，他们也希望与这些人一致。此外，随着那种群体成员身份的重要性或显著性的增加，人们对于一致的期待以及相互影响的可能性也会增加。

与伯恩斯坦和维诺库尔的方法不同，这种对于影响的分析为说服性论据的概念赋予了真正的实质。人们可以把归因于论据的属性与讨论材料所产生的社会背景直接联系在一起。这同样与证明了群体凝聚力、认同以及类似变量会影响到意见转移的研究结果一致。此外，对于作为群体成员的自我归类的发展过程以及内群规范的形成过程的密切注意，也避开了社会比较论者在解释这种现象——即当群体规范调节意见转变这一事实看起来很明显时，那么为什么某些极端还是作为主要的“社会标准”而获得称许——时所面临的问题。

影响和对于劝说的易感性依赖于知觉到的自己与他人之间在类别成员身份方面的相似性，考虑到这个一般原理，自我归类模型要做的下一步就是要详细说明影响在何处会达到最大，或者群体当中最有说服性的意见是什么。人们提出，群体成员会聚合在十分符合最初的内群体共识原型的意见上。

我们在此重新概括一下第三章和第四章的论点，原型性可以通过元对比率——即在内群体成员和外群体成员之间所知觉到的平均差异，与在内群体成员之间所知觉到的平均差异的比率——来进行定义。

群体成员的原型性或代表性（意见，等等）取决于与外群体成员之间差异的增大，以及与同一类别成员之间差异的减少。从这种意义上，我们可以预测，最具原型性的成员最具有说服性；而且，在所有事情都相等的情况下，群体讨论和互动都会引起对这些成员的观点的顺从。

值得重申的是，人们并没有把与内群体规范保持一致轻蔑地看成是对于多数压力的过度屈从，这种压力的自然对立面就是个人的诚实。在一定程度上，人们更把它看成是高度适应的群体过程：群体成员对于共同规范和价值观的坚持或朝向它们的移动，与莫斯科维奇（1976）的“规范化”描述类似。

但是，有一个问题仍然存在：在什么情境下从众会产生对于平均立场或最初群体平均值的聚合？在什么情境下会产生对于那种均值的极化？这两种结果都可以得到说明。第四章论述过，原型性依赖于反应中所用到的比较维度，以及个体进入群体前在比较量表上的意见的初始分布。（这里假定，比如像七点态度量表就建立了社会比较的参照系，细化了所有可能的意见）。我们可以用一个简单的例子来说明这种联系：

−3	−2	−1	0	+1	+2	+3
0	0	A	B	C	0	0

在这里，对于群体成员 A、B 和 C 来说，B 是最符合原型的个体，与可能的外群体反应（−3，−2，+3 和+2）的差异最大，而与其他的内群体成员最为相似。换句话说，在平均值上聚合，群体的前测反应均值（假定这是一个即将开始讨论的群体）会被预料为相互影响的结果。

然而，随着个体反应的分布开始偏离量表的中间点，我们可以证明，反应已经极化了的群体成员（也就是说，那些反应在符合初始倾向的方向上偏离了平均值的个体，即如果说在−3 到+3 的量表中+1 是群体的前测均值的话，+2 就是我们所说的这些成员的反应值）会变得更符合原型。例如，一个按照如下分布的群体：

−3	−2	−1	0	+1	+2	+3
0	0	0	0	A	B	C

在这里，最为极端的成员 C，渐渐变得要比态度温和的成员 A 更符合原型。我们可以看出，在这些情境下，极化或前测均值的增加是如何发生的（也就是说，如果群体只由 A 和 C 组成，那么 C 就是最符合原型的成员——具体细节讨论，请参见第四章）。其实，在这些情况下，成员对于群体规范的知觉遵循了经典的归类效应：与类别内同质性一样，由反应量表所定义的群际或类别间差异得到了强调（Tajfel & Wilkes，1963；Taylor et al.，1978）。

在此，我们总结一下关于极化的自我归类论的主要观点。第一，说服性取决于产生了群体之内的共同身份的自我归类。第二，极化意见的产生是因为群体成员调整了他们的意见，以符合他们对于群体立场的印象（一致）；以及更加极端的，已极化了的符合原型的反应决定了这种印象。第三，作为相互影响的结果而出现的极化，其发生的先在条件是，人们知觉到了初始群体反应从有关参照量表的心理中点上做出了转移。

对于群体影响的这种说明达到了几个目标。第一，通过把说服性与群体讨论的背景结合在一起，并解释为什么极端会变得规范化，它解决了社会比较和说服性论据理论很早就确定了的一些问题。第二，而且可能最为重要的是，这可以把两种不同的研究——即极化研究，以及早期对于聚合效应的研究——满意地综合在一起；同时，这也成了回答极化的边界和限制这一恼人问题的开始。一旦人们能够证明极化这一事实，那么综合就会变得势在必行。它有效地破除了人们以前在对于社会和现实世界的判断之间所做出的切实可行的区分。

不论是在实验室中还是在实验室外，自我归类论所描述的相互影响的情境总是与其他变量发生竞争，因此也许并不是最理想的。认识到这一点非常重要。人们假定，当个体认同于某个群体并把自己看成与那种类别中的其他成员相似时，他们就最容易受到影响；同样，当他们对于自己的判断并没有把握时，他们就会认为一致意见最为重要，并且理所当然地认为所有人都针对同一刺激在做出反应。这种情形非常普遍，因此自我归类论具有广泛的普适性。

我们可以把上面观点的反面看成是使相互影响和聚合的可能性减到最低程度。我们认为，对不同程度的群体认同进行比较会破坏影响压力。作为女性，一个人可能会认同其他女性；但在政治观点明显出现分歧时，她可能会终止这种认同。在某些情况下，全球认同会变得显著；但在其他情况下，更加特定的自我定义可能会变得显著。同样，初始状态下群体中较大的不一致（例如，在法庭陪审团的成员当中），会提高人们把意见差异归因于个人特征（智力、理性、洞察力的程度）的可能性，因而干扰了人们对于类别等价性或可交换性——这与证据和相互影响的基础有关——的知觉。正如麦克拉克伦（McLachlan，1985）所提出的，在这些情况下，个人可能开始把自己看成群体当中的少数。最后，一个经验性的问题就是，自我归类论所描述的情境是否可以真正获得，并因而产生相互影响的结果（比如极化和聚合）。

实际上，关于极化的自我归类模型是在一个新的框架内调和了社会比较和讨论过程。人们把极化看成是对于说服的信息处理的结果（尽管并没有明显区分开论据和立场，或作为这种过程的媒介的成员），并且同样是朝向更加极端、重要的方向上移动。人们公认社会比较是基本的，但它是以群际差异与群内差异之间元对比的形式出现的；同时，人们也假定，任何可能发生的社会区别都朝着这样的方向，即增强了个人对于与群体成员有关的原型理想的顺从（参照 Codol，1975；Myers & Kaplan，1976）。在许多方面，现有理论的重要贡献就是把社会价值和信息影响的概念结合在了一起，而不是继续武断地把二者分开。

尽管与社会比较论和说服性论据模型在很多方面有交叠的地方，自我归类解释仍旧导致了一系列不同的预测，这使得经验性检验变得可能。我们可以把这些预测总结如下：

1. 影响的产生需要对于类别等价物的认同或知觉，极化会随着对于群体认同的增加而增加。通过决定内群体—外群体差异的显著性的那些变量，人们可以对认同进行操作。

2. 当处于强调对群体的共同认同的自我类别之内时，被试要比其他没有卷入的被试对于群体规范发展出更加夸大的感知。

3. 不论是在事实项目上还是在价值负载项目上，极化都会出现。研究已经证实，重要的并不是精确性或被试所采用的评价参照系，而是群体的初始反应分布与量表的心理中值之间的关系。对于群体内那种偏移（存在及其方向，或不存在）的知觉并因而影响意见的改变进行实验操作应该是可能的。

4. 如果极化是基于群体的现象的话，那么在特定群体的前测均值与他们的一致意见或后测之间就应存在某种关系。此外，与说服性论据论相反，初始就比较极端的群体（显示出更大的对于心理中值的偏移）应该比初始比较温和的群体更加极化；而在其他所有方面，这两类群体都相同。这种预测建立在这种观点的基础上，即随着偏移的增加，更加极端的反应会变得更符合原型。说服性论据论预测，更加温和的群体会更可能从论据的交换当中获益。

无疑，随着理论的发展，可以对有关极化的传统模型进行对比的其他假说也会产生。对于这种新方法的研究还处于早期阶段，但第一和第二点预测已经得到了证实，而第三和第四点预测的某些方面也得到了证实。我们在下一节将要讨论这一工作程序及结果。

第四节 极化的自我归类论的证据

为了说明这些经验性证据，除了参照对于自我归类论预测的独立检验（Mackie，1986；Mackie & Cooper，1984；McLachlan，1985）以及过去有关的极化研究之外，我们还参照了已发表的研究和正在进行的研究（Wetherell et al.，1985）。

到目前为止，人们完成的许多工作关注的都是认同和归类对于意见转移的影响。我们用来调查认同的第一项研究着眼于不同类别的群体背景对于信息和论据的说服性的影响（Wetherell et al.，1985，实验 1）。如果被试认为论据来自于与外群体立场相反的内群体，来自于他们熟悉的人而非不熟悉的人，那么他们会不会更容易受到说服？

在这项研究当中，所有被试都要求听同一份群体讨论的录音带。然而，其中有些被试被告知，他们即将加入这个群体，成为其中的新成员，并要与另一个群体进行辩论；根据之前完成的价值观量表，我们知道他们与这个群体当中的个体非常相似（内群体相似的情境）。一些被试被告知，这是个内群体，但是他们与其中的个体非常不相似；然而，其他一些被试被告知，在研究的下个阶段，他们将要与之进行辩论的录音带当中的群体与他们非常相似（外群体相似的情境）。最后一部分被试则被告知，录音带当中的群体是与他们很不相似的外群体。实际上，被试被随机分配到这四种情境当中。在前测——发生在他们接到任何其他指示之前和听到录音带之后——当中，研究者测量了被试对于录音带中所讨论的问题的意见。被试被告知，听录音带是为了让他们熟悉这些类型的群体讨论。

因为在所有情境下使用的都是完全相同的录音带，因此研究者就可以检查，同样的论据是否在对群体背景的知觉当中产生不同的影响。按照自我归类论，不论是知觉到的相似性还是内群体成员身份都应该对认同以及对于类别等价性的认识提供某种基础，这些会让人们更容易受影响。然而，在解释这四种情境当中对于群体的意见转移的任何差异时，伯恩斯坦和维诺库尔都会遇到困难，因为这些论据的信息属性已保持了恒定。

研究结果毫不含糊地表明，被试明显更可能被来自于内群体而不是外群体的同样论据所说服；被来自于相似群体而不是不相似群体的同样论据所说服。这一点通过相对的意见转变分数而得到了测量。相对的意见转变分数考虑到了天花板效应（即在固定的态度量表上，在特定的方向上可能发生总的意见转变量）。同样，我们也发现，当赞成的立场与被试的平均前测分数或样本的前测均值的方向一致时，录音带当中的群体就更加具有说服性；而当赞成的立场与被试的平均前测分数或样本的前测均值的方向相反时，录音带当中的群体就更加不具有说服性。此外，当群体的初始意见与被试相同时，个体的认同（知觉到的相似性或可交换性）会更高。

对于这种结果模式，许多社会心理学家可能并不会感到吃惊。但是，对于极化研究来说，这却是非常重要的说明，特别是对于伯恩斯坦最近的断言“社会影响可以只由信息的表达方式来进行解释”（1982，第 121 页）来说。在这个实验中，被试态度朝向群体的变化并不是随着信息内容的变化而变化的，而是随着群体认同的社会心理过程的变化而变化的。

然而，对立理论之间的争论并不是那么容易解决的。伯恩斯坦可能提到了他与维诺库尔完成的一项研究（1978b）。这项研究明显表明，信息压力甚至比把群体分成相反的小派别或次级群体还要拥有更大的效应。初步看来，我们可以把对于次级群体分化的意识看成一个群体背景变量。

在正在讨论的这个研究当中，维诺库尔和伯恩斯坦创立了六人群体，因而其中三名成员持有赞成冒险的前测意见（一个次级群体）；另外三名成员持有赞成谨慎的前测意见（另一个次级群体）。通过座位安排等方法，一半群体成员会把他们的注意力集中在这种意见差异上；而对于另一半群体成员来说，这种意见差异并不显著。研究者发现，被试倾向于聚合，两个次级群体的意见在讨论之后会变得更加接近，而不论初始差异是否显著。维诺库尔和伯恩斯坦提出，根据群体当中新说服性论据的扩散模式，人们可以预测出这种结果。

按照自我归类的观点，增加次级群体分化的显著性确实会干扰或抑制相互影响？这一预测是根据这个理论而得出的，因而维诺库尔和伯恩斯坦的结果似乎无法证实。但是，为什么这些结果不能只从表面来看，哪个损害了这种结论，对此我们可以提出许多原因。

首先，维诺库尔和伯恩斯坦指导被试达成他们作为一个完整群体的共识，尽管存在次级群体的分化。这种指导似乎可能会立即建立起更高层次的规则，要求被试为了讨论而找到共同的身份，并且引导人们把中间范围重新界定为符合原型的群体立场。其次，次级群体的不一致并没有涉及对于被试来说具有重要性的问题；最后，实验所使用的反应量表是连续型的而不是利克特式的（Likert-type），后者清晰地把意见划分到不同的类别当中（即赞成还是反对）。

既然存在这些问题，重复一下这项研究（Wetherell & Turner，准备当中 a）和这个实验，以作为我们对于认同效应的第二项研究似乎是一种明智的做法。按照维诺库尔和伯恩斯坦的程序，他们事先选择了讨论群体，以便能够由划分开的次级群体组成这一讨论群体。同样，在某一种情境下，被试的注意力被吸引到意见不一致上，他们被告知期待“尖锐的意见分歧”的出现。次级群体被贴上了上 A 和 B 的标签，座位安排与此相协调；而在其他情境下，没有向被试提到群体内部的划分。

从维诺库尔和伯恩斯坦的方法出发，我们研究当中的被试讨论了他们感兴趣的某些有争议的话题。研究使用了利克特式量表，因而可以清楚区分赞同意见和反对意见，而且在中间有中立的中点。此外，我们只是要求被试简单地进行讨论和交换意见，“发表所有的赞同意见和反对意见”，并不要求在群体内达成一致。通过比较前测反应和所有个体在讨论后分别完成的后测反应，我们测量了他们的意见转移。

在两种实验情境之间没有太大差异的情况下，维诺库尔和伯恩斯坦肯定再次预测了次级群体之间的聚合。因为尽管在程序上存在细微的变化，但论据的可能扩散仍然保持了一致，但是，从自我归类论的观点出发，两种实验情境之间的显著差异是预期之中的。在这个实验当中，尽管次级群体的区分并不是特别强的操作（比方说，与自然发生的情况——在这种情况下，次级群体的划分是与特定的利益冲突联系在一起的——相比而言），但是当这种区分变得显著时，作为整体的群体内部的相互影响应该会受到抑制，并且不会出现达成一致意见的强烈压力。

确实，我们发现，在情境（显著/不显著）之间所预期的方向上以及讨论之后次级群体之间的聚合程度上，五个项目当中有三个达到了显著的互动，F（1，16）＝7.54，$p<0.01$；F＝8.45，$p<0.01$，F＝43.46，$p<0.000$（把群体作为分析单位）；对于第四个项目来说，互

动也开始接近显著，F＝2.43，$p<0.14$；对于第五个项目来说，互动没有达到显著，F＝0.18。当我们把被试的注意力明显导向群体内的不一致时，次级群体聚合的可能性就会相当小。

这一结果支持了我们从第一项实验中所获得的结论；并且明确表示，维诺库尔和伯恩斯坦未能发现差异，可能是他们的实验程序引起的，而不只是信息压力的作用。

前两项研究的结果是与之前引用的先前研究相称的，它们表明极化会随着认同的增加而增加（Doise，1969；Skinner & Stephenson，1981），也显示了把归类与群体过程联系起来的普遍例证（P. T. Allen & Stephenson，1983；Boyanowsky & V. L. Allen，1973；Tajfel，1981a；Turner，1985；Turner & Giles，1981b；Wilder，1981；Wilder & Cooper，1981；Wilder & Shapiro，1984）。

此外，麦凯和库珀（Mackie & Cooper，1984，实验 1）采用的程序与我们在第一项实验中所描述的程序稍微不同，他们独立地发现，发生在录音带中提倡的方向上的态度极化仅仅发生在内群体情境下。有趣的是，有清楚的证据表明，朝向内群体规范的移动表现了个人的赞同或真实的态度变化；换句话说，这表明内群体规范具有某种“信息性”影响。

我们应该在此提到沿着这条思路的另一项研究（Reid & Sumiga，1984），因为这项研究产生了相当混合的结果。里德和苏米戈（Reid & Sumiga）发现，当代表在讨论小组中为辩论做准备时，在不重要的问题上，预期的群际辩论要比预期的群内辩论引起更大程度的极化。但是，尽管如此，当预期会就重要问题进行群际辩论而不是群内辩论时，学生课程群体的代表却往往较少发生极化，情况很可能是这样：尽管预期的群内辩论提高了内群体认同，并在定义了内群体认同的刻板态度上引起了极化，但是学生群体之间的“群际”辩论可能实际上会使更高水平的“学生”内群体类别变得显著，并重新定义了相关的行为规范，使其呈现出具有竞争力的、可以成功的样子来——毕竟，辩论的要点还是在于说服对手（或至少是听众）。根据现有理论，这意味着人们要努力确定讨论的“共同点”。

总之，关于说服中群体背景的重要性存在堆积如山的证据，这就使得人们越来越难以在“信息性”标准和社会因素之间保持区分。因而，人们就不可避免地要对这两者之间的关系进行说明。

迄今为止，我们已强调了这些认同或归类研究对于说服性论据论的含义；尽管对于社会比较论者来说，这些研究也出现了一些问题。我们将要描述的第三项研究可以更加直接地与社会比较模型联系在一起（Wetherell et al.，1985，实验 2）。

这项实验调查了极化究竟在多大程度上依赖于这种知觉，即把群体成员的反应看做是内群体类别的刻板化或规范化反应。实验预测，当人们把主要的反应趋势看做是刻板化的群体特征，并因而看做是社会性规范特征（合适的、正确的、有价值的，等等）时，极化才会发生。例如，冒险的广泛社会价值，即被社会比较论者所强调的类型中某些高级文化认同的规范，可能会左右个体的前测反应。但是，我们所假设的群体内意见转移反映的却是即刻的规范背景：通过结合个体初始的前测倾向，社会价值观会转化为特定的群体规范。相应地，如果人们没有在知觉上把初始的前测倾向合并到群体中当中，并由此形成共同的一致反应或刻板化内群体规范，而是维持其不同的个体反应的散乱状态，那么它们就无法产生说服性影响。

被试把主要意见看做是共同的群体特性还是无关的个体特性，在实验中是以如下方式来进行操作的。首先，被试被告知，在实验先前阶段进行的决策测验当中，从他们的反馈中可以看出，他们具有一致的决策风格：要么是倾向于冒险，要么倾向于谨慎（实际上，测验及反馈结果都是由实验者伪造的）。实验者把一些被试随机分派到刻板化群体特征的情境下，这些被试是在这种背景下——即强调这些决策风格反映了群体之间的差异——获得这一信息的。在宣布了被试自己的决策风格之后，实验者告知他们加入房间一边的群体 X，即“冒险的决策者”；或加入房间另一边的群体 Y，即“谨慎的决策者”。就是说，**决策风格一直是与群际区分联系在一起的。**在实验的第二阶段，实验者把被试从更大的群体当中分成较少的4人小组，被试在这些小组当中讨论一系列选择困境问题，并达成一致。在这个阶段，这种群际区分以及差异的共同的、一致的性质还依然保持。

与此不同的是，实验者告知被随机分入个体特性情境当中的被试，冒险和谨慎的决策风格反映的是人们之间的人格差异，因而可以决定他们是**冒险的人还是谨慎的人**。个体状态的宣布并没有按照特定的顺序进行，即没有外在的或内在的群体划分。之后，正如在其他情境中一样，实验者把被试被随机分入讨论群体当中，这些讨论群体被标记为包含了4个“冒险的个体”或4个“谨慎的个体”。

实验预期，在后一种情境下，人们会把冒险和谨慎看做是特殊的反应偏差，而不是共同的规范价值观，甚至可能把它们看成偏离了正常的、普通的反应。个体差异在此变得显著，与表明共同规范的存在的群体差异对立起来。

自我归类论预测，在刻板化群体特征的情境下，“冒险群体”会朝向冒险方向极化，而“谨慎群体”会朝向谨慎方向极化，不管所讨论的选择困境的类型如何。也就是说，不管整个样本在某个特定项目上的初始前测倾向是朝向冒险还是朝向谨慎。被试完成的前测作为实验当中的第一项任务。我们可以通过比较这种前测反应和讨论中达到的一致意见或个体独自完成的后测，来评定这种实验操作的效果。在个体特征的情境下，我们可以预料，这种意见转变会受到抑制。其实，我们假定的是，影响和意见转变并非取决于人们寻求强调他们与其他人之间的个体差异，而是取决于朝向或顺从所知觉到的群体共同的和普通的特性。

实验结果证明了这些预测效应。对于前测意见和后测意见之间可能的比较，以及前测意见和最终共识之间可能的比较来说，在被试的情境（刻板化群体特征针对无关的个人特征）和他们被随意分派的特征（冒险或谨慎）之间存在显著的交互作用，前测意见/后测意见之间的对比结果 $F(1.92)=7.18$，$p<0.01$；前测意见/群体共识之间的对比结果 $F(1, 20)=5.43$，$p<0.05$（在后一种比较当中，以群体作为分析的单位）。总之，在刻板化群体特征的情境下，“冒险的群体”往往会转变

到更加冒险的意见上，而“谨慎的群体”往往会转变到更加谨慎的意见上；而在个体特质的情境下，“冒险的个体”往往会转变到谨慎的意见上，而“谨慎的个体”则几乎不会产生任何意见的转变。

从分析当中，我们可以发现其他效应（参见 Wetherell et al.，1985），但上述结果是以上预测的关键之处。意见转变明显会受到这一因素的调节，即被试把某种特性知觉为刻板化/规范化的，而不是相反的个人人格特质的程度。如果极化代表了朝向原型性内群体立场的移动，那么这个效应就非常有意义了。因为预先定义群体的共同特征（在这里是指冒险或谨慎）会确保这种情况的出现，即符合归因于群体刻板印象的那些论据/立场/群体成员往往被看成更多地代表了整个群体，因而也更具有说服性并受到更多的重视。另一方面，如果提供了同样的信息，但是以区分开每个个体并强调个体间差异的方式的话，则这往往会使个体更难以根据他们的共同特征来相互认同；而且他们也可能产生这种知觉，即自己的个人倾向背离了某些更高水平的内群体规范（例如，既不是冒险也不是谨慎的“理性”决策）。按照定义，对于背离更广的文化规范的个体来说，他们的论据会较少获得一致同意，因而也较少具有说服力，而且往往会获得消极的评价。

我们很难领会说服性论据论者会如何说明这项研究的主要结果，但是对于社会比较分析的社会区分这种说法来说，这些结果却具有特殊的意义。社会区分这种说法认为，极化之所以会发生，是因为个体彼此积极竞争而采用了更加极端、更有价值的立场。但是，既然社会比较论者认为，对于许多讨论题目来说，冒险态度具有高的积极价值而且可能表示了能力和竞争力（Jellison & Arkin，1977），那么为什么“冒险的个体”却显示出倾向于谨慎的一般性意见转移？作为人格特质的冒险或谨慎特征的个体化，应该在社会区分的一般过程或极端的结果——人们假定，它决定了意见转变——上不会产生什么影响。如果“冒险的群体”转向了冒险，那么“冒险的个体”也应该一样。正如我们已讨论的，这个寓意似乎在于，价值会随着群体或讨论**背景**的变化而变化；因而，我们必须要考虑当时所处的背景。

这最后一项实验和之前的两项实验都涉及相互影响以及由此而来的原型性知觉所需要的背景情境。根据自我归类论，我们同样可以得出这种结论，即对于知觉到群体共同身份的被试来说，以及因而通过群际比较而发现典型群体立场的被试来说，他们应该要比其他被试发展出过度的对于群体规范的知觉。

麦凯和库珀（1984，实验 2）研究了这个假设。他们要求被试听一段录音讨论，讨论当中要么归因于被试自己的群体，要么归因于与被试无关的某个群体；被试要评估群体的一致立场。他们发现，被试对于自己群体规范的知觉要显著地比与群体无关的被试的知觉更为极端，并且再一次，被试在内群体情境下会受到更多的影响。

在两个后来的实验中，麦凯（1986）发现了这样的证据，即内群体—外群体类别的形成和显著性导致了对于内群体规范的知觉极端化（perceptual extremitization）。在第一项研究中，当相关信息被归因于归类为群体的说话者而不是没有归类的说话者时，被试会觉得这些信息代表了更为极端的立场；当认为这种信息来自于自己的内群体时，这些被试会趋于极化，采用了更加极端的立场。在第二项研究中，麦凯通过指导语——这些指导语会引起群际竞争或不竞争，以及群体内（人际）竞争或不竞争——操作了群体成员身份的显著性或个体导向。实验结果表明，群际竞争（提高了与外群成员身份相对的内群体的显著性）导致了内群体规范（被知觉为更为极端）和极化（由于顺从这些规范）；但是，在群体内竞争的情境下，极端化并没有发生，在此情境下态度转向更加中性的立场。这些结果与自我归类分析的预测一样，而且非常符合我们在有关“冒险的群体”和“冒险的个体”上的实验结果。麦凯得出结论，她的这些研究为自我归类论的这一假设提供了相当大的支持，即群体极化产生于对极端化的内群体规范的顺从。

里德（1983）同样论证了，在与外群体比较而不是与内群体成员比较之后，被试往往采取了更加极端的立场，这些立场符合他们的群体认同并与此有关。里德和苏米戈（1984）注意到，对于要求在辩论的准备当中列出所有论据的被试来说，他们所提出的支持内群体态度的论据要比反对的论据多出两倍；而且他们会认为，支持内群体的论据更具有说服力，尤其是与他们要同竞争外群体辩论的题目有关的那些论据。此外，麦克拉克伦（1985，1986）证实了，在讨论之后，参加者本质上会对论据的说服性持有相当不同的观点。特别地，他们强调了在支持他们决定的那些论据和反对他们决定的那些论据之间所知觉到的相关性上的差异。没什么可怀疑的是，对于论据或立场的知觉和接受并不是总结和讨论当中一贯存在的特征，而是随着认同考虑而灵活变化着。

考虑到原型性/意见转变的关系（prototypicality/opinion shift relationship）在自我归类论当中的中心地位，在这里描述的第四项研究中，我们选择了对于针对**特定群体转变**的预测进行详细的相关（Wetherell et al.，1985，实验 3），也就是说，进入到群体内部过程的核心，并直接对我们的理论预测建立模型。

当个体考虑某个话题并接着在群体当中讨论以求达成一致时，有几种不同的测量方法可供使用。第一，标准前测均值（standard pretest mean，PRE）或是群体成员讨论前观点的报告，以及后测均值（posttest mean，POST）或是讨论后观点的均值。意见转变（S）在此可简单地标示为 PRE 和 POST 之间的差异。第二，由有关极化的自我归类分析所提出的测量方式，也就是符合原型的立场（prototypical position，P），指的是我们在前面所定义的具有最高元对比率的群体所持有的立场；以及 D，也就是在前测均值（PRE）和最原型性的立场（P）之间的差异。

正如我们所主张的，如果最原型性的立场是群体当中最有影响的意见，并且在前测均值和原型之间具有最大差别的群体也极化到最大程度的话，那么我们就应该在 P 和 POST 之间，D 和 S 之间，以及在更为通常的 PRE 和 S 之间发现相关关系。在群体间项目内水平上的后一种相关会证实，除了通常被当作样本效应之外，极化确实是基于群体的效应。另外，我们可以预期，在群体间项目内水平上，PRE 可能会同 POST 相关，P 可能会同 POST 相关，而 PRE 可能会同 D 相关。

我们从一项标准的极化实验当中收集了相关检验的数据。该实验使用利克特式反应量表，要求31个五人小组讨论5个有争论的话题并达到一致。讨论前，我们对个人意见进行了前测；随后，我们收集了个体的后测意见。群体是根据初始的前测意见而预先选择的，以求前测均值或群体均值在反应量表上的扩散能达到最大程度。就是说，它们会在赞成和反对量表的立场上扩散，这些立场包括了所有的极端程度，这使得前测均值具有合理的变化，因而可以检验我们的假设。

我们发现，在PRE、P、D以及POST之间所有可能的相关中，占压倒性多数的是显著的积极相关。这强烈表明，每个群体似乎都具有一定的标准化倾向的特征，这种标准化倾向又是与其初始的一致有关联的。例如，在所有五个讨论题目上，PRE与POST之间的相关分别是0.81、0.90、0.66、0.62和0.92，$ps<0.001$；PRE和P之间的相关分别是0.90、0.85、0.87、0.89和0.94，$ps<0.001$。P和POST之间的相关分别是0.71、0.80、0.59、0.47和0.90，$ps<0.001$或0.01；对于群体成员往往会在原型上聚合这一假设来说，P和POST的数据显得尤为重要。具有特定理论兴趣的另一个发现是，正如所预期的，内群前测均值偏离量表中点（可以简单地通过PRE来进行测量）确实预测了前测均值与内群体原型之间的项目内差异（D），rs＝0.38，0.36，0.61，0.31和0.60，$ps<0.05$或0.001。

在这些情况下，尽管相关分析直截了当，结果也非常清晰，但是当考虑到S或转变分数时，分析就变得有问题了。首先，这里存在着天花板效应的问题。前测均值较为温和的群体可以在反应量表上做出比前测均值已很极端的群体更大的转变。可以说，尽管理论上后者可能要比更为温和的群体——也许在它们的前测均值与最原型性的立场之间只有很小的差异——产生更多的转变，但实际上已没有多少供它们意见转变的余地了。

另外，还有一个之前提过的普遍问题，也就是自我归类论所详细说明的相互影响的最佳情境在实验室实验中达到了最大化。不受PRE贡献的影响，没有得到控制的背景变量可能会发挥作用以减少S的大小。

韦瑟雷尔（Wetherell）等人详细描述了用于把天花板效应减到最

少的这些程序。可以说，通过使用**相对的**而不是绝对的转变并把获得的不同相对转变分数平均化，这种困难在某种程度上得到了克服。在这些项目上，最终的 PRE/相对转变之间的相关分别是：0.10、0.21、0.33、0.56 和 0.45；*ps*＜0.30、0.13、0.03、0.001 和 0.01。因此，这里存在着关于这两种测量之间关系的证据。这表明，与拉姆和迈尔斯（1978）的断言相反，我们可以用前测均值来预测在某个特定项目上群体转移的变化。因为人们既可以**把极化**看成是样本现象，也可以把它看成是在特定群体水平上发生的现象，因而由此而来的重要含义就使得这种解释——除了基于样本的说服性论据和社会比较模型之外，它还提出了群体顺从的**解释**——变得完全合理了。

此外，在项目内部 D 和 S 之间的相关本身与在那个项目上所获得的群体极化的程度是正相关的，r＝0.87，*p*＜0.03（N＝5 条项目）。

而且，在所有项目上，在每条项目的平均极端化内群体规范的测量（D 和 P 的均值，这两者高度相关）与每条项目的平均极化的测量（样本和群体极化的均值，同样高度相关）之间，韦瑟雷尔他们都发现了近乎完美的相关，r＝0.96，*p*＜0.01（N＝5）。

其他一些相关研究完成之后，群体内部过程的结构应该会变得更加清晰。与此结合，我们就可以操作群体成员对于从反应量表的心理中点移动程度的知觉，并因而直接影响他们的转变。采用经典的事实判断设计，例如在谢里夫（1936）的自动效应研究中所采用的，人们已经沿着这些思路开始了研究。但是，这假定了，极化会表明与正在讨论的项目类型（事实的或评价的）无关，而是受限并决定于群体的初始反应分布与显著的参照或反应量表的中点之间的关系，并且与背景群体情境——它会发生作用来扩大或减少影响压力——结合在了一起。

这里最后回顾一项研究涉及了这一问题（Wetherell & Turner，准备中 b）。之前我们注意到，考虑到初始的讨论前倾向，有几项研究已证明了事实性项目上的极化，而按照社会比较论，这些是很难进行解释的。然而，拜伦等人（Baron et al.，1975，转引自 Lamm & Myers，1978）提出，除了所讨论项目的类型之外，被试所采用的参照系（与自我归类论中所使用的意义稍有不同）也决定了转变。如果群体成员认为在他们的决策当中保持精确相当重要的话，那么社会价值的考虑及在有价值的方向上与他人不同就会成为次要的动机。但是，荒谬的是，其他社会比较论者（Jellison & Arkin，1977）似乎断言，因为极化是与奖赏能力表现的群体联系在一起的，所以如果要强调精确性的话，那么人们就只会在事实性判断上产生极化。因为如果精确性与合理性得不到强调，那么事实性判断就只是个人的猜测，与能力无关。

检验精确性参照系的重要性是一件简单的事情。在最后一项研究当中，给予被试讨论的题目是关于模糊事实的（例如，估计罪恶之城在死海内陆海平面的多少英尺之下）。一半被试被告知，一般来说，群体的决定要比个体独自做出的判断导致更加正确的回答，而且我们期待群体能做出正确的反应。被试也受到指导来努力找出正确的答案，他们会获知自己是否成功了（精确性情境）。另一半被试被告知，他们的决策是建立在猜测的基础上的，因为事实是模棱两可的，他们在群体中不应该感到寻找正确答案的压力。

结果证明了温和的群体极化，对于前测—群体一致意见的比较来说，$F(1, 16)=8.05$，$p<0.01$，并且在两种情境之间不存在意见转变程度的差异。这种模式不符合社会比较论的观点，但是与如下的假设一致，即极化当中至关重要的情形在于群体前测均值系统性地偏离了量表的中点（正如这个实验当中的群体一样）。如果群体是按照意见来划分的，也就是说，没有初始的标准化倾向，那么准确回答的压力或许会导致聚合。但是在这个实验当中，因为具有共同的初始倾向，共同的原型性立场会变得更为极端，因此不论项目类型如何，极化都会发生。

第五节　小　结

总之，对于像极化这种长期确定的和公认的复杂领域来说，在任何新理论可以像现有理论一样引起同样多的相关资料之前，或在理论上可以调和所有经验的复杂性之前，人们显然都需要一定的时间。虽然如此，这里所回顾的这些研究似乎还是提供了自我归类/参照信息影响论具有独特预测力的明确证据。至于内群体认同的重要性以及内群体—外群体类别的显著性，这些研究表明，极化来自于人们对于极化了的规范的顺从，而规范的极化则是内群体的初始意见分布和社会参照系——这会在竞争外群体或反应量表当中具体表现出来——之间关系的作用结果。

我们不应该忽视极化现象对于社会心理学的较大意义。这种现象本身非常有趣，但是作为群体影响和顺从的一般过程的关键，它同样极其重要。这种认识已处于我们试图发展新的理论视角的努力的中心。我们的目标是，通过对于影响过程的彻底的重新概念化，自我归类分析会在统一顺从和极化效应方面取得成功——这样，我们就可以把群体概念恢复为解释性社会心理过程，并促进独特的群体心理学的产生。

第八章　作为社会行动的集群行为*

第一节　引　言

对于集群（crowd）的研究来源于一种矛盾。一方面，集群现象是对社会心理学的挑战。对于集群事件的研究揭示了复杂的行为特性。这种行为不但具有自发性，从表面上看没有明显的领导，而且它还显示出明显的模式和界限。此外，这些模式还具有社会意义：就把理解的思想体系应用到现实世界中的特定环境来说，它们是可理解的。因此，挑战在于解释一大群人如何可以一起行动，以具有社会意义的方式行动，但又没有任何计划或正式的协调而行动。简言之，它是解释集群行动的“自发的社会性”（spontaneous sociality）。

这一挑战所具有的特别意义在于，为了说明集群成员的行为表达思想形态的方式，我们需要详细说明人类认知受到社会建构的方式。换句话说，集群行动的性质表明需要一种社会心理学，这种社会心理学要把个体放在社会当中考虑而且把行动与背景联系在一起。矛盾就在这里产生了。因为集群心理学的实际历史就是歪曲个体和社会之间关系的历史。

---

* 本章的作者是斯蒂芬·里切尔（Stephen Reicher）。

早期的集群理论把个体从社会当中抽离出来，也把行为从背景当中抽离出来。这些理论把作为特定类型社会冲突产物的行动看做是集群的一般方面，而且也用这些行动来代表集群的一般方面。因此，通过具体化的进程，集群行为从社会过程的产物变成了一个不变的实体。不同意见仅在于决定把这实体置于何处：要么作为个体本性的产物，要么作为无实体的集体思想的表现。要么是社会消失于个体之中，要么是个体从社会当中消失。在社会心理学中，这些趋势随处可见。

关于群体的自我归类论及一般社会认同视角的发展，大都源于对这种具体化解释缺陷的不满。这些理论的目标在于克服在个体和社会之间形成的断裂，并找到一条途径以把心理过程与行为的历史、文化、政治及经济决定因素联系在一起。这是社会认同概念的关键所在，因为这不仅是社会建构，同时也是个体的认知建构。因此，社会认同过程试图涉及“个体内的社会建构场域”（socially structured field within the individual）的建构（Asch，转引自 Brown & Turner，1981）。

自我归类论把个体的概念重新社会化，因此可以为集群行为的解释提供基础。这并不是说，这一理论提供了至今对于集群的完美解释；而是说，它在社会心理学当中的独特之处在于可以重新设定正确的研究方向。其他途径无法准确说明集群行为的社会形态，因为它们误解了个体/社会关系。因此，我们的任务是依靠自我归类论来发展关于集群行为的心理学研究。

这一章的目的在于，首先，分析现存集群理论的失真之处并解释为什么会出现这种状况；其次，说明这一理论为何无法处理集群现象的复杂性，并放弃合适的集群心理学的标准；第三，提出一种建立在自我归类论基础上的心理学，并通过实验和现场研究检验其适当性。

第二节 集群理论的政治学

一、集群心理学的背景

集群心理学（又译群众心理学——译者注）是 19 世纪思想的产物。

在某种意义上，这是有产阶级（propertied classes）对于自己的主要恐惧——即对于“乌合之众”（mob）的恐惧——的系统化表达。法国政治家梯也尔（Thiers）把这种情绪表达得最为到位。他在 1850 年 5 月 24 日发表的演说当中提到“乌合之众是历史上受到污名化最厉害的名称之一。罪恶的乌合之众会将每一个共和国置于毁灭之地”（Chevalier，1973，第 364 页）。这种对于乌合之众的恐惧表达了人们对于社会秩序——这种社会秩序来自于社会关系的根本转变——的普遍关注。

工业化进程切断了乡村社会的纽带。在乡村社会，权威一直是个人的和传统的，建立在牧师、乡绅和劳动者之间面对面的联系上。但是随着 19 世纪的发展，巨大的城市无产阶级形成了，而且在所有者和工人之间形成了物理上的区隔。统治阶级不再了解工人阶级的生活。社会控制的真正危机开始呈现出来，资产阶级的恐惧由于无知而加剧。这种恐惧发展到这种程度，任何形式异议的意义都显得含混不清，即便是最小的行动都可能被看做是大难来临的预兆。处于对于革命颠覆的持久恐慌的状态之下，欧洲统治阶级的所有恐惧都浓缩为一个可怕的象征：集群。在 19 世纪最后二十几年的法国，这种恐惧显得尤其敏锐。

在这种背景下，集群的本质成为公众关注的焦点。这不只是留给学术界的一件事，而是成为报纸和社会杂志上进行论辩的话题。在辩论当中随处可见两种偏见：一种是对于集群行为表示公然敌意的政治偏见，目的不是理解而是怀疑集群，并将其作为威胁来加以消除；另一种是视角上的偏见，即评论家们从不参与，从不身处集群当中而是从外部进行观察，他们并没有理解卷入到抗议中的那些人的信仰和经验。结果，他们的偏误只是一种真正惊慌的态度，他们无法找到集群行为的原因，因此，他们的观点看起来确实没有多少意义。

这些偏见同样存在于早期的集群心理学当中，因为这些理论家都是一些绅士学者，这些学者同样持有他们所处阶层的偏见和视角。他们从来不以第一手资料来研究集群，因为他们对集群假定了先入之见，即它们是令人不快、具有破坏性和没有理性的。于是，他们运用新兴实证主义社会科学的工具来“解释”这些所谓的特性。因此，集群心理学作为镜像科学（looking-glass science）诞生了。这项事业以意识形态上的偏见为起点，而且应用理论来赋予这种偏见以实质，而不是应用理论来说明经验现象。这样，政治偏见被人们组合到集群心理学的结构当中，而且开始决定这门学科的基本假设。

二、古斯塔夫·勒朋和集群心理学的产生

在早期所有的集群心理学家当中，只有一位至今仍被人记住，这就是古斯塔夫·勒朋。他之所以被人记住的原因在某种程度上是他作为一位大众化作家的作品。在说明他的影响时，同样重要的是他把集群心理学作为政治工具的明显野心。他首先关心的是把他的思想应用于与工人阶级激进主义的斗争当中，而且公开承认他最骄傲的是自己的反社会主义作品。勒朋的成功在戈培尔（Goebbels）和墨索里尼（Mussolini）对他的欣赏当中得到了证明，这二人都声称勒朋的思想在建设意大利法西斯国家的过程中发挥了作用。

勒朋的主要著作是《乌合之众：民众心态研究》（*The Crowd：A Study of the Popular Mind*），这本书于1895年首次出版。戈登·奥尔波特（Gordon Allport）认为这本书是任何时候都值得广泛阅读的心理学著作。勒朋对于集群基本特征的描述如下：当人们聚集在一起时，他们就变得匿名化了，这会导致自我意识和个人责任的丧失。取而代之的是，行为开始被集体的种族无意识所支配。因为这种无意识代表的是一种原始的进化态，其中缺乏智力的存在，而且返祖性情绪占上风，因而行为缺乏“文明”的特征。勒朋把这种行为的特征总结为一句：“集群的某些特殊特征，例如冲动性、兴奋性、缺乏推理能力、缺乏判断力或批评精神、情绪夸张以及除此之外的更多特征，同样可以在低等的进化形态——例如野蛮人和儿童——当中观察到。”（1985，第23页）

在集群当中，种族无意识的运作达到其最为清晰的状态，但勒朋并不认为这是其出现的唯一场合。实际上，他强调，所有形式的大众集合——从陪审团到议会——都或多或少呈现出这种运作。因而，在处于社会隔离（social isolate）状态的理性与作为社会人（social being）的

愚蠢言行之间是完全不同的。塔尔德（Tarde）把这种观点发展到了极致，他断言，“社会就是模仿，而模仿是一种梦游症（somnambulism）”（1901，第95页）。

勒朋的集群心理学可看成是对集体抗议的一种持续攻击。第一，它系统排斥了权威在集群事件当中的作用。这符合于两种情况——激起抗议的一般社会背景，以及在特定事件当中军队或警察更为直接的作用。事实上，除20世纪之外，来自19世纪的历史研究也表明，几乎所有的对抗都产生于官方力量的干涉（Feagin & Hahn，1973；Tilly，Tilly & Tilly，1975）。此外，统计证据表明，大多数暴力行为都是由这些官方力量所犯下的。在对20世纪60年代美国的城市抗议进行分析时，费金和哈恩（Feagin & Hahn，1973）发现，89%的牺牲者都是平民百姓。但是，在所有的集群心理学著作当中，外群体都不存在了。所显现的只有集群，就像是精神病态的玩偶盒子，打开盒盖只能看到跳出来的小丑。它突然和神秘地出现，完成其自动且一律邪恶的行为，然后就同样神秘地消失了。

这导致了第二个问题。因为，通过隐藏集群行为的背景，这种行为不可避免地会变得病态。如果忽视了外群体的存在，我们就不能把暴力理解为产生于群际冲突过程。取而代之的是，暴力被归因于集群本身。因此，人们把19世纪阶级斗争的形式理解为集群的一般特征：集群是暴力性的，是破坏性的，是病态的。由此产生的思想是：一方面，它鼓励人们拒绝注意由抗议所表达的要求；另一方面，它使对抗议的镇压变得合法化。用刘易斯·卡罗尔（Lewis Carroll）的话来说就是，“如果这毫无意义，那就给这个世界省了很多麻烦，因为我们再也不需要去给它找意义了”。

第三，勒朋并没有将他的精神低等的断言限制在抗议的大众当中，而是扩大到一般大众当中。任何集体生活都显示出某种程度上的病态。因此，他在独立个体的个体性——可以独自产生理性或有计划的行为——及其对立面即社会人之间进行了大体的区分。

个体和社会的这种区别是勒朋理论的核心。这是试图拒绝集群行为的社会原理所产生的不可避免的结果，而且这导致了理论和经验这两个水平上的歪曲。从理论上看，这一结果就是具体化了的心理学，因为我们如果不把集群行为看成是对于特定环境的合理适应，那么我们就必须把它看成是对于某种天生心理结构（predetermined psychic structure）的反映。从经验上看，人们会受到诱导而得出这样的结论，即不管情境如何，集群行为总是一样的。因此勒朋把集群看做反映了“种族无意识”——在个体之外存在的的某种具体化实体，产生了“仅具有破坏能力”的行为。

在勒朋的集群心理学所采用的特定形式和基于此的基本错误之间做出区分是非常重要的。批评家的许多批评只是着眼于细节，他们接下来会详细描述新的去社会化的和具体化的理论。或许我们可以说，这种现象的最佳例子莫过于弗洛伊德·奥尔波特的研究。

奥尔波特激烈批评了“种族无意识”或“群体心理”的概念，而且谴责这是纯粹形而上学的概念。他指出，思想不能与个体思想者分开，而且“那种不是实质上和完全意义上的个体心理学的群体心理学是根本不存在的”（Allport，1924，第4页）。从这一批评出发，奥尔波特继续指出，集群行为的相似性反映的并不是集体意识，而是集群成员心理构成的相似性。集群背景加强了个体性，而不是模糊了个体性。我们可以用一句著名的格言来概括这些观点：“个体在集群中的行为与他独自一人时一样”（1924，第295页）。

对于这些话，我们可以做出两种可能的解释。现代社会心理学来自于这种观念，即他人的在场会引起特定个人反应特征的增强，也就是“社会促进”的概念。但是，奥尔波特也认为，集群中相互刺激的水平会导致所有习得反应的丧失，而且会表现出某种生物学上普遍的竞争反射。这就是摧毁任何东西的强烈愿望——只要这些东西让人们对于食物、性、家庭爱的基本需求得不到满足的话。一般来说，这种愿望是社会化的，因此能够阻碍对他人的伤害；但是一旦习得的社会化被克服，基本的反社会的驱力就会占上风，而且“杀害或摧毁的驱力现在处于不受阻止的狂暴状态中”（Allport，1924，第312页）。

由此可以说明，奥尔波特与勒朋都拥有同样的基本前提。两人都拒绝承认个体认知在集群中服从于社会决定的可能性；两人都把集群行为看做是返祖性趋势的表现；两人都把行为看做是不可避免带有消极破坏性质的。他们二人唯一的区别在于，勒朋把这看做是与个人相矛盾而且是处于个体之外的；而奥尔波特则把它看做是个体性的主要本质，并稳固地处于个体的本性之内。尽管存在这种不同，但他们两人都在处理同样的问题。当考察奥尔波特对于某个“经典案例”的处理时，我们就可以发现这一点。

奥尔波特描写了一起事件，在这起事件中，罢工的矿工袭击了他们的矿坑，这些矿坑是由不属于工会的工人维持开通的。他们抓住了这些“工贼”并强迫这些人在当地城镇游行。突然，有人让这些人逃跑。就在这些人逃跑时，罢工者向他们开了枪。奥尔波特认为，这表现了自我中心的过度，而这就是由未经调整的竞争反射的宣泄所引起的。罢工破坏者妨碍了工会胜利，因而也妨碍了罢工者获取用于食物和家庭所需的金钱。所以当罢工者的兴奋上升到某种程度时，他们就会自动屠杀破坏罢工的这些人。

对这起事件更完整的说明揭示了故事的另一面。这起罢工发生在1922年，伊利诺伊州的威廉森（Williamson）地区。罢工者要求改善被官方称为“比南北战争之前的奴隶还要差”的工作条件。在对峙8周以后，公司引入了另外的劳工来重新开通矿坑。当罢工者试图与这些人交谈时，矿山警卫开枪并射杀了其中5人。短时间之后，另外一名罢工者在距离矿坑半英里的地方也遭到了枪击。这时罢工者在矿区组织了一次游行。在战争老兵的训练下，他们以散兵线行进。一架飞机在头顶盘旋，往矿坑扔炸药。当他们继续前进时，他们遭遇到了矿山警卫有组织的机枪炮火。但是，虽然如此，他们还是占领了矿区，而在那之后大屠杀才发生。后来，当地陪审团拒绝为发生的一切将任何一方定罪。

与把大屠杀看成反射行为相反，只有把它看成是经营者与工会之间冲突历史的最终结果时，我们才可以其他进行解释。威廉森地区身陷于自1919年之后就几乎持续不断的罢工浪潮中。两年多来，罢工者一直拒绝武装暴力。只是在武力被用来对抗他们——包括使用坦克和空中武装——之后，罢工者才接受了用武力回击的合理性。这一看法在当地陪审员的行为当中得到了反映。因而，集群行为会随时间而变化；作为因冲突本身而引起的新观念的功能，它会逐步显示出来。完全不是典型的是，只有在这一过程结束的时候，这场大屠杀才有可能发生。实际上，这是一起独特的事件。

对威廉森罢工的分析揭示了集群至关重要的一个方面。行为不仅仅是发展着的群际过程的一部分；同时在任何时候，它都表达出集群成员对于在他们的社会世界当中什么是合适的以及什么是可能的集体理解。关于集群事件的一系列详细研究表明，它们不是随机发生的，而是具有清晰的模式（例如，Davis，1978；Reddy，1977；Thompson，1971）。实际上，甚至一名分析美国 20 世纪 60 年代城市骚乱的官方作者事后也总结道，“克制和选择性是暴乱最重要的特征”（Fogelson，1971）。这些模式对于局外人来说或许没有意义，但是当根据参与者的思想理解来看就变得很有意义。在史密斯（Smith，1980）对于威尔士 1910—1911 年发生的卡姆布雷恩—考姆比恩煤矿罢工事件（Cambrian Combine coal strike）的说明当中，这也阐述得很好。

正如以前一样，这场斗争是否成功取决于阻止对破坏罢工的劳工的利用。除了一处矿坑——靠近托尼潘迪（Tonypandy）的戈拉摩根（Glamorgan）煤矿——之外，这在其他所有矿坑都实现了。警方用武力对抗当地的纠察队员，以保护这处矿坑。戈拉摩根作为“煤矿主坚守的堡垒……财产所有权的根据地”而被挑选出来。在 1910 年 11 月 7 日晚上，一大群纠察队员聚集在这处矿坑外。警察选择了袭击并疏散他们，在这之后军队被召集了过来。短时间之后，在托尼潘迪发生了“暴乱”：返回的纠察队员在大街上聚集成群，许多店铺遭到攻击并被洗劫一空。当时的媒体报道把这些事件描述为是遭到挫折的暴徒在狂暴情绪之中所做出的无意义行为。但详细调查显示，那些店铺并不是偶然受到袭击的。尽管这些事件是自发和无组织的，但纠察队员只攻击了某些商人——他们认为这些商人与矿主在压迫工人和破坏罢工上串通了起来——的店铺。

从两种共同体（community）之间互相冲突的角度，我们可以理解纠察队员和暴乱之间的联系。对于矿主来说，共同体意味着建立在顺从权威及尊重财产权的基础上的秩序。对于矿工来说，共同体意味着公共关怀和福利的程度。当财产的所有权被用于反对这些基本权利——矿主把他们关在矿坑外面，商人们拒绝赊购以求联合起来用饥饿迫使罢工者屈服——时，罢工者就会在他们的行动当中表达出对于财产权的拒绝。

这些分析方式的重要性在于它们对于心理学解释所提出的问题，即集群成员的行为如何能够自发地表达出他们在思想上的理解？这一问题的要点在于，它需要理解社会信念如何影响个体心理的运作。然而，这恰好是勒朋和奥尔波特具体化的心理学所排斥的部分。他们二人都把个体从他们的社会背景当中剥离开来。集群行为要么被看成是无实体的群体心理的表达，要么被看成是无社会性的个体特性的表达。因此，二人都被迫拒绝接受集群行为是对于特定背景的有意义的反应。我们需要全新的集群研究取向——从完全社会化的个体概念开始。

当然，在 20 世纪 20 年代到 20 世纪 80 年代之间，集群理论也有很多发展。但是，早期理论的基本前提不仅没有得到质疑，而且还成为这些发展的基础。所产生的理论进步与其说是视角的转变，还不如说是范围的增减。现代研究者避开了一般理论，而代之以源于经典文章中的特定假设来接受实验验证。关于这一点最直接的例子是在去个人化研究中所发现的。正如卡纳维尔（Cannavale），一位去个人化的先驱理论家所说，这一概念是对勒朋有关“淹没”（submergence）概念的直接转化：就是说，当人们变得匿名化时，个人控制就消失了，行为就开始变得原始化了（Cannavale，Scarr & Pepitone，1970）。

（在他人当中）源自于奥尔波特研究的是一些有关挫折和攻击关系的研究；由于在经验研究上一再未被证实，人们对于这种观点——即挫折是攻击的必要和充分条件——最初严格的表达也逐渐变得不那么严格了。在个体主义传统当中还有其他一些取向，例如社会促进研究以及由布朗（1965）所支持的理性选择模型（rational choice model）。但是所有这些提炼和限定都没有改变社会和个体解释水平的分离状态，因此无法解释集群行为的社会形态。

唯一试图建立关于集群的真正新的模型是由特纳和基里安（R. H. Turner & Killian，1972）所提出的“紧急规范论”（emergent norm theory）。他们提出，集群行为受到社会规范的引导，这种社会规范是在先于行为的“研磨”（milling）时期形成的。在称为“定基调”（keynoting）的过程中，规范来源于表现突出的个体的行为。在某种意义上，这一模型是对先前研究的质的提升。特纳和基里安以及这一理论的其他提倡者强调了集群事件拥有某种模式的方式，这种模式反映了规范结构，因而这些集群事件既不是毫无头脑的也不是破坏性的。然而，对于解释社会形态的行为这一目标来说，他们所提出的这个规范建构模型却并不充分。

这一模型是对于主流小群体理论的适应；群体规范来自于人际互动。但是，如果规范是发生在人际关系之后的话，那么这些规范就会受到涉及个人特性的限制。因而，社会最终是被看做从个体性当中发源的（参见第二章和第四章），因而解释群体规范的思想一致就没有基础。特纳和基里安已经确定了说明集群行为的社会性这一需要；可是，作为那种说明的一部分，一种充分社会化的心理学的缺乏仍然像以前一样严重。

第三节　把自我归类论应用于集群行为

从个体和社会的区分当中产生的问题不只局限于集群心理学这一领域，而是支配着社会心理学的整个领域。实际上，我们可以追根溯源，因为早期的社会心理学都是由对集群的讨论所主导，不管是在欧洲还是在美国都是如此。但是，尽管群体心理的传统对于当代的思想——尤其是在去个人化研究之内（参见 Reicher，1984b）仍旧产生影响，源自奥尔波特的个体主义取向还是渐渐占据了社会心理学的主流。

心理学的个体主义其本质在于，把行为当作截然不同的个体之间的互动，并依据他们各自和独特的个体性来对行为进行分析。这样，行为的背景和文化特征就被忽略掉了，而某个特定社会的模式往往成为一般行为模式的基础。为大家所熟知的社会心理学的欧洲学派（Tajfel，1984）就出自对于个体的这种去社会化观点的批评（例如，Moscovici，1972；Tajfel，1972b）。在这种意义上，欧洲学派和社会心理学中早期的互动主义视角（参见第一章）就是对一种长期传统的继承，这种传统包括了马克思、涂尔干以及符号互动论的观点。但是，在所有这些批评力量当中，没有一个能够详细说明社会个体产生的实际过程，它们也不能预测这些过程的结果。查尔斯·莫里斯（Charles Morris）在《心灵、自我和社会》（*Mind，Self and Society*）导言中的话正如其他论述一样道出了符号互动主义的真谛："社会这顶魔术帽，从里面可以变出心灵和自我，这一部分是预先设定好的：剩下的部分仅仅是尽责地宣告这个戏法能够完成，而这表演本身根本从没发生过。"（Mead，1934，第14页）

与此相对，关于群体的社会认同论，秉承批评性的理论传统，试图详细说明人类认知为社会所建构的精确方式。社会认同这一特别的概念囊括了这一愿望（参见 Turner & Oakes，1986），因为虽然这种认同是个体认知系统的一部分，但它同时又是以社会的和独立于个体的方式而受到限定的。例如，把自己定义为"社会主义者"，就是说出了自己作为个体的一些基本的东西；然而"社会主义"的含义是社会的产物，它不能简化到任何一个特定的人。因此，这一概念既能避免从独立于个体的社会心理来定义，又能避免从独立于社会的个体性来定义：它能够解决社会的个体性（social individuality）问题。

在某些方面，社会认同研究变得比它刚出现时更为社会化。早期研究关注于群际区分和冲突的一般过程（Tajfel，1974，1978；Tajfel & Turner，1979；Turner，1975）。它关心的是，从社会类别的成员身份的角度来定义自己，对于此个体与其他群体的成员的关系会具有某种不可避免的影响。但是，虽然表明了群体过程不会简化到个体性的特征，早期研究却关注于社会认同的一般结果；而且也没有把社会认同作为自我知觉的一种形式，作为共同的群体成员身份的基础及产生其高级属性的机制，并以此来检查它的本质。早期研究也并不关注特定认同中特定的意识形态内容是如何影响行为的。而正是因为对后面一些问题提出了解决方法，自我归类论才作出了它独特的贡献。

自我归类论提出，根据社会类别而进行的自我刻板化引起了社会影响过程，这被称为“参照信息影响”（第四章）。这个过程尤其与这一问题有关，即认同的思想内容究竟如何转化为集体行为。把这个过程概念化的一种方法是（Turner，1982）：（1）个体把他/她自己定义为某一个明显社会类别当中的成员；（2）这个学习或形成关于这个类别的刻板化规范（用第四章的话来说就是，他们意识到了同他们的内群体自我类别刻板地联系在一起的社会和行为维度、原型维度以及特定社会背景下的规范行为和特征）；（3）因此，在内群体类别变得显著而且个体认为他或她自己与其他内群体成员在有关方面是可互换的情况下，他们往往会服从这种规范，应用他们社会认同的特质来界定他们在这种环境中恰当的行为。因此，当某个类别成员身份变得显著时，个体就会遵从那些定义了此类别的属性。其结果就是，对于社会类别的定义规定了群体成员的行为内容，而社会类别本身就是某种社会和思想的产物。这样一来，参照信息影响代表了某一特定的过程，在此过程中，处于集体背景下的个体行为从思想上获得了有意义的形式。换句话说，它符合集群行为理论的基本标准。

不过，集群并不能被简单等同于其他群体。关注集群的一个主要原因就是它似乎与其他社会群体不同。集群事件并不像常规那样展开，其特性是高度的新奇性和模糊性。因此，尽管自我归类论指出，群体成员遵从与他们的类别相联系的刻板化规范；但是集群的问题在于，哪些规范与此类别相关，或者在特定情境中究竟存不存在基于认同的规范，这些问题仍然悬而未决。

由于缺乏正式的决策过程，这些难题就变得更为复杂了。集群事件当中并不存在讨论的机会，也不存在民主地对行为规范做出决定的机会。另一方面，集群事件当中也不存在暂行等级结构——即由预先确定的领导人下命令——的证据。虽然人们经常断言集群是由有意识的煽动者操纵的，然而历史研究尚无法找到这些躲在暗中的人物。即便有人试图引领方向，“领导者”最终往往是被迫服从而不是决定集体决策（参见 Trotsky，1977）。因此，问题变成：如果社会认同是群体行为的基础的话，那么在没有先例的情况——显然没有规范可供使用，而且也没有明显的形成新规范的方法——下，个体应该如何行动？我们认为，这就是处于集群心理学核心的身份建构问题。

自我归类论根据“归类的归纳方面”（inductive aspect of categorization）做出了回答（Turner，1982）。泰弗尔（1972a）界定了归类的演绎方面（deductive aspect of categorization）和归纳方面。前者是以类别的成员身份为基础，把整体的类别特征分派给个体（像刻板化过程中一样）；后者是对个体作为类别成员的确定。但是，对于特纳（1982）来说，归纳则是从个体成员的特征来推断整体的类别特征的过程。正如我们所看到的（第三、第四、第六和第七章），基本假设是，人们往往会把个别成员的特征（也就是这些特征，根据这些特征，社会比较往往使群内差异和群际差异之间的元对比最大化）——在与类别的社会意义一致的方向上，这些特征与特定的内群体—外群体类别联系在一起——看成是内群体的刻板特征，并进而看成是内群体的标准特征。因而，当无论哪一个个体被看成是一位群体成员时，他或她的行为就提供了与定义群体成员身份的原型/标准特征有关的信息。此外，当那位个体特别被看成群体的典范或代表时（例如，被任命为领导，高举横幅或成员身份的某些其他象征，处于重要的社会位置上），那么他或她的行为就可能起到确定什么是合适行为的作用，而这可能并不与实际相称。在某种意义上，我们所提到的就是认同形成中的一种自我实现过程：因为成为一位群体成员就隐含着作为群体成规的行为，刻板印象往往会从那种行为当中推断和创造出来。

尽管此过程意味着群体的一般特征，但有两个理由可以说明为什么这对于集群具有特殊的意义。首先，因为集群当中通常不存在事先确定的依具体情境而定的适当规范，而且没有商议的制度化方法，归纳通常成为确定标准行为的唯一方法——因而，集群规范往往几乎完全是“突然出现的”或“自发的”。其次，因为集群当中不存在群体结构，因此“典型成员”的概念不会限定在少数选出来的代表上，而是实际上指能够明确被确定为群体成员的任何人。

让我们用下面的例子来说明归纳是如何发挥作用的。一群人参加了一场反法西斯的示威，突然这场示威遭遇到了法西斯主义者的集会。现在这个群体当中的人们面临的问题是，“在这种情境下，一位反法西斯者应该怎么做?”假定，在那时，被当作内群体成员——或许是通过他佩戴的徽章，或者是通过他喊出的口号——的一个人捡起一块石头并朝着集会人群扔了过去。这种行为，或更为确切地说，这种行为所代表的破坏对方集会的主张，或许会成为这个集群的标准特征。因此，现在一阵阵的石头、木块和口号可能会向聚集在一起的法西斯主义者们袭去。

这个例子提出了更为重要的一点，即集群中的身份建构确实不是无端发生的。个体并没有参与创造一种全新的身份，而是在一定程度上参与决定了现存类别的情境显著性。因此对于规范形成过程会存在限制，这种约束是由类别所代表的历史和思想的连续性所决定的。例如，对于反法西斯集会的破坏可能会变成反法西斯集群的刻板化属性，但是种族主义挑衅就可能不会。我们可以把认同建构的整个过程总结如下：有一种立即的认同过程（immediate identification），这种认同过程具有某种超级类别（superordinate category），这种超级类别确定了一些可能的认同；集群成员在那时必须建构一种特定情境下的认同，这种认同决定了合适的行为规范，而他们实行这种行为规范的方法就是自我归类的归纳方面。

这种分析产生出两个基本假定。第一个假定是，集群成员是根据共同的社会认同来行动的。考虑到上面描述的归类和影响过程取决于社会认同过程，通过这些过程说明集群行动的思想一致需要所有参与者共有同样的认同，而且这种认同要非常显著。这一假定与集群心理学的一个经典主张完全相悖，后者认为集群面临的情境引起了认同的丧失。我们回想一下勒朋的论述，加入集群会导致匿名化、丧失鉴别性以及禁锢任何自我感知。相反，这里提出的是，集群的“物理”方面——内群体和外群体之间的界限，以及个体的群体定位在此变得非常清晰——使得社会类别的成员身份变得明显了。因此，并不是认同在集群中受到了破坏，而是认同重新聚焦在共同的类别成员身份上。

第二个假定是，集群行为的内容会受到相应社会类别性质的限制。社会影响只是因为与确定了某种类别的性质协调一致的信息而发生。再一次强调的是，这是同关于集群的经典观念相矛盾的。过去，人们往往假定，集群行为一般具有破坏性，而且对此完全没有任何限制。这里，我们所要提出的是，不仅集群可能既具有破坏性又具有创造性，而且这两者可能采取的形式会受到社会认同的限制。

第四节　关于集群的经验研究

一、方法论取向

在验证上一节的模型时，我们面临着一个双重问题。第一个问题在于如何确定基本认同过程的真实性；第二个问题则在于如何表明这些过程确实应用于集群背景当中了。这两个问题提出了不同的方法论问题。一方面，集群事件几乎不受可控分析（controlled analysis）的影响。集群事件一向就是自发的和不可预测的，因此一直就不适合检验它的理论进程。实际上，米尔格莱姆和托奇（Milgram & Toch，1969）把这些困难确定为造成集群心理学在 20 世纪 20 年代之后滑坡的一个主要因素。相反，利用对变量的控制操作的能力使得实验室成为理想的环境；在实验室中，人们可以检验特定的详细过程的正确性。

另一方面，虽然研究者或许可以在实验室中检验特定过程的运作，但这并不能说明这些过程是否真的能在集群中起作用。例如，研究者或许可以确定，在认同显著的情境下，只有与确定那种认同的特性一致的那些信息才具有影响力；但是这些实验并不能说明真实的集群成员是否会按照社会认同来行动，也无法说明集群行为的形态是否能用这些认同的特性来解释。

因此，不管是实验室实验还是现场研究都无法单独产生合适的集群心理学。与其把这两种方法对立起来而且试图使其中一种超越另一种，还不如把这两种方法看成是互补的（参见 Turner，1981a）。每种方法都适合于整个研究过程的不同阶段。我们可以确定出三个这样的阶段。第一阶段是检验历史上的集群，以决定需要解释的行为现象的本质。第二阶段是对于认同过程的实验分析，这种认同过程是解释集群现象的基础。第三阶段包括详细地检验实际发生的集群事件，以决定社会认同模型是否真的能够解释事件的性质。当然，这三个阶段的划分并不是毫无遗漏的；对现有模型更进一步的仔细分析需要在实验室和现场之间进行重新研究。

二、实验研究

鉴别性的效应

实验工作的第一项目标是检验与集群背景有关的那些条件对于行为的影响。自创立以来，这一问题就是集群心理学主要关心的问题之一。确实，勒朋的工作所基于的假设就涉及空间上与许多人卷入在一起的心理影响。他感兴趣的是个体淹没在群体中所产生的效应，尤其是一旦个别的集群成员不再可识别时所出现的后果。在近来有关去个性化的实验研究当中，这些关注直接表现了出来（Diener，1980；Festinger，Pepitone & Newcomb，1952；Zimbardo，1969）。这项第一流的和现代的研究共有两个主要的假定。

第一个假定是，由于淹没于群体之中以及匿名化，注意力不再聚焦在自我上，因此通常控制行为的标准就被去掉了。这种论点建立在第二个假定的基础上：关于自我的个体主义模型。自我被看成是个体的独特属性，因而，如果注意从作为个体的自我（self-as-individual）那里转移开来的话，唯一的出路就是没有自我，并因而没有行为标准的基础。

社会认同的概念引起了去个性化传统的根本中断。这一概念提出了这种可能性，即把注意从自我的个人方面转移开来的那些条件会重新把注意聚焦在自我的社会方面上，因而导致了对行为控制的显著社会基础。因此，更为紧密地检验“去个性化”条件操纵不同认同的显著性的方式就变得势在必行了。

去个性化研究对于认同的社会维度的理论盲点会在方法论水平上表现出来，即不关心操控鉴别性的社会背景。这导致了两种完全不同的操作去个性化的方法。在某些情况下，这意味着把个体融合到群体当中，因而个体和群体不能区别。在其他情况下，这意味着由背景或低照明所引起的视觉匿名（visual anonymity）。但是，我们认为，“淹没的去个体化”（de-individuation as immersion）以及“匿名的去个体化”（de-individuation as anonymity）对于社会认同的显著性具有根本不同的效应。

淹没的效应应该是直截了当的。因为个体被认为是群体的一部分，他们的行为只有作为集体反应的一部分时才变得有意义，因而相应社会认同的显著性以及由此而来的对于群体规范的服从就会增加。对于匿名的预测效应要更为复杂，而且取决于背景。在群际背景下的匿名会降低可见的群内差异并增加可见的群际差异。结果是强调了群体边界，以及群体认同和以认同为基础的行为的增加了的显著性。相反，当个体并没有身处群体之中但是与群体混合在一起时，使他们匿名就会摧毁区分内群体和外群体成员的任何可能性。在这种情况下，结果就会是摧毁任何不牢固的群体边界、降低群体认同的显著性以及坚持群体规范。

第一个实验（Reicher，1984b）的目的是检验这些预测。来自自然科学和社会科学系当中的学生最开始要观看一部电影。这部影片表现的是支持和反对活体解剖的争论。这些学生接下来获知一个假定的调查结果，反映出很多群体在这个话题上的立场。社会科学家在此调查之中呈现出强烈反对活体解剖的态度；而自然科学家则相反，呈现出强烈支持活体解剖的态度。接下来，学生们不是被看成和确定为群体成员，就是被看成和确定为个体。在群体和个体这两种情境下，参与者要么在他们的着装上留下可见的识别特征；要么完全匿名。这一点是通过让他们穿上松垂的罩衣以及套住整个头部的布面具来完成的。所有的参与者都要完成三项相互关联的测量。第一项是“对活体解剖的态度”量表；第二项是提供四种行为困境，个体需要在其中指出帮助或阻碍活体解剖支持者/活体解剖反对者的自愿程度。最后是“行为投射”量表，这要求个体在包括活体解剖或不包括活体解剖的计划之间分配资源。当测量完成之后，所有人都聚在一起并听取汇报。

依据一般假设，预测的结果如下：给予自然科学家赞成活体解剖的规范而给予社会科学家反对活体解剖的规范；那么，在群体情境下，自然科学家的赞成行为会增加而社会科学家的赞成行为会减少。对于自然科学家来说，群体情境下的匿名会进一步增加赞成活体解剖的行为；而个体情境下的匿名则会进一步减少赞成活体解剖的行为。对于社会科学家来说，情况正好相反：群体情境下的匿名会减少赞成活体解剖的反应；而个体情境下的匿名则会增加赞成活体解剖的反应。

对于群体操纵来说，所有三个测量上的结果都强烈支持了预测：当个体反应融入群体反应时，个体就开始按照群体规范来行动。自然科学家对于活体解剖的赞成反应明显增加；而社会科学家对于活体解剖的反对反应也明显增加。而匿名的结果则不太直接。仅存在一个匿名的弱化效应，这出现在态度测量当中。此外，虽然这是在预期的方向上，但它只适用于自然科学家。这种匿名效应的缺乏原则上可以归因于群体效应的强度：群体情境在提高社会认同的显著性上太过有效，而个体情境在减弱社会认同的显著性上太过有效，这使得匿名的额外效果可以忽略不计。然而，匿名的作用并没有支持传统的去个性化观点；而且很显然，这种作用只有依据社会认同论才可以说明。

因此，总而言之，结果表明，与集群相联系的情境容易引起基于社会认同的行为的表达。特别明显的是，“淹没的去个体化”确实没有解除对行为的管制，而是在一定程度上成为很强的决定行为的社会因素。但是，这里存在一个从这些结果推断到真实集群行为的问题。像我们一直所讨论的一样，如果集群事件通常包括了群际冲突的话，那么行为会受到外群体制裁内群体的力量的影响。从第一项研究开始，这些权力关系就不存在，然而恰恰是在这些权力关系运作时，我们或许就可以看到匿名性获得了新的意义。特别是，当内群体成员不能为外群体所确定时，他们更可能做出激怒外群体的事情。

这种观点似乎回到了勒朋关于匿名会导致不加选择地产生破坏行为的说法，但是这里存在着实质上的差别。行为同样会受到内群体规范的约束。争论取决于在早期过程和把这些过程转化为行动的可用力量之间所做出的区分。也就是说，集群背景有可能会使个体偏向于按照社会身份来行动，但他们实际上只有在害怕惩罚时才会这样做。重要之处在于，得自匿名的豁免仅仅促进与内群体社会认同一致的行为的表达。

因此，我们有必要区分淹没和匿名的群内后果（intragroup consequence）和群际后果（intergroup consequence）。第一项研究显示，在群体内，尽管匿名具有有限的重要性，但这两个因素都是通过操纵社会认同的显著性而起作用的。在群际水平上，一旦涉及权力关系，这两个因素在压制外群体约束上都具有重要性。特别是，匿名使得外群体不能够辨别参加行动的个体。结果，淹没和匿名会推动受到外群体禁止的基于社会认同的行为的表达。第二项研究就是设计来检验这些预测的。

实验的参与者被分成两组，分别是“核裁军运动”（Campaign for Nuclear Disarmament，CND）的支持者和反对者。接下来他们观看了关于“英国应该单方面放弃其所有核武器”提议的辩论录像带，这场提议有两名提倡者和两名反对者。在辩论的七次间歇中，研究者要求实验的参与者评估辩论双方所表达论点的有力程度。这是通过在反对和支持CND的立场之间分派分数来完成的。在辩论的最后，在每个人完成了一份包括8个项目的“对核裁军的态度”（attitudes to nuclear disarmament）量表之后，实验参与者就完成了总体评估。

支持和反对CND的两个群体都被分进“内群体显著”（ingroup visible）和“外群体显著”（outgroup visible）的情境当中。在前一种情境当中，每个群体围坐在单独的桌子前，有一道屏风隔开了他们。他们被告知，在研究的最后，成员们要把他们的评价分数（在观看辩论的七个间歇之中支持和反对CND所获得的分数）读给一位内群体成员听，这位内群体成员将会核对这些分数，并且把这7项选择中支持和反对CND的总分提供给外群体。接着，外群体会决定如何在内群体成员当中为内群体划分这些总分。因此，参与者被告知，只有内群体成员知道个体究竟是如何反应的；当外群体开始在他们当中分配分数时，它并没有方法来处罚显示出极度内群体偏爱的那些人。

在外群体显著的情境下，每个群体坐成一个“V”型，两个“V”型面向对方，这样每个群体都可以看到对方。他们被告知，在研究结束时，群体成员要把自己的评估分数读给一位外群体成员听，由他核对这些分数；之后外群体会决定如何在内群体成员当中为内群体划分这些总分。因此，实验参与者确信，外群体成员能够仔细审查每个个体的反应，而且有方法来歧视非常偏爱内群体的那些人。实际上，实验在态度量表完成之后就终止了，之后立刻进行听取汇报环节。

实验的预测是，对于辩论的评估，成员会将更多分数分派给自己的群体而不是外群体，这显示出他们的内群体偏爱。但是，当参与者相信他们的反应会被外群体看到时，这种内群体偏爱就会降低。对于态度量表来说，CND的支持者会比反对者更偏向于单方面裁军；但是，假定态度既不被外群体所禁止也不歧视外群体的话，那么显著性对此就没有影响。

总体上来说，结果强烈地支持了实验的预测。但有趣的是，态度量表中只有一个项目表现出了显著性的效应。在进行该研究的时候（1982年的秋天），该项目所涉及的行为被双方都看做是不合法的。直接的行动策略被CND的反对者看做是不合法的；而用于反对这些策略的方法也被CND的支持者看做是不合法的。因此，这一意料之外的结果进一步支持了如下论点，即在群际背景下显著性的缺乏只是推动了由内群体认同所规定而由外群体所禁止的行为。

总之，这两项研究一起表明，在鉴别性——这是与作为集群的一部分联系在一起的——上的效应如此产生效果，导致多种因素决定了社会认同的表达。不仅这种认同变得显著，而且对于外群体权力的抵消也使得基于认同的行为以日常生活中不可能的方式表达出来。这表明，与传统的无法无天的暴徒形象完全相反，集群行为表现的是一种最清晰的背景，其中可以发现行为的社会基础。

社会影响的限度

证明过了集群情境与社会认同之间的关系，这项实验研究的第二个目标是检验社会认同对于社会影响过程的结果。自我归类论提出了两条假设：第一，集体影响的过程取决于群体身份的显著性；第二，因为显著性的结果是与内群体的刻板印象相符，只有界定了或者产生了与刻板印象相一致的可利用规范的那些信息才具有影响力。第三项研究验证了这两个假设。

实验的参与者是学习社会科学的学生，他们在研究的开始阶段观看了一段录像，目的是显示对于性侵犯者惩罚的态度调查结果。录像不仅呈现了支持和反对重惩罚性侵犯者的争论，还包括了不同群体的立场。录像中的社会科学家群体呈现出重罚的强烈立场。之后，研究者要么仅仅根据参与者的群体成员身份来提到和识别他们，这样他们的社会身份就会变得显著；要么仅仅作为个体来提到他们并且通过唯一的个体编号来识别他们，这样他们的社会身份就会变得不显著。

在实验中，有两种相互依赖的测量。基于对性骚扰或攻击的简单描述，第一种测量呈现出一组八种两难困境，参与者需要指出侵犯者应该得到何种惩罚。但是，在回答每种两难困境之前，实验者都会向他们呈现记录在磁带上的一条留言，这条留言据称来自于之前的回答者。这里有两种情况。在第一种情况下，所有的留言信息都是赞成宽大；而在另一种情况下，所有的留言信息都强调惩罚的需要。在完成所有问题之后，参与者都要完成一份“对于性侵犯者惩罚的态度”（attitudes to pinishment of sextual offenders）量表。最后，参与者会集中在一起并听取汇报。

实验预测，在当社会科学的身份变得显著时，参与者会给予更多惩罚性的反应，但是留言操纵的效应会取决于显著性。当社会科学的身份不显著时，反应会受到留言内容的影响。当留言是惩罚性而不是宽大性时，参与者的反应会更偏向于惩罚。这里可以假定，留言内容的效应受到其对现存更高规范的要求的调控。当社会科学的身份显著时，留言的效应应该是不存在的，因为与那种认同不一致的留言对反应不会有影响，而与认同一致的那些留言只是复制了显著的内群体规范的效应。

两难困境和态度量表上的结果都证实了这些预测。当作为社会科学家的身份变得显著时，与作为合适的惩罚所显示的较少的措施相反，监狱判决的数量全面增加了。当身份不显著时，留言只对判决的数量有影响。态度量表当中所显示出来的是完全相同的模式。这表明，影响过程的实质是身份认同状态的功能。当某种特定身份不显著时，反应或许会受到影响而不遵守其规范。但是，当身份变得显著时，不仅行为会符合内群体刻板印象，而且影响的唯一来源很可能是来自于阐明那种刻板印象内容的信息。

关于这种争论，有两件事情需要说明。第一，这表明了，集体行为远没有设想的那样容易受到偶然因素的影响，而是对影响过程存在着非常严格的限制。第二，这意味着那些限制的性质以及由此而来的可能的集体行动的范围会取决于显著的社会认同的内容。

实验研究结合在一起，提供了对于集群行为的自我归类论的支持。研究显示，与集群联系在一起的情境使得社会认同变得显著；在这些情境下，行为既要遵循内群体刻板印象，又受限制于内群体刻板印象。仍然需要说明的是，我们可以把这些过程应用到实际的集群事件当中，而且我们也可以根据参与者的社会认同来理解他们在这些事件当中的行为。

三、现场研究

里切尔的实地研究（Reicher，1984a）分析了 1980 年 4 月 2 日在英格兰布里斯托的圣保罗地区（St Pauls area of Bristol，England）发生的骚乱。这个分析建立在一系列资料的基础上。首先，研究者收集了所有媒体上的资料；其次，研究者收集了各种官方和半官方的报告；再次，收集了一系列照片；最后，进行了一些访谈。除了 30 多名参与这起事件的个人之外，受访者还包括一些“精英人士”，例如当地议员、警察局官员、神职人员以及“社区领袖”。

接下来的说明就是从这些不同的资料当中构造出来的；如果事件只是由独立的资料来确证，我们就不给出这些事件。只有当提供了独特的信息时，资料才得以确定。辨别受访者的编号如下：种族（W＝白人，B＝黑人）、性别（M＝男性，F＝女性）以及近似的年龄。于是，WM25 指的是一名 25 岁的白人男性。

4 月 2 日的事件分成两个不同的阶段。第一个阶段开始于警察对黑白咖啡馆（the Black and White Cafe）的搜捕，于警察离开圣保罗地区时结束。第二个阶段包括了穿制服的警察离开这个地区直到带着援军重返该地区前的整段时间。在这两个阶段之间存在很大不同，因此需要分开分析。

“圣保罗暴乱”的第一阶段

人们所知道的圣保罗暴乱实际上是一系列复杂事件，这些事件发生在对戈诺斯威洛尔路（Grosvenor Road）的黑白咖啡馆中的毒品和非法饮酒进行搜捕行动之后。这当中存在三个不同回合的暴力。第一回合发生在警察带走逮捕的咖啡馆店主贝特拉姆·威尔克斯（Bertram Wilkes）时。在咖啡馆对面聚集起来的一大群人向警察投石头。接下来是一段安静的阶段，警察开始往一辆货车上搬运在咖啡馆里找到的几箱酒。第二回合的暴力发生在货车开走之后，这次的暴力太过激烈，警察不得不逃走并等待援军重新集结，直到回到咖啡馆解救被围困在里面的几位同事。在几辆警车被烧毁的长时间冲突之后，警察终于重新夺回了控制权。

当一辆轻便货车开始拉走被毁坏的车辆，警察集结编队，试图到达戈诺斯威洛尔路并清空街道时，最后和最暴力的阶段发生了。人群向警察投掷石块，警察的队形被打乱，被迫分成了两组。在下午 6 点 45 分到 7 点 15 分之间大约半小时的时间里，两群大约 200 到 300 人的青年人面对着总数大约为 60 人的警察，一群在城市路（City Road），一群在莱斯银行（Iloyds Bank）对面的绿地。最后，所有警察都被迫退回到城市路，在那里被分开的警察试图用防暴盾重新集结。但是因为警察在人数上仍处于劣势，他们被人群所包围，慢慢沿着路后退，并最终撤出圣保罗地区。到了晚上 7 点 30 分，警察退回了三一路（Trinity Road）的警察局。

在这场暴乱中，有 49 名官员不同程度地受伤。21 辆警车受损，8 辆被烧，其中 6 辆完全被焚毁。但是除摄影师——人们有理由担心，他们的照片会有助于警察的辨认——之外，警察是集群攻击的唯一目标。集群既没有攻击个人，也没有攻击任何私人财产。实际上，这起事件发生在相当正常的环境中，这个区域不停地有车通过，人们在购物，一些家庭在旁观和聊天。

这并不是说只有警察受伤了。有几个人被打，也有几扇窗户被砖头误打而破碎。更为重要的是，人们必须要区分开个人行动和集体行动。在独立行动和变得扩大并成为集体规范的基础的那些行动之间存在着重要差别。一个人可能会朝某个目标扔石头，但是除非他人加入，否则这不能被看做是集体行为。在确定扩大的行动和没有扩大的那些行动之间的差异时，人们才可以得到规范行动的界限。因此，人们把朝警察扔石头的行为描述如下："在第一块砖头扔出去之后就好像地狱的门被打开了一样"（WM30），或者是"几块砖头扔出去之后，人们聚集在路中间，所有人都开始这么做"（WM17）。但是，人们对于其他目标的反应则非常不同："一辆公共汽车……的一面窗玻璃被打碎了……所有人的反应都是'哎哟'、'白痴'"（WF25）。在某些情况下，似乎存在着某种亲社会规范。当消防车到达现场并开始扑灭警车上的火时，人们帮助消防员打开水管。

除对进攻目标的明确限制之外，对这些事件还存在地理限制。只有进入圣保罗地区的警察才会受到袭击，他们一旦离开这一地区就不会再受到追击。当被问到原因时，一名参与者回答说，"这只是集群当中所有人的设想——把（警察）赶出去"（WM17）。这句引文表明了两点。首先，在被描述为"暴徒"[《太阳报》(*The Sun newspaper*)，1980-04-03] 的人群当中，他们对这些事件带有清楚的模式，把事件严格限制在被认为合理的行为上。其次，这种模式既不是事前计划的结果，也不是有明显领导的结果。参与者始终将他们的行为描述为自发的；当被问到谁发起了特定的事件时，他们往往会做出这样的回答，比如“任何人，所有在那里的人”（WF25）。存在有意识的煽动者——人们没有注意到——这一可能性依然存在，但是这还是避开了这一问题，即为什么某些特定的行为会变得规范化而其他行为就不会。研究者仍有必要做出解释的是，在没有任何共同的利益时，这些事件是如何表现出清晰的社会形态的。

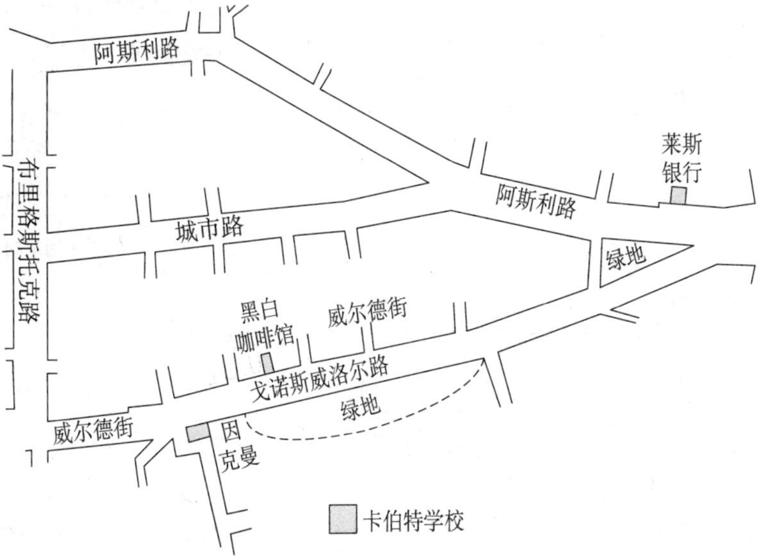

图 8—1　圣保罗计划［引自 Reicher, S. D.（1984）.“圣保罗暴乱：依据社会认同模型对于集群行动的限制的解释”（The St Pauls Riot: An explanation of the limits of crowd actions in terms of a social identity model）. European Journal of Social Psychology, 14, 1-21. 经 John Wiley and Sons, Ltd. 允许重印。］

尽管缺乏领导，很多参与者还是表现出了行为的目的性。具体的目标就是“把（警察）赶出圣保罗地区”（WM17）；更一般来说，这是对外部控制的反抗，而警察就是这一控制的象征。当人们向圣保罗防卫委员会的德斯蒙德·皮埃尔（Desmond Pierre）问起这种目的时，他回答道：“我们是在很多方面保卫自己，但主要的一方面是过一种自由生活的权利。”从这种视角出发，这些事件立刻就变得可以理解了。

关于这种目的性存在有两个重要的方面。它是**集体性的**。参与者不是作为个体而是作为某个社会群体的一分子而谈到他们自己的。在所有参与者的说明中，这种自我的集体感非常明显。当他们谈到事件中所涉及的人时，这种自我的集体感无所不在：“这儿是圣保罗，你知道……这儿就是圣保罗”。这同样影响到他们谈及结果的方式：“我们感觉好极了，我们确信这是一场胜利”（BM，年龄不详）；社会的自我界定也同样影响到人们如何彼此联系起来。当警察遭到猛烈的攻击、而旁观者体验到强烈的恐惧时（一位女性宣称“我以为我会被杀掉”），与被当作内群体一部分的那些人的关系则完全不同。按照一位参与者的说法，“这真的令人愉快，这是他们都忽略掉的，这种愉快”（WM30）。内群体的本性再一次得到了详尽的阐明：“你对所有人微笑，因为他们都来自圣保罗”（WM17）。从圣保罗社区成员身份的角度，参与者把他们自己、他们的行动以及整个事件看成一个整体。

第二，目的感揭示了圣保罗认同的意义所在。除明显的地理因素之外，中心主题在于，外部代理人——特别是警察——的支配和压迫不断威胁到人们对于控制的要求。几位回答者把生活在圣保罗地区与承受种族压迫等同起来——正如一名居民评价集群时所言，“从政治角度来说他们都是黑人”（WF28）。这不是说，“圣保罗社区”或参与者都是黑人，而是说他们的认同是从黑人经验的角度来定义的。

按照这种认同，并记住黑白咖啡馆本身的重要性，第一阶段的事件就变得可以解释了。黑白咖啡馆是唯一一处由当地居民所拥有和经营的公共设施。因此这不仅具有象征意义，而且也是社区自我组织当中至关重要的资源。在搜捕咖啡馆并被认为威胁到它的营业时，警察被看成公开攻击了社区存在的权利。这一点非常重要，因为它动摇了这一观念，即几乎所有“导火线”都会触动一场暴动。远非如此的是，从群体认同的视角来看，在促成暴力的事件——逮捕威尔克斯、搬走咖啡馆的库存、试图清理街道——当中，每个事件都是非常重要的行动。他们都确认了这一观念，即作为代理的警察破坏了社区的自治。因此，只要这种认同提供了理解这些行动的方法（参见第六章），他们就会使这一方法变得非常显著。

更进一步来说，事件的内容与圣保罗认同的主要方面完全一致。行为只限制于清除被看做是外来的和不合理的警察存在。因而，针对警察的暴力是合乎规范的；而针对其他目标的行动则不合乎规范。同样地，暴力只在圣保罗地区之内才得以接受，没有一块石头扔向超出这一地理范围之外的地方。

圣保罗社区成员认同的内容与第一阶段的事件之间存在紧密的联系，这一联系对这一观念——即社会认同过程是集群行为的基础——提供了强烈支持。同样，对于特定行动变得规范化的方式的说明，与根据归类的归纳方面解释集群中的规范形成也是一致的。在不确定阶段，任何行动只要是由某位群体成员所做出，并把群体认同转化为行动，就有变成规范化的倾向。最后，只有当警察在人数上处于劣势而无法逮捕攻击者时，针对警察的暴力才会出现。但是，需要再一次强调的是，无论行为被这种豁免性推动得多么空前或极端，这种集群的力量并没有导致肆意的破坏。这种力量所推动的行为只处于相应的社会认同所规定的范围之内。

“圣保罗暴乱”的第二阶段

警察一撤出圣保罗地区，集群的成员就开始负责交通控制。他们唯一拒绝进入街区的车辆就是警车，或那些怀疑载有便衣警察的车辆。另外，唯一的交通阻碍是一个很小且基本上是象征性的路障，设置并燃烧在圣保罗边界的城市路上。

在接下来的 4 个小时内，发生了一系列针对财产的攻击。人们很难对这些事件确定准确的时机或清晰的顺序。似乎位于戈诺斯威洛尔路和威尔德街（Wilder street）的交叉口的第一起攻击大约发生在晚上 7 点 45 分，到晚上 11 点 15 分警察包围了这一地区时，攻击基本已经结束了。在讨论这些事件之前，我们需要指出分析的困难。因为许多起攻击都是同时发生的，而且通常都是在夜色的掩护下，所以研究者通常无法说明这些攻击究竟是集体行动还是个人行为。单单根据损失记录来确定是集体意图是不可靠的，因为有些损失很可能是由外部人员造成的，而且如果成为证据的话，也许会引起集体反对。实际上，有几家当地商店被侵占，但随即得到全体的保卫，因而进一步的攻击受到了阻止。

尽管存在这些困难，研究者还是辨别出了一些模式。所有的攻击都限制在圣保罗地区，对私人房屋没有造成损失。尽管房屋和商店遍布圣保罗地区，但没有发现哪怕一扇砸坏了的窗户。同样，在当地居民所拥有的商店和外人所拥有的商店之间也存在差异。前者的大部分要么没人理，要么得到积极的保卫。在某些情况下，这种保卫是有组织的，就像一群在 Roots 音像店外的塔法里教徒（一个黑人教派）或确保当地药剂师不会受到抢劫的当地牧师一样。在其他情况下，这种保护是自发的："一个白人小伙子朝克什米尔（Kashmir）扔了一个瓶子，几个人制止了他，而且告诉他不要这么做。"（WM35）

实际上，在当地所有的 16 家商店当中（除了服务设施），只有四家遭到了损害，而这其中有三家还是处于特殊情况。其中一家是在发现里面有人之后得到了集体保卫；另外一家因为位于银行旁边而着了火，店主出来斥责了人们。第三家看上去似乎是在报一起旧仇。与此相反，由外来者拥有的所有八家店面全遭到了损害，其中七家遭到了彻底的洗劫。另外，这种抢劫行为似乎是集体性的。在一家自行车店的案例中，"他们组成了一条人链，向外传送自行车和别的东西……那里有各种各样的人，黑人和白人都有。有年轻人，也有老人。"（WM25）

在遭到袭击的商店当中，有四家——全都是由外来者所开——除了遭到洗劫外，存货也遭到了毁坏。这当中包括一家汽车陈列室、一家摩托车店、一家电器商店以及上面这家自行车店。在最后这家店中，自行车最初被搬到店外，放在公路上让车辆碾过，之后才开始劫掠。值得注意的是，在每一起案例中，这些商店都是利用这一地区的低价来经营更大的陈列室，以销售昂贵的商品。因为当地的贫困（一份指标显示，圣保罗地区 60%的儿童符合学校免费供餐的条件，而当地的平均值仅为 21%），这些商品完全处于当地居民的消费范围之外，只有外来者光顾这些商店。

最后，一系列建筑遭到了直接攻击，而不是因为劫掠的副作用而受到损害。如果排除掉那些因为受到临近房屋的火灾波及而遭受火灾的建筑，一共有四栋建筑遭到了直接攻击。这其中包括威尔德街的健康和社会福利部（DHSS），它遭到了严重的投石袭击；一家酒馆对面的文具店，它的火灾损失共计 65 000 英镑；莱斯银行被火灾烧毁；而银行附近的邮局，同样在火灾中遭到严重损失。那家文具店最先被放火，大火波及附近的房屋。但是，消防队最初不让进入圣保罗地区。稍后，当消防车试图扑灭莱斯的火焰时，遭到了激烈的投石袭击；而当消防员进入燃烧着的银行时，他们的供氧设备受到了干扰——这是潜在的致命行动。

所有针对建筑的袭击都是集体行动。在莱斯银行的案例当中，这表现得最为清晰："突然有些人大叫'银行'，而且一旦有人进入，立刻石块和砖头就像雨点一样砸了过去……这完全是自发的反应。"（WM35）这些建筑被选作目标的原因同样清楚："我们占领了银行。那里是那些金融家去的地方。那是玛格丽特·撒切尔（Margaret Thatcher）的政府。"（BM23）实际上，对于当地居民来说，所有四栋建筑代表了主要的财政机构。除了银行之外，DHSS 是申领各种福利的地方，（估计失业人数占了当地成年居民的 30%到 70%），邮局是兑换"giro"支票（一种政府和其他支付的方式）的地方，而那家文具店与当地出租办公室也位于同一栋楼里。

这些公共机构具有双重意义：它们象征了把贫困社区从首府和政府的范围之外排除出去；同时它们又是后者竭力控制社区的实际手段。例如，除了公开表明他们的贫穷和无产外，申请救济金、领取救济金甚至兑换 giro 支票的过程也使个人屈从于持续的屈辱和调查。这也产生了一种双盲效应，因为在强调排斥的同时，这一过程至少公开地需要对于有产者社会的传统导向。要申请救济金的话，个体必须被看做能够工作而且愿意工作。因此，同时地，个体既没有获得物质社会的利益，又没有获得详细描述某种选择的可能性。贫穷和支配不可避免地纠缠在一起：对于圣保罗地区的居民来说，"金融家"和"玛格丽特·撒切尔政府”的结合并不是奇怪的经验，而是一种重要的经验。克服物质上或文化上的从属关系的任何努力都要面对这些机构。

因此，这些目标及对它们的攻击性质绝不是随机的，而是相当有意义的。这并不是否认事件的主要动机是单纯的物质收获：正如一位参与者观察到的，“孩子们想要自行车，糖果和杂货之类的东西。人们从来没有得到过这么好的东西。”（WM25）然而，这并不是对事件充分的解释，因为这完全没有表明事件的模式。

与某些观点相对，社区并没有自我攻击。参与者对此相当清楚：“街拐角的小商店并没有受到攻击，因为它和圣保罗的绝大多数人们一样在生存中挣扎”（WM17）；或者表达得更为形象化：“兔子不吃窝边草”（BM，年龄不详）。发生的攻击表达了人们对于攻击目标和社区之间关系的社会理解。人们只把外来者的商店看做从当地人那里获利，因此它们遭到了劫掠。原则是“昨天我为此付出过，现在它就是我的了”（BF，由 WM35 引用）。一些店铺利用圣保罗来贩卖超过当地居民能力范围之外的商品——这些商品本身是消费社会的象征，也是对当地居民贫困的持久嘲笑——因而也遭到了攻击。这些机构被视为强加于社区的控制，因此参与者们试图摧毁整个机构。

尽管这些事件存在许多微妙之处，参与者强调“在‘这是名单上的下一个地方，我们要占领这里’这种意义上，并没有明显的领导”（WM30）。正如在第一阶段，所发生的事情似乎既不是计划好的也不是受人指导的；而且，人们的解释和他们的行为又一次表明，他们是作为“圣保罗社区”的成员来参与的。此外，在这种认同的内容和事件的性质之间存在清楚的联系。除地理因素之外，控制的尺度是核心，因为事件可以看成是反对一系列机构的反应，正是这些机构把社区约束在弱势和贫穷的位置上。

能够“过上自由的生活”意味着，要像对于警察一样，对于统治的经济和政治基础进行同样多的攻击。因此，同样地，像攻击警察一样，劫掠、损坏和纵火都是对于社会控制的外部机构的攻击。攻击性质上的这些差别反映了人们在理解不同的目标对社区施加控制的方式上的差异。为什么不需要指导的原因在于，特定行为的合理性以及由此而来的概括性取决于他们与这种理解之间的关系，而这种理解本身就是对于圣保罗社区与其他社会主体相联系的方式的某种共同的社会知觉。

最后一点与权力的重要性有关。如果没有警察缺席和夜幕掩护的话，第二阶段的事件就不可能发生。参与者坦率承认，他们当中存在一种“等到天黑再行动”的感觉。然而，这种受到领会或识别的无力感只用来表明由社会所确定和共有的一些委屈。与其说空前出现的是对抗感，倒不如说是以纯粹的方式宣泄这种对抗的能力。证据表明，集群事件是独特的社会性行为；在这之中可以瞥见人们对于自身以及他们的社会世界的社会理解，而这通常掩藏在对于日常生活的关注之中。

第五节　小　结

经验证据表明，自我归类论能够用于解释集群行为。实验研究说明了社会认同过程对于社会影响的解释能力和重要性，而且现场研究也表明这一理论能够说明真实集群事件的特性。特别地，与之前集群心理学相比，它能够解释有关集群的核心悖论：在没有明确方向引导时，人们的行为如何能够对空前的情况做出复杂且有意义的反应。此外，这一概念本身的最低社会性（irreducible sociality）也使得人们可以从社会认同过程的角度来解释集群当中自发的社会性。这一概念承认了集体行为的社会形态，而不是把它看成是纯粹外在于个体内或个体间事件的建构，因为社会维度是既不与人类认知的个体方面分开，也不从属于此。

因此，有人宣称，有关群体的社会认同论为发展对集群行为的社会心理解释提供了充分的基础。然而，这并不是说提出的解释已得到了证实，也并不是说参照信息影响的过程，特别是经由类别的归纳方面的规范形成的过程解释了集群行为的特定内容及具体的历史发展。

圣保罗“暴乱”中的一个重要方面就是在其发生过程中出现的改

变。虽然我们确实可以用一个广泛的概念“控制”来解释这两个阶段，而且一般来说，在这两个阶段之间存在着一定的连续性，但它们中间也存在重要的差别。就一般的意义来说，集群在对消防员的反应上就存在着差别。最开始，集群欢迎并帮助消防员；过一会之后，他们开始阻挡消防员，而且威胁到了他们的生命。这是一种根本性变化的反映。开始时只是作为对于特定事件的防御反应逐渐发展为重新定义社区和一系列代理人之间关系的进攻性行动。虽然第一阶段的目标是摆脱警察，第二阶段行动的目标则是控制整个街道并决定谁和什么可以在此发生。没有人，甚至消防员可以有权擅自进入。此外，很明显，参与者感到这些事件改变了他们与外部代理人之间的关系。正如一名年轻黑人提到警察时所言：“他们再也不会轻蔑地对待我们了……现在他们会尊重我们”。

正如我们在导言当中所论述的，社会认同研究的一个目标就是反对心理学当中把行为具体化的传统趋势。其中的一个方面就是强调行为的社会决定因素和心理决定因素之间的相互作用。还存在第二个同等重要的方面。通过把行为从其社会背景当中抽象出来，以及把历史当中某一特定时刻的产物普遍化，集群心理学往往排除了社会变迁的可能性。另一方面，社会认同论从一开始就承担起了创造研究社会变迁的社会心理学的任务。例如，泰弗尔（1974）就强调，“在这里，我们要把社会认同理解为在社会变迁的情境当中的介入因果机制（intervening causal mechanism)”。然而，人们目前对于集群的解释还处于相对静止的状态。基于认同的行为确实并不表示对于一系列预先确定的属性的强迫接受，而是来自于对相对自主的“情境认同”的建构——在相对超常的认同范围之内，情境认同可以采取无数的形式，而且变化迅速。因而，目前对于集群的解释要考虑到变化和发展。

确实，无论在哪个抽象水平上的显著的自我类别，以及伴随自我类别的明确规范，都不是静止的或稳定的现象，而是相对的和不固定的；它们会随着提供了参照系的特定社会背景以及在人们之间所知觉到的社会关系而变化。但是很少有研究者试图系统地开发该理论的这一面。例如，在规范的产生或超常认同的变化中有一些额外心理因素，这些因素往往与政治和经济现实有关，但人们通常把这些因素以及它们的思想解释看做是随机事件。

关键问题是，如何在一个理论中结合如下事实，即社会认同决定了社会行为的形态，而同时它又通过行为而改变。这是作为个体（或心理）怎么能够同时成为社会的原因和结果这个问题的一个方面。为了理解自我归类论在这个问题上的贡献，我们必须先理解社会认同在社会心理互动中的作用（参见第九章）：社会认同既是指特定自我的属性，同时按照其建构的真正本质，社会认同也是一种社会关系模型（a model of social relations）；而且认同和社会关系这两者都是作为相互决定的前提而存在的。在我们使用这个概念说明圣保罗事件的方式当中，这一点就得到了说明。

圣保罗社区成员的认同主要表示了对社区在社会世界当中的处境的一种集体观念。这可以分解成两个元素。第一，一个有关不同社会代理机构性质的模型。第二，这对于社区行为的意义：这包括代理机构如何影响社区，以及社区如何对代理机构发生作用。一个人的自我概念与他对于社会世界的理解之间存在着紧密的联系，对此我们并不感到奇怪。一方面，有关一个人在世界当中的处境的观念取决于这个世界是如何组织的（在由等级所构成的世界中，这会是一个人所处的等级；在由国家所组成的世界中，这会是国籍）。另一方面，一个人的行为也会受到他身处的社会关系的性质的约束。因此，有关次级群体的许多刻板化特征——狡猾、不诚实、表达性——实际上代表了人们在应对无法直接面对的强大的对手时所采用的必然策略。此外，如果以美国的黑人运动为例，我们就可以发现，这些假定特性的变化是与对于黑人与白人之间权力关系的重新概念化——在一定程度上来自于非洲的解放——不可或缺地联系在一起的。

因此，对认同持有动力学观点就变得格外重要。我们不仅要把认同看做是在一系列特定的社会关系当中可能存在的事物的决定因素和反映；也要把其看做是有关这些事物的一个模型，换句话说，作为社会世界中行动的一种理论。社会关系性质的变化会改变人的行动的能力，而人的行动的变化又会改变社会关系。社会认同把行为与其社会背景联系起来，并解释了行为的社会形态，但这其实并不是意味着对社会无休止的再生产；这会陷入一种新的具体化形式当中。在分析社会变迁时，社会认同也提供了社会心理学的起点。

第九章 总 结

本书始于如下问题，即个体如何形成心理群体，以及群体成员身份对行为有何影响。随即，两个更大的问题出现了：群体形成是否代表了任何类型的独特心理过程，在群体的产生过程中，个体是否确实在心理上发生了改变，还是仅仅改变了行为的内容而不是内在机制？对于社会心理学——这一研究个体心理过程的科学的一部分——来说，它如何能从个体特性而不是个体主义的角度来解释群体行为更高级的社会属性？我们提出了如下的回答。

首先，一般来说，个体形成心理群体，就是说他们和他人形成对比，通过与他人对比，人们对自己会产生出共同的社会归类。这一种社会类别会在特定情境下成为他们态度和行为的基础。对这一假设我们已经详尽阐述过了。我们努力解释了这一假设与主流观点有何不同，并提出了独特的、可验证的预测。我们也试图说明，它如何能比相互依赖论更好和更简单地解释某些现象。当然，这其中会存在一些没有解决的问题；或一些问题在某方面必须要回答但却尚未很好地回答，或完全没有回答。例如，群体内存在角色差异这一事实与我们的分析是否不一致？对此简短的回答是否定的：社会角色是指定合适行为的社会规范——它们通常是正式或非正式的组织规范。所有群体成员——他们身处或分派到特定的社会位置或功能中——都要遵守这些规范。因而，这种建立在角色行为基础上的群内成员之间的差异，并不是第一种情况下的个人差异（他们并不界定个体层面上的差异，而是界定在同样的位置上所有成员都会做什么）。正相反，这只是群体成员的可互换性（参见 Deutsch，1949a，1949b），即他人的行为可以代替自己的行为这一事实，这使得群内分工和角色观念——所有人都期望以同样的方式行动——成为可能。社会角色不仅仅属于角色占有者；它们是属于整个群体的共同的行为规范，而且可以看成是社会认同复杂性的发展（例如，把自己确定为天主教徒就是在某种程度上接受此教派的体制结构，并从这一角度来定义自己）。一个新理论必须花时间来发展对于这些问题的看法。在这种意义上，现存的理论只是一种过渡性陈述，随着研究的推进，它会变得更为精确、限定更为清楚，也可以做出修订。

其次，人们提出，群体形成是一种独特的社会心理过程。对于自我的社会归类的重要之处在于，它代表了更高、更广泛的抽象水平上的自我归类，而非个人自我水平上的自我归类，因此使得个体的自我知觉和行为失去个性。个体可以内化社会整体的特性并将其呈现出来——不只是在行为当中，还包括他们的心理，他们的自我认同。人们提出，集体过程是一种适应性结果，它是由于人的自我具有这样变化的能力而得以实现的。比如，麦独孤和阿希在他们的分析当中已预见了这一观点。现有理论的优点在于从因果心理过程的角度把这一观点系统化了。根据上文的论述，很显然“去个人化”并不是认同的丧失，而是认同的转换。有更多积极内涵的术语或许会更好一点，但是唯一可供选择的项目缺点更多。

再次，自我归类论被用以说明社会心理学不该是个体主义的科学。它是一种“互动”论（不要与人格研究当中人与环境互动的观点混淆——尽管在此意义上它也是互动论者的观点）。我们在第一章介绍过社会心理学的互动观点。人们认为，这一观点对个体与群体的关系问题提供了元理论的解决方法（直到理论和资料充足的时候为止）。在总结当中，我们试图把社会心理互动的含义陈述得更为清楚（这并不是个轻松的任务），并把理论与此直接相联系；这是非常有用的。这为理解我们所提出的理论提供了更为广泛的社会科学的和历史的脉络。

社会心理学的互动观念由几个相关的概念组成，这些观点可以陈述如下。处于多样性中的个体不可能与社会对立起来，或在现实中与社会区别开来：多个个体就是社会，而社会就是人类个体存在的自然形态。个体可以与社会对立这种谬论来源于特定个体与他人之间合理的但是与此不同的对比，这种对比产生了独特性或个体性的观念，但是个体性本身就是人的社会属性之一，而且这种对比的双方都处于社会中。不存在所谓前社会的、脱离社会的（asocial）、纯生物性的、“好像被隔离的”个体，除非是作为一种分析的、虚构的抽象。

实际上，在个体的心理过程以及他们的社会活动、关系和作为社会的产物之间存在着连续且相应的互动，以及功能上的相互依赖依存。在社会中的个体或者作为社会存在的个体具有心理上的创造性，他们的社会活动创造出个体心灵独特的人类形态，使其成为可能并发生转变。这正如个体心灵具有社会上的创造性一样，心理过程使得社会行为独特的人类形态成为可能，并调控这种形态。他们的社会活动创造出个体心灵独特的人类形态，使其成为可能并发生转变。在社会中的个体或者作为社会存在的个体具有心理上的创造性。在这种意义上，心灵和社会、个体和群体，是互为前提的，且具有互为自发生成的属性（例如，更高等级、独特性、不可削减的）。这种功能性的互动既同时具有系统发生性又具有个体发生性。

因此，在这种意义上——一个人或多或少比另外一个人更“基本”，一个人可以归纳为另一个人：它们的现象都是相同人类过程的互动方面——来说，社会心理学和社会科学对于社会行为的解释，并不代表现象的不同层面。社会心理过程是，或者说属于社会的心理或主观方面。作为心理学（有关个体精神过程的科学）的一部分，社会心理学的任务并不在于对行为提供社会解释（provide social explanations of behaviour)（这可以留给社会学、政治学等来完成），也不在于对社会行为提供“心理解释”（provide “psychological explanations” of social behaviour），即**心理学化**（psychologize），而在于**解释**社会的心理方面（explain the psychological aspects of society）（就是麦独孤在1921年所提出的，只不过策略上取了“群体心理”这个不当的名字）。这意味着，人们理解了社会在个体心理上得以表征并受到个体心理调控的这些结构和过程。在意识形态的意义上，个体心理并不是个体主义的——就像某些前社会心理动力学所定义的那样，而是被社会建构的——社会是在个体之中，正如个体是在社会之中一样。因而，超出我们料想的是，个人是可以（在心理上）包含整体的部分；这一论据反驳和颠倒了个体主义的“只不过”（nothing but）观点，即社会只包含个体（参见阿希，1952，第257页）。

我们需要得出的最后一个观点就是，在决定独特的人类行为上，受到社会调控的认知（socially mediated cognition）非常重要。社会心理互动的关键产物是受到社会调控的认知，这种认知在现象层面上就被体验为为对共同的、公共的、客观的世界的知觉（参见第四章）。人类社会互动是基于对互动、互动者以及互动者所共享的背景的心理表征之上的。我们是在具有共享社会意义的互为主体性的世界当中行动的。

自我归类论的主要观点——即自我归类存在不同的抽象水平；群体现象是从共同的社会类别自我（social categorical self）的角度反映了自我知觉和行动——包含了这些思想。因此，这一理论从不同水平自我知觉的角度认识到，人类个体主观上既是单个的个体，也是社会；既以单个的个体在行动，也以社会在行动。社会归类的自我或社会认同，正好是个体在他们的社会层面上所表现出来的形式（抽象的水平）、内容（定义刻板化属性）以及社会程度（人们共有的社会或情境限制）；而去个人化就是这样一种过程，借助于这一过程，人们不再作为独特的个体，而是**主观地**成为社会或社会的某些部分的典范或代表；成为各种历史、文化以及政治—意识形态力量和运动的活生生的、自知的体现，正是这些形成了社会身份认同。确实，从心理上说，他们并不是“代表”

社会，他们就“是”社会；他们成为具有自我意识的社会，正如麦独孤所指出的那样。我们假定，反映了一个人的个体性的自我——从更高层次群体成员身份的角度来说，这种个人的自我是建立在群内比较和区分（intragroup comparisons and differentiations）的基础之上的——也是受到社会调控的。

同样，社会类别自我是社会心理互动的一条渠道；也是不可削减的心理和社会形态相互显露的一个机制。自我归类抽象水平增加（以及去个人化）的心理过程使得行动和态度的社会一致成为可能，同时也引起了行动和态度的社会一致。在这种情况下，一个人更多是从刻板身份（stereotypical identity）——这种刻板身份定义了他共同的内群成员身份——而不是从独特人格的角度来做出反应。群体行动的社会形态，其社会统一性和凝聚力，来自于同样内群体自我共有的主观性，以及社会影响、同感性确认、规范形成和其他类似的过程——所有这些都来自于自我和他人之间的心理可互换性（psychological interchangeability）。在使影响、统一、吸引和合作的社会过程变成可能时，社会创造了去个人化的心理过程；如果不是这样的话，那么这些社会过程就会难以获得。作为认知元对比——它确定了（社会）类别的原型化特征——的功能，社会规范的极化表明了心理原则对于行为的自发社会形态的影响。

相应地，作为在对自我和他人的归类当中产生社会的抽象水平的前提，以及作为产生社会类别的特定行为和规范内容的前提，社会认同所引起的群体关系是在心理上产生的。由于人们和他们生活的集体形态之间社会认同的客观社会现实，比较和归类的个体心理过程只能产生出去个人化的社会心理过程。内群体—外群体类别差不多直接反映了社会关系；在社会认为有关的和重要的价值维度上，它们也差不多直接反映了知觉到的人们之间的社会相似性和差异性。作为对于社会恒定性、规律性，或个体行为的“特性”的解释性认知表征，他们会在知觉中变得显著（第六章）。自我知觉从个人变化到内群体自我类别，这一连续体的事实是因为人类社会行为的独特能力——即人类的社会行为能够在抽象水平上或行为单元的包含程度上**客观地**发生变化——而成为可能，同时也反映了这种能力：**我们可以而且确实是既作为社会群体而行动，同时又作为独特的个人而行动**。特定内群体类别共同的、一致的特性——我们一直以来对此视为理所当然——也表明，它们是社会现实和影响的产物。

因此，社会认同是个体心理上的一个“社会建构领域”（socially structured field），是社会的心理或主观过程的重要因素之一。它是一种机制，社会借以而形成其成员的心理以追寻其目标；社会也借以而发生冲突，例如作为“市民”、“美国人”、“爱尔兰共和党人”、“保守党”、“社会主义者”或“天主教徒”。它的机能为群体成员提供了共同的心理场域、对他们自己共同的认知表征、他们自己的认同以及客观的世界——以关于事实和价值的共同社会规范的形式；并因此使得最简单的沟通和对于公共的、互为主体性的生活的情绪变得有意义（参见 Asch，1952；Farr & Moscovici，1984）。

阿希（1952）曾经指出，有一种人类的基本能力能够解释社会心理互动，这种能力就是，人类是能够（在心理上）包含或概括整体（群体）的部分（个体），因而可以按照整体的观念调节和协调他们的行为，以把整体带入到客观存在中。社会认同概念是对那种“关于整体的心理表征”的一种说明；而自我归类论则对一些问题提供了详细的预测性解释，即整体在心理上是如何产生的、个体心理过程是如何因此而产生超出个体行为之上的行为的。但是，无论元理论的视角如何，如果这一理论能够有助于重新产生对于群体这一社会心理过程的关注和兴趣，那就能证明其价值所在。

参考文献

Albert, R. S. (1953) Comments on the scientific function of the concept of cohesiveness. *American Journal of Sociology*, 59, 231–4.

Alexander, C. N., Zucker, L. G. and Brody, C. L. (1970) Experimental expectations and autokinetic experiences: consistency theories and judgemental convergence. *Sociometry*, 108–22.

Allen, P. T. and Stephenson, G. M. (1983) Intergroup understanding and size of organization. *British Journal of Industrial Relations*, 21, 312–29.

Allen, V. L. (1965) Situational factors in conformity. In L. Berkowitz (ed.), *Advances in Experimental Social Psychology*. New York: Academic Press, vol. 2, 133–75.

Allen, V. L. (1975) Social support for nonconformity. In L. Berkowitz (ed.), *Advances in Experimental Social Psychology*. New York: Academic Press, vol. 8, 2–43.

Allen, V. L. and Wilder, D. A. (1975) Categorization, belief similarity and group discrimination. *Journal of Personality and Social Psychology*, 32, 971–7.

Allen, V. L. and Wilder, D. A. (1977) Social comparison, self-evaluation, and conformity to the group. In J. M. Suls and R. L. Miller (eds), *Social comparison processes*. Washington DC: Hemisphere.

Allport, F. H. (1924) *Social psychology*. New York: Houghton, Mifflin.

Allport, F. H. (1962) A structuronomic conception of behaviour: Individual and collective. *Journal of Abnormal and Social Psychology*, 64, 3–30.

Anderson, N. H. and Graesser, C. G. (1976) An information integration analysis of attitude change in group discussion. *Journal of Personality and Social Psychology*, 34, 210–22.

Asch, S. E. (1952) *Social psychology*. Englewood Cliffs, NJ: Prentice-Hall.

Asch, S. E. (1956) Studies of independence and conformity: A minority of one against a unanimous majority. *Psychological Monographs: General and Applied*, 70, 1–70. Whole no. 416.

Ashmore, R. C. and DelBoca, F. K. (1981) Conceptual approaches to stereotypes and stereotyping. In D. L. Hamilton (ed.), *Cognitive processes in stereotyping and intergroup behaviour*. Hillsdale, NJ: Erlbaum.

Back, K. W. (1951). Influence through social communication. *Journal of Abnormal and Social Psychology*. 46, 9–23.

Bales, R. F. (1950): *Interaction process analysis: A method for the study of small groups*. Reading, Mass.: Addison-Wesley.

Baron, R. S., Dion, K. L., Baron, P. H. and Miller, N. (1971) Group consensus and cultural values as determinants of risk-taking. *Journal of Personality and Social Psychology*, 20, 446–55.

Baron, R. S., Monson, T. C. and Baron, P. H. (1973) Conformity pressure as a determinant of risk-taking. Replication and extension. *Journal of Personality and Social Psychology*, 28, 406–13.

Baron, R. S. and Roper, G. (1976) Reaffirmation of social comparison views of choice shifts: Averaging and extremitization in an autokinetic situation. *Journal of Personality and Social Psychology*, 35, 521–30.

Baron, R. S., Sanders, G. S. and Baron, P. H. (1975) *Social comparison reconceptualized: Implications for choice shifts, averaging effects and social facilitation*. Unpublished paper, University of Iowa.

Bem, S. L. (1974) The measurement of psychological androgyny. *Journal of Consulting and Clinical Psychology*, 42, 155–62.

Berkowitz, L. (1954) Group standards, cohesiveness, and productivity. *Human Relations*, 7, 509–19.

Berkowitz, L. and Walster, E. (1976) Equity theory: Towards a general theory of social interaction. In L. Berkowitz (ed.), *Advances in Experimental Social Psychology*. New York: Academic Press, vol. 9.

Billig, M. G. (1976) *Social psychology and intergroup relations*. London: Academic Press.

Billig, M. G. and Tajfel, H. (1973) Social categorization and similarity in intergroup behaviour. *European Journal of Social Psychology*, 3, 27–52.

Blake, R. R. and Mouton, J. S. (1961) Reactions to intergroup competition under win-lose conditions. *Management Science*, 7, 420–35.

Blascovich, J. and Ginsburg, G. P. (1974) Emergent norms and choice shifts involving risk. *Sociometry*, 37, 205–18.

Blumberg, H., Hare, P., Kent, V. and Davies, M. (1983) *Small groups and social interaction*. New York: Wiley.

Bochner, S. and Ohsako, T. (1977) Ethnic role salience in racially homogeneous and heterogeneous societies. *Journal of Cross-Cultural Psychology*, 8, 477–92.

Bochner, S. and Perks, R. W. (1971) National role evocation as a function of cross-national interaction. *Journal of Cross-Cultural Psychology*, 2, 157–64.

Bonner, H. (1959) *Group dynamics: Principles and applications*. New York: Ronald Press.

Bornstein, G., Crum, L., Wittenbraker, J., Harring, K., Insko, C. A. and Thibaut, J. (1983a) On the measurement of social orientations in the minimal group paradigm. *European Journal of Social Psychology*, 13, 321–50.

Bornstein, G., Crum, L., Wittenbraker, J., Harring, K., Insko, C. A. and Thibaut, J. (1983b) Reply to Turner's comments. *European Journal of Social Psychology*, 13, 369–82.

Bovard, E. W. (1951) Group structure and perception. *Journal of Abnormal and Social Psychology*, 46, 398–405.

Boyanowsky, E. O. and Allen, V. L. (1973) Ingroup norms and self-identity as determinants of discriminatory behaviour. *Journal of Personality and Social Psychology*, 25, 408–18.

Branthwaite, A., Doyle, S. and Lightbown, N. (1979) The balance between fairness and discrimination. *European Journal of Social Psychology*, 9, 149–63.

Brewer, M. B. (1979) Ingroup bias in the minimal intergroup situation: a cognitive-motivational analysis. *Psychological Bulletin*, 86, 307–24.

Brewer, M. B. and Kramer, R. M. (1985) The psychology of intergroup attitudes and behaviour. *Annual Review of Psychology*, 36, 219–43.

Brewer, M. B. and Silver, M. (1978) Ingroup bias as a function of task characteristics. *European Journal of Social Psychology*, 8, 393–400.

Brown, R. (1965) *Social psychology*. New York: The Free Press.

Brown, R. J. (1984) Intergroup processes. *British Journal of Social Psychology*, 23, whole issue.

Brown, R. J. and Turner, J. C. (1979) The criss-cross categorization effect in intergroup discrimination. *British Journal of Social and Clinical Psychology*, 18, 371–83.

Brown, R. J. and Turner, J. C. (1981) Interpersonal and intergroup behaviour. In J. C. Turner and H. Giles (eds), *Intergroup behaviour*. Oxford: Basil Blackwell and Chicago: University of Chicago Press.

Bruner, J. S. (1957) On perceptual readiness. *Psychological Review*, 64, 123–51.

Bruner, J. S. and Perlmutter, H. V. (1957) Compatriot and foreigner: A study of impression formation in three countries. *Journal of Abnormal and Social Psychology*, 55, 353–60.

Burnstein, E. (1982) Persuasion as argument processing. In H. Brandstatter, J. H. Davis and G. Stocker-Kreichgauer (eds), *Group decision-making*. London: Academic Press.

Burnstein, E. and McRae, A. V. (1962) Some effects of shared threat and perjudice in racially mixed groups. *Journal of Abnormal and Social Psychology*, 64, 257–63.

Burnstein, E. and Vinokur, A. (1973) Testing two classes of theories about group induced shifts in individual choices. *Journal of Personality and Social Psychology*, 9, 123–37.

Burnstein, E. and Vinokur, A. (1975) What a person thinks upon learning he has chosen differently from others: Nice evidence for the persuasive-arguments explanation of choice shifts. *Journal of Experimental Social Psychology*, 11, 412–26.

Burnstein, E. and Vinokur, A. (1977) Persuasive argumentation and social comparison as determinants of attitude polarization. *Journal of Experimental Social Psychology*, 13, 315–32.

Buss, A. H. and Portnoy, N. W. (1967) Pain tolerance and group identification. *Journal of Personality and Social Psychology*, 6, 106–8.

Buss, A. R. (1978) Causes and reasons in attribution theory: A conceptual critique. *Journal of Personality and Social Psychology*, 36, 1311–21.

Byrne, D. (1971) *The attraction paradigm*. New York: Academic Press.

Byrne, D and Wong, T. J. (1962) Racial prejudice, interpersonal attraction and assumed dissimilarity of studies. *Journal of Abnormal and Social Psychology*, 65, 246–52.

Campbell, D. T. (1958) Common fate, similarity and other indices of the status of aggregates of persons as social entities. *Behavioural Science*, 3, 14–25.

Cannavale, F. J., Scarr, H. A. and Pepitone, A. (1970) De-individuation in the small group: Some further evidence. *Journal of Personality and Social Psychology*. 16, 141–47.

Cartwright, D. (1968) The nature of group cohesiveness. In D. Cartwright and A. Zander (eds), *Group dynamics*. London: Tavistock, 3rd edn.

Cartwright, D. (1971) Risk-taking by individuals and groups: An assessment of research employing choice-dilemmas. *Journal of Personality and Social Psychology*, 20, 361–78.

Cartwright, D. (1973) Determinants of scientific progress: The case of research on the risky-shift. *American Psychologist*, 28, 222–31.

Cartwright, D. (1979) Contemporary social psychology in historical perspective. *Social Psychology Quarterly*, 42, 82–93.

Cartwright, D. and Zander, A. (1968) *Group dynamics*. London: Tavistock, 3rd edn.

Cecil, E. A., Chertkoff, J. M. and Cummins, L. A. (1970) Risk-taking in groups as a function of group pressure. *Journal of Social Psychology*, 81, 273–4.

Charters, W. W. and Newcomb, T. M. (1952) Some attitudinal effects of experimentally increased salience of a membership group. In G. E. Swanson et al. (eds), *Readings in social psychology*. New York: Holt, Rinehart & Winston.

Chevalier, L. (1973) *Labouring classes and dangerous classes*. London: Routledge & Kegan Paul.

Clark, R. D. III and Crockett, W. H. (1971) Subjects' initial positions, exposure to varying opinions and the risky-shift. *Psychonomic Science*, 23, 277–9.

Codol, J.-P. (1975) On the so-called 'superior conformity of the self' behaviour: Twenty experimental investigations. *European Journal of Social Psychology*, 5, 457–501.

Cohen, A. I. (1981) Group cohesion and communal living. In H. Kellerman (ed.), *Group cohesion: Theoretical and clinical perspectives*. New York: Grune & Stratton.

Cohen, C. E. (1981) Goals and schemas in person perception: Making sense out of the stream of behaviour. In N. Cantor and J. Kihlstrom (eds), *Personality, cognition and social behaviour*. Hillsdale NJ: Erlbaum.

Colman, A. M. (1982) Experimental games. In A.M. Colman (ed.), *Co-operation and competition in humans and animals*. Wokingham, Berkshire, England: Van Nostrand Reinhold.

Cotton, J. L. and Baron, R. S. (1980) Anonymity, persuasive arguments and choice shifts. *Social Psychology Quarterly*, 43, 391–404.

Davis, J. H., Laughlin, P. R. and Komorita, S. S. (1976) The social psychology of small groups: Co-operative and mixed-motive interaction. *Annual Review of Psychology*, 27, 501–42.

Davis, N. Z. (1978) The rites of violence: Religious riot in sixteenth century France. *Past and Present*, 59, 51–91.

Dawes, R. M. (1980) Social dilemmas. *Annual Review of Psychology*, 31, 169–93.

Deutsch, M. (1949a) A theory of co-operation and competition. *Human Relations*, 2, 129–52.

Deutsch, M. (1949b) An experimental study of the effects of

co-operation and competition upon group process. *Human Relations*, 2, 199–232.
Deutsch, M. (1973) *The resolution of conflict*. New Haven, Conn.: Yale University Press.
Deutsch, M. and Gerard, H. B. (1955) A study of normative and informational social influences upon individual judgement. *Journal of Abnormal and Social Psychology*, 51, 629–36.
Diener, E. (1980) De-individuation: The absence of self-awareness and self-regulation in group members. In P. Paulus (ed.), *The psychology of group influence*. Hillsdale, New Jersey: Erlbaum.
Dion, K. L. (1973) Cohesiveness as a determinant of ingroup-outgroup bias. *Journal of Personality and Social Psychology*, 28, 163–171.
Dion, K. L. (1979) Intergroup conflict and intra-group cohesiveness. In W. G. Austin and S. Worchel (eds), *The social psychology of intergroup relations*. Monterey, Calif.: Brooks/Cole.
Dion, K. L., Earn, B. N. and Yee, P. H. N. (1978) The experience of being a victim of prejudice: An experimental approach. *International Journal of Psychology*, 13, 197–294.
Doise, W. (1969) Intergroup relations and polarization of individual and collective judgements. *Journal of Personality and Social Psychology*, 12, 136–43.
Doise, W. (1971a) Die experimentalle Untersuchung von Beziehungen zwischen Gruppen. *Zeitschrift Experimentalle-Angewandte Psychologie*, 18, 151–89.
Doise, W. (1971b) An apparent exception to the extremitization of collective judgements. *European Journal of Social Psychology*, 1, 511–18.
Doise, W. (1978) *Groups and individuals: Explanation in social psychology*. Cambridge: Cambridge University Press.
Doise, W., Csepeli, G., Dann, H. D., Gouge, C., Larsen, K. and Ostell, A. (1972) An experimental investigation into the formation of intergroup representations. *European Journal of Social Psychology*, 2, 202–4.
Doise, W., Deschamps, J.-C. and Meyer, G. (1978) The accentuation of intra-category similarities. In H. Tajfel (ed.), *Differentiation between social groups*. London: Academic Press.
Doise, W. and Sinclair, A. (1973) The categorization process in intergroup relations. *European Journal of Social Psychology*, 3, 145–57.
Doise, W. and Weinberger, M. (1973) Représentations masculines dans differentes situations de rencontres mixtes. *Bulletin de Psychologie*, 26, 649–57.

Douvan, E. and Adelson, J. (1966) *The adolescent experience*, New York: Wiley.

Downing, J. (1958) Cohesiveness, perception and values. *Human Relations*, 11, 157–66.

Dustin, D. S. and Davis, H. P. (1970) Evaluative bias in group and individual competition. *Journal of Social Psychology*, 80, 103–8.

Ebbesen, E. B. and Bowers, J. J. (1974) Proportion of risky to conservative arguments in a group discussion and choice shift. *Journal of Personality and Social Psychology*, 29, 316–27.

Ehrlich, H. J. (1973) *The social psychology of prejudice*. New York: Wiley.

Eiser, J. R. (1978) Co-operation and competition between individuals. In H. Tajfel and C. Fraser (eds), *Introducing social psychology*. Harmondsworth, Middlesex: Penguin.

Eiser, J. R. (1980) *Cognitive social psychology*. London: McGraw-Hill.

Eiser, J. R. (1983) Attribution theory and social cognition. In J. Jaspars, F. Fincham and M. Hewstone (eds), *Attribution theory: Essays and experiments*. London: Academic Press.

Eiser, J. R. and Stroebe, W. (1972) *Categorization and social judgement*. London: Academic Press.

Eisman, B. (1959) Some operational measures of cohesiveness and their interrelations. *Human Relations*, 12, 183–9.

Espinoza, J. A. and Garza, R. T. (1985) Social group salience and interethnic co-operation. *Journal of Experimental Social Psychology*, 21, 380–92.

Etzkowitz, M. (1971) The male sister: Sexual separation of labour in society. *Journal of Marriage and the Family*, 33, 431–4.

Exline, R. V. (1957) Group climate as a factor in the relevance and accuracy of social perception. *Journal of Abnormal and Social Psychology*, 55, 382–8.

Farr, R. M. and Moscovici, S. (1984) *Social représentations*. Cambridge: Cambridge University Press and Paris: Editions de la Maison des Sciences de l'Homme.

Feagin, J. R. and Hahn, M. (1973) *Ghetto revolts*. New York: Macmillan.

Feshbach, S. and Singer, R. (1957) The effects of personal and shared threats upon social prejudice. *Journal of Abnormal and Social Psychology*, 54, 411–16.

Festinger, L. (1947) The role of group belongingness in a voting situation. *Human Relations*, 1, 154–80.

Festinger, L. (1950) Informal social communication. *Psychological Review*, 57, 271–82.

Festinger, L. (1953) Group attraction and membership. In D. Cartwright and A. Zander (eds), *Group dynamics: Research and theory*. Evanston, I11.: Row Peterson.

Festinger, L. (1954) A theory of social comparison processes. *Human Relations*, 7, 117–40.

Festinger, L. (1980) Looking backwards. In L. Festinger (ed.), *Retrospections on social psychology*. New York: Oxford University Press.

Festinger, L., Pepitone, A. and Newcomb, T. (1952) Some consequences of de-individuation in a group. *Journal of Abnormal and Social Psychology*, 47, 382–9.

Festinger, L., Schachter, S. and Back, K. (1950) *Socal pressures in informal groups*. New York: Harper & Row.

Fiedler, F. E. (1967) The effect of intergroup competition on group member adjustment. *Personal Psychology*, 20, 33–44.

Fogelson, R. M. (1971) *Violence in protest*. New York: Doubleday.

Forgas, J. P. (1977) Polarization and moderation of person perception judgements as a function of group interaction style. *European Journal of Social Psychology*, 7, 175–87.

Fraser, C. (1971) Group risk-taking and group polarization. *European Journal of Social Psychology*, 1, 493–510.

Fraser, C., Gouge, C. and Billig, M. (1971) Risky shifts, cautious shifts and group polarization. *European Journal of Social Psychology*, 1, 7–29.

French, J. R. P. (1941) The disruption and cohesion of groups. *Journal of Abnormal and Social Psychology*, 36, 361–77.

Freud, S. (1921) *Group psychology and the analysis of the ego*. London: Hogarth Press.

Gerard, H. B. and Hoyt, M. F. (1974) Distinctiveness of social categorization and attitude toward ingroup members. *Journal of Personality and Social Psychology*, 29, 836–42.

Gergen, K. J. (1971) *The concept of self*. New York: Holt, Rinehart & Winston.

Gergen, K. J. and Gergen, M. M. (1981) *Social psychology*. New York: Harcourt Brace Jovanovich.

Giles, H. (1984) The dynamics of speech accommodation. *International Journal of the Sociology of Language*, 46, whole issue.

Goethals, G. R. and Darley, J. M. (1977) Social comparison theory: An attributional approach. In J. M. Suls and R. L. Miller (eds), *Social comparison processes*. Washington DC: Hemisphere.

Golembiewski, R. T. (1962) *The small group*. Chicago: University of Chicago Press.

Goodacre, D. M. (1951) The use of a sociometric test as a predictor of

combat unit effectiveness. *Sociometry*, 14, 148–52.
Gross, E. (1954) Primary functions of the small group. *American Journal of Sociology*, 60, 24–30.
Gross, N. and Martin, W. E. (1952) On group cohesiveness. *American Journal of Sociology*, 57, 546–64.
Grundlach, R. H. (1956) Effects of on-the-job experiences with Negroes upon racial attitudes of white workers in union shops. *Psychological Reports*, 2, 67–77.
Hagstrom, W. O. and Selvin, H. C. (1965) The dimension of cohesiveness in small groups. *Sociometry*, 28, 30–43.
Hamilton, D. L. (1979) A cognitive-attributional analysis of stereotyping. In L. Berkowitz (ed.), *Advances in Experimental Social Psychology*. New York: Academic Press, vol. 12.
Hare, A. P. (1962) *Handbook of small group research*. New York: The Free Press.
Hartley, E. (1951) Psychological problems of multiple group membership. In J. H. Rohrer and M. Sherif (eds), *Social psychology at the crossroads*. New York: Harper.
Harvey, J. H., Ickes, W. J. and Kidd, R. F. (1976) *New directions in attribution research*. Hillsdale, NJ: Erlbaum, vol. 1.
Heider, F. (1958) *The psychology of interpersonal relations*. New York: Wiley.
Heider, F. (1983) *The life of a psychologist: An autobiography*. Lawrence Kans.: University Press of Kansas.
Heine, P. (1971) *Personality in social theory*. Chicago: Aldine.
Hensley, V. and Duval, S. (1976) Some perceptual determinants of perceived similarity, liking and correctness. *Journal of Personality and Social Psychology*, 34, 159–68.
Herman, S. and Schild, E. (1960) Ethnic role conflict in a cross-cultural situation. *Human Relations*, 13, 215–28.
Hewstone, M. (1983) *Attribution theory: Social and functional extensions*. Oxford: Basil Blackwell.
Hewstone, M., Jaspars, J. and Lalljee, M. (1982) Social representations, social attribution and social identity: The intergroup images of 'public' and 'comprehensive' schoolboys. *European Journal of Social Psychology*, 12, 241–69.
Higgins, E. T. and King, G. (1980) Accessibility of social constructs: Information processing consequences of individual and contextual variability. In N. Cantor and J. Kihlstrom (eds), *Personality, cognition and social behaviour*. Hillsdale, NJ: Erlabaum.
Higgins, E. T., Rholes, W. S. and Jones, C. R. (1977) Category accessibility and impression formation. *Journal of Experimental Social Psychology*, 13, 141–54.

Hogg, M. A. (1985a) Group cohesiveness (Cohesion de grupo). In C. Huici (dir.), *Estructura y procesos de grupo*, Tomo 1. Madrid: Universidad Nacional de Educacion a Distancia (English translation).

Hogg M. A. (1985b) Masculine and feminine speech in dyads and groups: A study of speech style and gender salience. *Journal of Language and Social Psychology, 4, 99–111.*

Hogg, M. A. and Abrams, D. (in preparation) *Social psychology: A social identity perspective.* London: Methuen.

Hogg, M. A. and Turner, J. C. (1985a) Interpersonal attraction, social identification and psychological group formation. *European Journal of Social Psychology*, 15, 51–66.

Hogg, M. A. and Turner, J. C. (1985b) When liking begets solidarity: An experiment on the role of interpersonal attraction in psychological group formation. *British Journal of Social Psychology*, 24, 267–81.

Hogg, M. A. and Turner, J. C. (1985c) *Intergroup behaviour, self-stereotyping and the salience of social categories.* Unpublished paper, Macquarie University, Sydney.

Homans, G. C. (1961) *Social behaviour: Its elementary forms.* New York: Harcourt Brace Jovanovitch.

Hornstein, H. A. (1972) Promotive tension: The basis of prosocial behaviour from a Lewinian perspective. *Journal of Social Issues*, 28, 191–218.

Horwitz, M. and Rabbie, J. M. (1982) Individuality and membership in the intergroup system. In H. Tajfel (ed.), *Social identity and intergroup relations.* Cambridge: Cambridge University Press and Paris: Editions de la Maison des Sciences de l'Homme.

Howard, J. and Rothbart, M. (1978) Social categorization and memory for ingroup and outgroup behaviour. *Journal of Personality and Social Psychology*, 38, 301–10.

Jackson, J. M. (1959) Reference group processes in a formal organization. *Sociometry*, 22, 307–27.

Jellison, J. and Arkin, R. (1977) A self-presentation approach to decision-making in groups. In J. M. Suls and R. L. Miller (eds), *Social comparison processes.* Washington DC: Hemisphere.

Jones, E. E. and Davis, K. E. (1965) From acts to dispositions: The attribution process in person perception. In L. Berkowitz (ed.), *Advances in Experimental Social Psychology.* New York: Academic Press, vol. 2.

Jones, E. E. and Gerard, H. B. (1967) *Foundations of social psychology.* New York: Wiley.

Jones, E. E. and McGillis, D. (1976) Correspondent inferences and the attribution cube: A comparative reappraisal. In J. H. Harvey, W. J. Ickes and R. F. Kidd (eds), *New directions in attribution research*. Hillsdale, NJ: Erlbaum, vol. 1.

Kalin, R. and Marlowe, D. (1968) The effects of intergroup competition, personal drinking habits and frustration in intragroup co-operation. *Proceedings of 76th Annual Convention A. P. A.*, 3, 405–6.

Kandel, D. B. (1978) Similarity in real-life adolescent friendship pairs. *Journal of Personality and Social Psychology*, 36, 306–12.

Kassin, S. M. (1979) Consensus information, prediction and causal attribution: A review of the literature and issues. *Journal of Personality and Social Psychology*, 37, 1966–81.

Kellerman, H. (1981) *Group cohesion: Theoretical and clinical perspectives*. New York: Grune & Stratton.

Kelley, H. H. (1955) Salience of membership and resistance to change of group-anchored attitudes. *Human Relations*, 8, 275–89.

Kelley, H. H. (1967) Attribution theory in social psychology. In D. Levine (ed.), *Nebraska Symposium on Motivation*. Lincoln, Neb.: University of Nebraska Press, vol. 15, 192–238.

Kelley, H. H. and Michela, J. L. (1980) Attribution theory and research. *Annual Review of Psychology*, 31, 457–503.

Kelley, H. H. and Thibaut, J. (1978) *Interpersonal relations: A theory of interdependence*. New York: Wiley.

Kiesler, C. A. and Kiesler, S. B. (1969) *Conformity*. Reading, Mass.: Addison-Wesley.

Kinney, E. E. (1953) A study of peer group social acceptability at the fifth-grade level at a public school. *Journal of Educational Research*. 47, 57–64.

Knowles, E. S. (1982) From individuals to group members. A dialectic for the social sciences. In W. Ickes and E. S. Knowles (eds), *Personality, roles and social behaviour*. New York: Springer.

Knowles, E. S. and Brickner, M. A. (1981) Social cohesion effects on spatial cohesion. *Personality and Social Psychology Bulletin*, 7, 309–13.

Kogan, N. and Carlson, J. (1969) Group risk-taking under competitive and non-competitive conditions in adults and children. *Journal of Educational Psychology*, 60, 158–67.

Kogan, N. and Wallach, M. A. (1964) *Risk taking: A study in cognition and personality*. New York: Holt, Rinehart & Winston.

Kramer, R. M. and Brewer, M. B. (1984) Effects of group identity on resource use in a simulated commons dilemma. *Journal of Personality and Social Psychology*, 46, 1044–57.

Kramerae, C. (1981) *Women and men speaking: A framework for analysis*. Rowley, Mass.: Newbury House.
Lalljee, M. (1981) Attribution theory and the analysis of explanations. In C. Antaki (ed.), *The psychology of ordinary explanations of social behaviour*. London: Academic Press.
Lalljee, M., Brown, L. B. and Ginsburg, G. P. (1984) Attitudes: Disposition, behaviour or evaluation. *British Journal of Social Psychology*, 23, 233–44.
Lambert, W. E., Libman, E. and Poser, E. G. (1960) The effect of increased salience of a membership group on pain tolerance. *Journal of Personality*, 28, 351–7.
Lamm, H. and Myers, D. G. (1978) Group-induced polarization of attitudes and behaviour. In L. Berkowitz (ed.), *Advances in Experimental Social Psychology*. New York: Academic Press, vol. 11.
Lamm, H. Schaude, E. and Trommsdorff, G. (1971) Risky-shift as a function of group members' value of risk and need for approval. *Journal of Personality and Social Psychology*, 20, 430–5.
Latané, B. (1981) The psychology of social impact. *American Psychologist*, 36, 343–56.
Latané, B. and Nida, S. (1080) Social impact theory and group influence: A social engineering perspective. In P. B. Paulus (ed.), *The psychology of group influence*. Hillsdale, NJ: Erlbaum.
LeBon, G. (1895, translated 1947) *The crowd: A study of the popular mind*. London: Ernest Benn (also London: Unwin, 1896).
Lemyre, L. and Smith, P. M. (1985) Intergroup discrimination and self-esteem in the minimal group paradigm. *Journal of Personality and Social Psychology*, 49, 660–70.
Leonard, D. (1980) *Sex and generation: A study of courtship and weddings*. London: Tavistock.
Levinger, G. and Schneider, D. J. (1969) Test of the 'risk is a value' hypothesis. *Journal of Personality and Social Psychology*, 11, 165–70.
Lewin, K. (1935) Psycho-social problems of a minority group. *Character and Personality*, 3, 175–87.
Lewin, K. (1936) *Principles of topological psychology*. New York: McGraw-Hill.
Lewin, K. (1939) Field theory and experiment in social psychology. *American Journal of Sociology*, 44, 868–97.
Lewin, K. (1948) *Resolving social conflicts*. New York: Harper.
Lewin, K. (1952) *Field theory in social science*. London: Tavistock.
Locksley, A., Ortiz, V. and Hepburn, C. (1980) Social categorization

and discriminatory behaviour: Extinguishing the minimal intergroup discrimination effect. *Journal of Personality and Social Psychology*, 39, 773–83.

Lott, A. J. and Lott, B. E. (1961) Group cohesiveness, communication level and conformity. *Journal of Abnormal and Social Psychology*, 62, 408–12.

Lott, A. J. and Lott, B. E. (1965) Group cohesiveness as interpersonal attraction: A review of relationships with antecedent and consequent variables. *Psychological Bulletin*, 64, 259–309.

Lott, B. E. (1961) Group cohesiveness: A learning phenomenon. *Journal of Social Psychology*, 55, 275–86.

McArthur, L. Z. (1972) The how and what of why: Some determinants and consequences of causal attributions. *Journal of Personality and Social Psychology*, 22, 171–93.

McCallum, D. M., Harring, K., Gilmore, R., Drenan, S., Chase, J. P., Insko, C. A. and Thibaut, J. (1985) Competition and co-operation between groups and individuals. *Journal of Experimental Social Psychology*, 21, 301–20.

McDougall, W. (1921) *The group mind*. Cambridge: Cambridge University Press.

McGrath, J. E. and Kravitz, D. A. (1982) Group research. *Annual Review of Psychology*, 33, 195–230.

McGuire, W. J. (1985) Attitudes and attitude change. In G. Lindzey and E. Aronson (eds), *The handbook of social psychology*. New York: Random House, 3rd edn, vol. 2.

McGuire, W. J., McGuire, C. V., Child P. and Fujioka, T. (1978) Salience of ethnicity in the spontaneous self-concept as a function of one's ethnic distinctiveness in the social environment. *Journal of Personality and Social Psychology*, 36, 511–20.

McGuire, W. J., McGuire, C. V. and Winton, W. (1979) Effects of household sex composition on the salience of one's gender in the spontaneous self-concept. *Journal of Experimental Social Psychology*, 15, 77–90.

Mackie. D. (1986) Social identification effects in group polarization. *Journal of Personality and Social Psychology*, 50, 720–8.

Mackie, D. and Cooper, J. (1984) Attitude polarization: The effects of group membership. *Journal of Personality and Social Psychology*, 46, 575–85.

McKillip, J., DiMiceli, A. J. and Leubke, J. (1977) Group salience and stereotyping. *Social Behaviour and Personality*, 5, 81–5.

McLachlan, A. (1985) *Identity and group polarization*. Unpublished paper, Glasgow Institute of Technology.

McLachlan, A. (1986) The effects of two forms of decision reappraisal on the perception of pertinent arguments. *British Journal of Social Psychology*. 25, 129–38.
Marrow, A. J. (1969) *The practical theorist: The life and work of Kurt Lewin*. New York: Basic Books.
Mead, G. H. (1934) *Mind, self and society*. Chicago: University of Chicago Press.
Milgram, S. and Toch, H. (1969) Collective behaviour: crowds and social movements. In G. Lindzey and E. Aronson (eds), *The handbook of social pschology*. Reading, Mass.: Addison-Wesley, 2nd edn, vol. 4.
Miller, J. G. (1984) Culture and the development of everyday social explanation. *Journal of Personality and Social Psychology*, 46, 961–78.
Minard, R. D. (1952) Race relations in the Pocahontas Field. *Journal of Social Issues*, 8, 29–44.
Moreland, R. L. (1985) Social categorization and the assimilation of 'new' group members. *Journal of Personality and Social Psychology*, 48, 1173–90.
Moreno, J. L. (1934) *Who shall survive?* Washington, DC: Nervous and Mental Diseases Publishing Co..
Moscovici, S. (1972) Society and theory in social psychology. In J. Israel and H. Tajfel (eds), *The context of social psychology*. London: Academic Press.
Moscovici, S. (1976) *Social influence and social change*. London: Academic Press.
Moscovici, S. and Lecuyer, R. (1972) Studies in group decisions I: Social space, patterns of communication and group consensus. *European Journal of Social Psychology*, 2, 221–44.
Moscovici, S. and Paicheler, G. (1978) Social comparison and social recognition: Two complementary processes of identification. In H. Tajfel (ed.), *Differentiation between social groups*. London: Academic Press.
Moscovici, S. and Zavalloni, M. (1969) The group as a polarizer of attitudes. *Journal of Personality and Social Psychology*, 12, 125–35.
Mugny, G. (1982) *The power of minorities*. London: Academic Press.
Myers, A. (1962) Team competition, success, and the adjustment of group members. *Journal of Abnormal and Social Psychology*, 65, 325–32.
Myers, D. G., Bruggink, J. B., Kersting, R. C. and Schlosser, B. A. (1980) Does learning others' opinions change one's opinions? *Personality and Social Psychology Bulletin*, 6, 253–60.

Myers, D. G. and Kaplan, M. F. (1976) Group-induced polarization in simulated juries. *Personality and Social Psychology Bulletin*, 2, 63–6.

Myers, D. G. and Lamm, H. (1976) The group polarization phenomenon. *Psychological Bulletin,* 83, 602–27.

Newcomb, T. M. (1951) Social psychological theory: Integrating individual and social approaches. In J. H. Rohrer and M. Sherif (eds), *Social psychology at the crossroads*. New York: Harper.

Newcomb, T. M. (1953) An approach to the study of communicative acts. *Psychological Review*, 60, 393–404.

Newcomb, T. M. (1968) Interpersonal balance. In R. Abelson, E. Aronson, W. McGuire, T. M. Newcomb, M. Rosenberg and P. Tannenbaum (eds), *Theories of cognitive consistency: A sourcebook*. Chicago: Rand McNally.

Nisbett, R. E. and Borgida, E. (1975) Attribution and the psychology of prediction. *Journal of Personality and Social Psychology*, 32, 932–43.

Nisbett, R. E., Borgida, E., Crandall, R. and Reed, H. (1976) Popular induction: Information is not necessarily informative. In J. S. Carroll and J. W. Payne (eds), *Cognition and social behaviour*. Hillsdale, NJ: Erlbaum.

Nixon, H. L. (1976) Team orientations, interpersonal relations and team success. *Research Quarterly*, 47, 429–33.

Oakes, P. J. (1983) *Factors determining the salience of group membership in social perception*. Unpublished Ph.D thesis, University of Bristol.

Oakes, P. J. and Davidson, B. (1986) *Self-perception and the salience of social categories*. Unpublished paper, Macquarie University, Sydney.

Oakes, P. J. and Turner, J. C. (1980) Social categorization and intergroup behaviour: Does minimal intergroup discrimination make social identity more positive? *European Journal of Social Psychology*, 10, 295–301.

Oakes, P. J. and Turner, J. C. (1986) *Attribution and the salience of social group memberships: correlation and normative consistency as determinants of personality, category membership and entity attributions*. Unpublished paper, Macquarie University, Sydney.

Oakes, P. J. and Turner, J. C. (in press) Distinctiveness and the salience of social category membership: Is there an automatic perceptual bias towards novelty? *European Journal of Social Psychology*.

Oskamp, S. (1971) The effects of programmed strategies on co-operation in the Prisoner's Dilemma and other mixed-motive games. *Journal of Conflict Resolution*, 15, 225–59.

Pepitone, A. (1981) Lessons from the history of social psychology. *American Psychologist*, 36, 972–85.
Pepitone, A. and Reichling, G. (1955) Group cohesiveness and the expression of hostility. *Human Relations*, 8, 327–37.
Porter, L. W. and Lawler, E. E. (1968) *Managerial attitudes and performance*. Homewood, I11.: Richard D. Irwin.
Pruitt, D. G. (1971) Choice shifts in group discussion: An introductory review. *Journal of Personality and Social Psychology*, 20, 339–60.
Pruitt, D. G. and Kimmel, M. J. (1977) Twenty years of experimental gaming: critique, synthesis and suggestions for the future. *Annual Review of Psychology*, 28, 363–92.
Rabbie, J. M. and Wilkins, G, (1971) Intergroup competition and its effects on intragroup and intergroup relations. *European Journal of Social Psychology*, 1, 215–34.
Ramuz-Nienhuis, W. and Van Bergen, A. (1960) Relations between some components of attraction-to-group: A replication. *Human Relations*, 13, 271–7.
Rapoport, A. and Chammah, A. M. (1965) *Prisoner's Dilemma: A study in conflict and co-operation*. Ann Arbor, Mich.: University of Michigan Press.
Raven, B. H. and Rubin, J. Z. (1983) *Social psychology*. New York: Wiley.
Reddy, W. M. (1977) The textile trade and the language of the crowd at Rouen, 1752–1871. *Past and Present*, 74, 62–89.
Reicher, S. D. (1982) The determination of collective behaviour. In H. Tajfel (ed.), *Social identity and intergroup relations*. Cambridge: Cambridge University Press and Paris: Editions de la Maison des Sciences de l'Homme, 41–84.
Reicher, S. D. (1984a) The St Pauls riot: An explanation of the limits of crowd action in terms of a social identity model. *European Journal of Social Psychology*, 14, 1–21.
Reicher, S D. (1984b) Social influence in the crowd: attitudinal and behavioural effects of de-individuation in conditions of high and low group salience. *British Journal of Social Psychology*, 23, 341–50.
Reid, F. J. M. and Sumiga, L. (1984) Attitudinal politics in intergroup behaviour: Interpersonal and intergroup determinants of attitude change. *British Journal of Social Psychology*, 23, 335–40.
Roberts, J. C. and Castore, C. H. (1972) The effect of conformity, information and confidence upon subjects' willingness to take risks following a group discussion. *Organizational Behaviour and Human Performance*. 8, 384–94.
Rosch, E. (1978) Principles of categorization. In E. Rosch and B. B.

Lloyd (eds), *Cognition and categorization*. Hillsdale, NJ: Erlbaum, 27–48.

Ryen, A. H. and Kahn, A. (1975) The effects of intergroup orientation on group attitudes and proxemic behaviour: A test of two models. *Journal of Personality and Social Psychology*, 31, 302–10.

Sachdev, I. and Bourhis, R. (1984) Minimal majorities and minorities. *European Journal of Social Psychology*, 14, 35–52.

St Claire, L. and Turner, J. C. (1982) The role of demand characteristics in the social categorization paradigm. *European Journal of Social Psychology*, 12, 307–14.

St Jean, R. and Percival, E. (1974) The role of argumentation and comparison processes in choice shifts: Another assessment. *Canadian Journal of Behavioural Science*, 6, 297–308.

Sampson, E. E. (1977) Psychology and the American ideal. *Journal of Personality and Social Psychology*, 35, 767–82.

Sampson, E. E. (1981) Cognitive psychology as ideology. *American Psychologist*, 36, 730–43.

Sanders, G. S. and Baron, R. S. (1977) Is social comparison irrelevant for producing choice shifts? *Journal of Experimental Social Psychology*, 13, 303–14.

Schachter, S. (1959) *The psychology of affiliation*. Stanford, Calif.: Stanford University Press.

Schachter, S., Ellertson, N., McBride, D. and Gregory, D. (1951) An experimental study of cohesiveness and productivity. *Human Relations*, 4, 229–38.

Schellenberg, J. A. (1978) *Masters of social psychology*. New York: Oxford University Press.

Schlenker, B. R. (1974) Social psychology and science. *Journal of Personality and Social Psychology*, 29, 1–15.

Scott, W. A. (1965) *Values and organizations*. Chicago: Rand McNally.

Secord, P. F. and Backman, C. W. (1964) *Social psychology*. New York: McGraw-Hill.

Shaw, M. E. (1976) *Group dynamics: The psychology of small group behaviour*. New Delhi: Tata McGraw-Hill (revised edn, New York: McGraw-Hill, 1981).

Sherif, M. (1936) *The psychology of social norms*. New York: Harper (Harper Torchbook edn, 1966).

Sherif, M. (1951) Introduction. In J. H. Rohrer and M. Sherif (eds), *Social psychology at the crossroads*. New York: Harper.

Sherif, M. (1967) *Group conflict and co-operation: Their social psychology*. London: Routledge & Kegan Paul.

Sherif, M. and Sherif, C. W. (1969) *Social psychology*. New York: Harper & Row.

Singleton, R. Jr (1979) Another look at the conformity explanation of group-induced shifts in choice. *Human Relations*, 32, 37–56.

Skinner, M. and Stephenson, G. M. (1981) The effects of intergroup comparison on the polarization of opinions. *Current Psychological Research*, 1, 49–61.

Smith, D. (1980) Tonypandy 1910: Definitions of community. *Past and Present*, 87, 158–84.

Smith, K. K. and White, G. L. (1983) Some alternatives to traditional social psychology of groups. *Personality and Social Psychology Bulletin*, 9, 65–73.

Sole, K., Marton, J. and Hornstein, H. A. (1975) Opinion similarity and helping: Three field experiments investigating the bases of promotive tension. *Journal of Experimental Social Psychology*, 11, 1–13.

Steiner, I. (1974) Whatever happened to the group in social psychology? *Journal of Experimental Social Psychology*, 10, 94–108.

Steiner, I. (1983) Whatever happened to the touted revival of the group? In H. Blumberg, P. Hare, V. Kent and M. Davies (eds), *Small groups and social interaction*. New York: Wiley, vol. 2.

Stephenson, G. M. (1981) Intergroup bargaining and negotiation. In J. C. Turner and H. Giles (eds), *Intergroup behaviour*. Oxford: Basil Blackwell and Chicago: University of Chicago Press.

Stoner, J. A. F. (1961) *A comparison of individual and group dimensions involving risk*. Unpublished Master's thesis, School of Industrial Management, Massachusetts Institute of Technology.

Suls, J. M. and Miller, R. L. (1977) *Social comparison processes*. Washington, DC: Hemisphere.

Tajfel, H. (1959) Quantitative judgement in social perception. *British Journal of Psychology*. 50, 16–29.

Tajfel, H. (1969a) Social and cultural factors in perception. In G. Lindzey and E. Aronson (eds), *Handbook of social psychology*. Cambridge, Mass.: Addison-Wesley, vol. 3.

Tajfel, H. (1969b) Cognitive aspects of prejudice. *Journal of Social Issues*, 25, 79–97.

Tajfel, H. (1970) Experiments in intergroup discrimination. *Scientific American*, 223, 96–102.

Tajfel, H. (1972a) La catégorisation sociale. In S. Moscovici (ed.), *Introduction à la psychologie sociale*. Paris: Larousse, 272–302.

Tajfel, H. (1972b) Experiments in a vacuum. In J. Israel and H. Tajfel

(eds), *The context of social psychology*. London: Academic Press.
Tajfel, H. (1974) *Intergroup behaviour, social comparison and social change*. Unpublished Katz-Newcomb lectures. University of Michigan, Ann Arbor.
Tajfel, H. (1978) *Differentiation between social groups: Studies in the social psychology of intergroup relations*. London: Academic Press.
Tajfel, H. (1980) The 'New Look' and social differentiations: A semi-Brunerian perspective. In D. Olson (ed.), *The social foundations of language and thought: Essays in honour of J. S. Bruner*. New York: Norton.
Tajfel, H. (1981a) *Human groups and social categories*. Cambridge: Cambridge University Press.
Tajfel, H. (1981b) Social stereotypes and social groups. In J. C. Turner and H. Giles (eds), *Intergroup behaviour*. Oxford: Basil Blackwell and Chicago: University of Chicago Press.
Tajfel, H. (1982a) *Social identity and intergroup relations*. Cambridge: Cambridge University Press and Paris: Editions de la Maison des Sciences de l'Homme.
Tajfel, H. (1982b) The social psychology of intergroup relations. *Annual Review of Psychology*, 33, 1–39.
Tajfel, H. (1984) *The social dimension: European developments in social psychology*. Cambridge: Cambridge University Press and Paris: Editions de la Maison des Sciences de l'Homme, vols. 1 and 2.
Tajfel, H., Flament, C., Billig, M.G. and Bundy, R. F. (1971) Social categorization and intergroup behaviour. *European Journal of Social Psychology*. 1, 149–77.
Tajfel, H. and Turner, J. C. (1979) An integrative theory of intergroup conflict. In W. G. Austin and S. Worchel (eds), *The social psychology of intergroup relations*. Monterey, Calif.: Brooks/Cole.
Tajfel, H. and Turner, J. C. (1985) The social identity theory of intergroup behaviour. In S. Worchel and W. G. Austin (eds), *Psychology of intergroup relations*. Chicago: Nelson-Hall, 7–24.
Tajfel, H. and Wilkes, A. L. (1963) Classification and quantitative judgement. *British Journal of Psychology*. 54, 101–14.
Tajfel, H. and Wilkes, A. L. (1964) Salience of attributes and commitment to extreme judgements in the perception of people. *British Journal of Social and Clinical Psychology*, 3, 40–9.
Tarde, G. (1901) *L'opinion et la foule*. Paris: Felix Alcan.
Taylor, S. E. (1981) A categorization approach to stereotyping. In D. L. Hamilton (ed.), *Cognitive processes in stereotyping and intergroup behaviour*. Hillsdale, NJ: Erlbaum.
Taylor, S. E. and Fiske, S. T. (1978) Salience, attention and

attribution: Top-of-the-head phenomena. In L. Berkowitz (ed.), *Advances in Experimental Social Psychology*. New York: Academic Press, vol. 11.

Taylor, S. E., Fiske, S. T., Etcoff, N. and Ruderman, A. (1978) The categorical and contextual bases of person memory and stereotyping. *Journal of Personality and Social Psychology*. 36, 778–93.

Teger, A. I. and Pruitt, D. G. (1967) Components of risk-taking. *Journal of Experimental Social Psychology*, 3, 189–205.

Thibaut, J. W. and Kelley, H. H. (1959) *The social psychology of groups*. New York: Wiley.

Thibaut, J. W. and Strickland, L. H. (1956) Psychological set and social conformity. *Journal of Personality*. 25, 115–29.

Thompson, E. P. (1971) The moral economy of the English crowd in the eighteenth century. *Past and Present*, 50, 76–136.

Tilly, C., Tilly, L. and Tilly, R. (1975) *The rebellious century: 1830–1930*. London: Dent.

Triandis, H. (1977) *Interpersonal behaviour*. Monterey, Calif.: Brooks/Cole.

Trotsky, L. (1977) *A history of the Russian revolution*. London: Pluto.

Turner, J. C. (1975) Social comparison and social identity: some prospects for intergroup behaviour. *European Journal of Social Psychology*, 5, 5–34.

Turner, J. C. (1978) Social categorization and social discrimination in the minimal group paradigm. In H. Tajfel (ed.), *Differentiation between social groups*. London: Academic Press.

Turner, J. C. (1980) Fairness or discrimination in intergroup behaviour? A reply to Branthwaite, Doyle and Lightbown. *European Journal of Social Psychology*, 10, 131–47.

Turner, J. C. (1981a) Some considerations in generalizing experimental social psychology. In G. M. Stephenson and J. H. Davis (eds), *Progress in Applied Social Psychology*. Chichester: Wiley.

Turner, J. C. (1981b) The experimental social psychology of intergroup behaviour. In J. C. Turner and H. Giles (eds), *Intergroup behaviour*. Oxford: Basil Blackwell and Chicago: University of Chicago Press.

Turner, J. C. (1982) Towards a cognitive redefinition of the social group. In H. Tajfel (ed.), *Social identity and intergroup relations*. Cambridge: Cambridge University Press and Paris: Editions de la Maison des Sciences de l'Homme, 15–40. Reprinted in *Cahiers de Psychologie Cognitive*, 1981, 1, 93–118, and V. Ugazio (ed.) (in press), *Social cognition*. Franco Angeli Libri.

Turner, J. C. (1983a) Some comments on . . . the measurement of social orientations in the minimal group paradigm'. *European Journal of Social Psychology*, 13, 351–67.

Turner, J. C. (1983b) A second reply to Bornstein, Crum, Wittenbraker, Harring, Insko and Thibaut on the measurement of social orientations. *European Journal of Social Psychology*, 13, 383–7.

Turner, J. C. (1984) Social identification and psychological group formation. In H. Tajfel (ed.), *The social dimension: European developments in social psychology*. Cambridge: Cambridge University Press and Paris: Editons de la Maison des Sciences de l'Homme, vol. 2.

Turner, J. C. (1985) Social categorization and the self-concept: A social cognitive theory of group behaviour. In E. J. Lawler (ed.), *Advances in Group Processes*. Greenwich, Conn.: JAI Press, vol. 2, 77–122.

Turner, J. C., Brown, R. J. and Tajfel, H. (1979) Social comparison and group interest in ingroup favouritism. *European Journal of Social Psychology*, 9, 187–204.

Turner, J. C. and Giles, H. (1981a) Introduction: The social psychology of intergroup behaviour. In J. C. Turner and H. Giles (eds), *Intergroup behaviour*. Oxford: Basil Blackwell and Chicago: University of Chicago Press.

Turner, J. C. and Giles, H. (1981b) *Intergroup behaviour*. Oxford: Basil Blackwell and Chicago: University of Chicago Press.

Turner, J. C., Hogg, M. A., Oakes, P. J. and Smith, P. M. (1984) Failure and defeat as determinants of group cohesiveness. *British Journal of Social Psychology*, 23, 97–111.

Turner, J. C. and Oakes, P. J. (1986) The significance of the social identity concept for social psychology with reference to individualism, interactionism and social influence. *British Journal of Social Psychology*, 25, 237–52.

Turner, J. C., Sachdev, I. and Hogg, M. A. (1983) Social categorization interpersonal attraction and group formation. *British Journal of Social Psychology*, 22, 227–39.

Turner, R. H. and Killian, L. (1972) *Collective behaviour*. Englewood Cliffs, NJ: Prentice-Hall.

Tversky, A. (1977) Features of similarity. *Psychological Review*, 84, 327–52.

Tversky, A. and Gati, I. (1978) Studies of similarity. In E. Rosch and B. B. Lloyd (eds), *Cognition and categorization*, Hillsdale, NJ: Erlbaum.

Van Knippenberg, A., Pruyn, A. and Wilke, H. (1982) Intergroup perception in individual and collective encounters. *European Journal of Social Psychology*, 12, 187–93.

Vidmar, N. (1974) Effects of group discussion on category width judgements. *Journal of Personality and Social Pyschology*, 29, 187–95.
Vinacke, W. E. (1957) Stereotypes as social concepts. *Journal of Social Psychology*, 46, 229–43.
Vinokur, A. (1971) Review and theoretical analysis of the effects of group processes upon individual and group dimensions involving risk. *Psychological Bulletin*, 76, 231–50.
Vinokur, A. and Burnstein, E. (1974) The effects of partially shared persuasive arguments on group-induced shifts: A problem solving approach. *Journal of Personality and Social Psychology*, 29, 305–15.
Vinokur, A. and Burnstein, E. (1978a) Novel argumentation and attitude change: The case of polarization following group discussion. *European Journal of Social Psychology*, 8, 335–48.
Vinokur, A. and Burnstein, E. (1978b) Depolarization of attitudes in groups. *Journal of Personality and Social Psychology*, 36, 872–85.
Vinokur, A., Trope, Y. and Burnstein, E. (1975) A decision making analysis of persuasive argumentation and the choice shift effect. *Journal of Experimental Social Psychology*, 11, 127–48.
Waddell, N. and Cairns, E. (1986) Situational perspectives on social identity in Northern Ireland. *British Journal of Social Psychology*, 25, 25–32.
Wagner, U., Lampen, L. and Syllwasschy, J. (1986) Ingroup inferiority, social identity and outgroup devaluation in a modified minimal group study. *British Journal of Social Psychology*, 25, 15–24.
Watson, G. and Johnson, D. (1972) *Social psychology: Issues and insights*. Philadelphia, Pa: Lippincott.
Wetherell, M. S. (1982) Cross-cultural studies of minimal groups: Implications for the social identity theory of intergroup relations. In H. Tajfel (ed.), *Social identity and intergroup relations*. Cambridge: Cambridge University Press and Paris: Editions de la Maison des Sciences de l'Homme.
Wetherell, M. S. (1983) *Social identification, social influence and group polarization*. Unpublished Ph.D thesis, University of Bristol.
Wetherell, M. S. and Turner, J. C. (in preparation a) *Group polarization and the salience of subgroups*. University of St Andrews.
Wetherell, M. S. and Turner, J. C. (in preparation b) *Group polarization and the accuracy frame of reference hypothesis*. University of St Andrews.
Wetherell, M. S., Turner, J. C. and Hogg, M. A. (1985) *A referent informational influence explanation of group polarization*.

Unpublished paper, University of St Andrews and Macquarie University.
Wilder, D. A. (1978) Reduction of intergroup discrimination through individuation of the outgroup. *Journal of Personality and Social Psychology*, 36, 1361–74.
Wilder, D. A. (1981) Perceiving persons as a group: Categorization and intergroup relations. In D. L. Hamilton (ed.), *Cognitive processes in stereotyping and intergroup behaviour*. Hillsdale, NJ: Erbaum.
Wilder, D. A. (1984) Predictions of belief homogeneity and similarity following social categorization. *British Journal of Social Psychology*, 23, 323–3.
Wilder, D. A. and Cooper, W. (1981) Categorization into groups: Consequences for social perception and attribution. In J. H. Harvey, W. J. Ickes and R. F. Kidd (eds), *New directions in attribution research*. Hillsdale, NJ: Erlbaum, vol. 3.
Wilder, D. A. and Shapiro, P. N. (1984) Role of outgroup cues in determining social identity. *Journal of Personality and Social Psychology*, 47, 342–8.
Wilder, D. A. and Thompson, J. (1980) Intergroup contact with independent manipulation of ingroup and outgroup interaction. *Journal of Personality and Social Psychology*, 38, 589–603.
Wilson, W. (1971) Reciprocation and other techniques for inducing co-operation in the Prisoner's Dilemma Game. *Journal of Conflict Resolution*, 15, 167–95.
Wilson, W., Chun, N. and Kayatani, M. (1965) Projection, attraction and strategy choices in intergroup competition. *Journal of Personality and Social Psychology*, 2, 432–5.
Wilson, W. and Kayatani, M. (1968) Intergroup attitudes and stategies in games between oponents of the same or of a different race. *Journal of Personality and Social Psychology*, 9, 24–30.
Wolf, S. (1979) Behavioural style and group cohesiveness as sources of minority influence. *European Journal of Social Psychology*, 9, 381–95.
Worchel, S. (1979) Co-operation and the reduction of intergroup conflict: Some determining factors. In W. G. Austin and S. Worchel (eds), *The social psychology of intergroup relations*. Monterey, Calif.: Brooks/Cole.
Worchel, S. (1985) The role of co-operation in reducing intergroup conflict. In S. Worchel and W. G. Austin (eds), *Psychology of intergroup relations*. Chicago: Nelson-Hall, pp. 288–304.
Worchel, S., Andreoli, V. A. and Folger, R. (1977) Intergroup co-operation and intergroup attraction: The effect of previous

interaction and outcome of combined effort. *Journal of Experimental Social Psychology*, 13, 131–40.
Worchel, S., Axsom, D., Ferris, F., Samaha, C. and Schweitzer, S. (1978) Factors determining the effect of intergroup co-operation on intergroup attraction. *Journal of Conflict Resolution*, 22, 429–39.
Wyer, R. S. and Srull, T. K. (1980) Category accessibility: Some theoretical and empirical issues concerning the processing of social stimulus information. In E. T. Higgins, C. P. Herman and M. P. Zanna (eds), *Social cognition: The Ontario symposium on personality and social psychology*. Hillsdale, NJ: Erlbaum.
Zaleska, M. (1978) *Climat des relations interpersonelles et polarization des attitudes dans les groupes*. Unpublished paper, Laboratoire de Psychologie Sociale de l'Université, Paris VII.
Zander, A. (1979) The psychology of group processes. *Annual Review of Psychology*, 30, 417–51.
Zavalloni, M. N. and Louis-Guerin, C. (1979) Social psychology at the crossroads: The encounter with cognitive and ecological psychology and the interactive perspective. *European Journal of Social Psychology*, 9, 307–21.
Zimbardo, P. G. (1969) The human choice: individuation, reason and order versus de-individuation, impulse and chaos. In W. J. Arnold and D. Levine (eds), *Nebraska Symposium on Motivation*. Lincoln, Neb.: University of Nebraska Press, vol. 17.

译后记

第一次看到这本书是在 1997 年的 6 月，距离这本书的出版已经 10 年有余。当时我正在香港大学心理系杨中芳博士的指导下写作自己的博士论文“自己人及其边界——‘差序格局’的社会心理机制研究”。杨中芳老师把盖有自己藏书印的这本书送给了我。读后我就感到这本书是社会心理学界为数不多的理论著作，它对于理解社会心理学的欧洲研究范式，对于群体过程和群际关系、群己关系都有着无法估量的影响。而当时的中国大陆，在恢复重建社会心理学之后，几乎完全跟进北美的主流社会心理学，对于欧洲 20 世纪 70 年代社会心理学的重大研究进展知之甚少。我意识到，这本书以及这本书反映出的 Bristal 学派在大约 30 年中建构起来的社会认同论，对于中国社会心理学家的影响将不限于增加对群体心理理论的了解，更重要的应该是，它对我们建构本土的社会心理学具有巨大的启发性。

我当时就下定决心翻译这本书。为此，利用港大便利的文献资源，阅读了相关的多种著作和大量论文，以求判断这本书的学术地位。经过了两年多，我感到自己慢慢触摸到社会认同理论的内在精神和理论意义，就开始动手试译。最初开笔是在 1999 年，可惜，到了 2000 年才翻译了第一章的初稿。并且，在翻译过程中，我对自己翻译经典的能力有些怀疑，于是停下来。到了 2002 年，我带着这本书远渡重洋，在美国的密歇根大学求学，可惜因为事情过多，翻译工作毫无进展。2005 年，我出访澳大利亚国立大学，见到了这本书的主要作者 Turner 教授，向他当面讨教了一些问题，并且告诉他我正在翻译此书。Turner 教授向我介绍了这本书出版以后，他和他的团队新的研究进展以及他自己的著述计划。对 Turner 教授的访问让我切实看到了社会认同论和社会归类论的理论生命力。这次访问之后，我重新燃起继续阅读和翻译的希望，在随后访问台湾大学心理学系的时候，零零碎碎地翻译了两章。直到 2007 年，小友林含章从中山大学心理学系毕业，随母亲在日本访学一年，她在我的建议下阅读了这本书，并且表现出很大的兴趣。我随即决定邀请她和我一同完成这一翻译工作。经过半年时间，她回国时就带回了第 5、6、7、8、9 章的初译稿。对她的译稿，我又进行两遍初校。我们开始并无明确的出版计划，权当自己的学习和领会这一理论，因而翻译进展缓慢。直到 2009 年下半年北京大学的方文教授主编“当代西方社会心理学名著译丛”时，我考虑再三，决定把我们试译的书稿放入该书进行出版。这时，我有幸请到了我的同事王兵博士，加入到我们的翻译工作中。不仅是因为近年来他专攻社会认同论，而且是因为他对翻译英国社会学、心理学经典著作十分有经验。他的专业素质和敬业精神，不仅帮助我们纠正了很多翻译上的错误和润色了几乎所有译稿，还在交稿期限到来之前赶译出了第四章。碰巧的是，在 2009 年 12 月在印度举办的亚洲社会心理学的双年学术会议上，我见到了这本书第八章的作者 Reicher 博士。我见到他，就像见到早已熟悉的老朋友。因为那段时间，我正“泡”在这本书的译稿中。在这次会议上，我有幸参加了 Reicher 教授及其他的团队组织的会议论坛，看到了社会认同论的理论脉络下的一系列最新研究。现在，林含章已经考入澳大利亚国立大学心理学院攻读博士，被我们读得很熟的这本书经过编辑的工作，也终于将要以中文的形式面世了。

正如 Turner 教授所说，自我类别化理论已经无可挽回地与社会认同理论捆绑在一起。理论的发展过程其实很有趣，有时候并不是可以达到历史与逻辑的完美统一。自我类别化理论听起来像是二级理论，但是，与 Tajfel 等人的社会认同论也有涵盖和发展的关系。在我看来，社会认同理论应该是关于群己关系的一种理论，它挑战了北美主流社会心理学的方法论个体主义，以及这一方法论背景下的个体、人际和群体领域的研究。群己关系的研究，不仅仅丰富了社会心理学的研究，更重要的是，它提出一种跳出方法论个体主义视角的可能。自我归类论正是在这一前提下，抓住了社会认同过程的一个最为核心的心理机制——自我归类过程，阐明了个人与类别、个人与群体的心理联系是如何建立起来的，以及这样的心理关系如何影响到其他社会行为。有意思的是，在中国文化设计中的“人”并不是一个独立的个体，而是包含着与己身相关联的另外一个人，也就是两人的对应关系。因此，儒家经典中，将“人”界定为“仁”。而“仁”则是指“爱人”的人。这是说，“仁”是人们之间心意相通。离开了与他人的交往和关联，就不成其为人了。这种文化设计，是由“关系”（guanxi）来界定一个人。这就提出了一个有趣的问题，究竟是“类别化”还是“关系化”才是中国人“我们”概念形成的社会心理机制呢？我由此曾经提出了群己关系建立的类别化与关系化双通道假设。

当我们面对北美的、欧洲的和中国的三种透视群己关系的三种理论范式，我们的思维会更加活跃，思考的空间也更加扩大了。这大概就是这本书带给我们的价值了。

最后感谢方文教授的盛情邀请和中国人民大学出版社编辑陈红艳、龚洪训尽职尽责的工作！此外，尽管我们三人精诚合作，译稿中的错误依然难免。我们诚恳地希望读者不吝赐教！

杨宜音

2010 年 9 月 27 日

Rediscovering the Social Group: A Self-Categorization Theory by John C. Turner
ISBN: 9780631148067

图书在版编目（CIP）数据

自我归类论/（澳）特纳等著；杨宜音，王兵，林含章译．
北京：中国人民大学出版社，2010
（当代西方社会心理学名著译丛）
ISBN 978-7-300-13004-0

Ⅰ．①自…
Ⅱ．①特…②杨…③王…④林…
Ⅲ．①自我评价
Ⅳ．①B848

中国版本图书馆 CIP 数据核字（2010）第 223650 号

当代西方社会心理学名著译丛
方　文　主编
自我归类论
［澳］约翰·特纳等著
杨宜音　王兵　林含章　译
Ziwo Guileilun

出版发行	中国人民大学出版社		
社　　址	北京中关村大街 31 号	**邮政编码**	100080
电　　话	010－62511242（总编室）		010－62511398（质管部）
	010－82501766（邮购部）		010－62514148（门市部）
	010－62515195（发行公司）		010－62515275（盗版举报）
网　　址	http://www.crup.com.cn		
	http://www.ttrnet.com（人大教研网）		
经　　销	新华书店		
印　　刷	北京联兴盛业印刷股份有限公司		
规　　格	155 mm×235 mm　16 开本	**版　　次**	2011 年 1 月第 1 版
印　　张	17.75　插页 1	**印　　次**	2011 年 11 月第 2 次印刷
字　　数	246 000	**定　　价**	45.00 元